图 C-01 沈阳南科大厦——国内较早的高装配率高层 PC 建筑（2012）

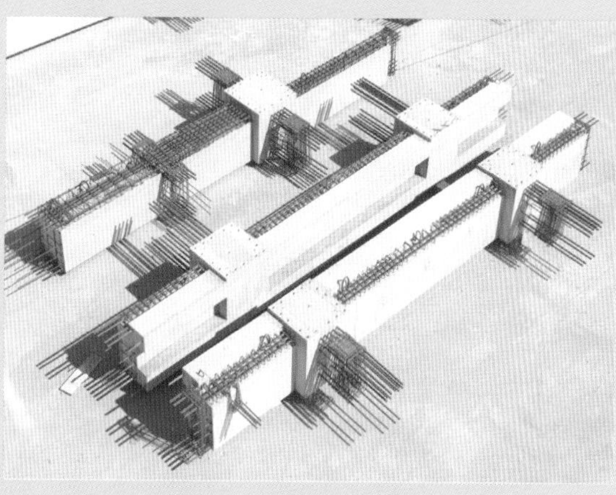

图 C-02 双连藕梁——精度要求高制作难度大的柱梁一体化构件

图 C-03 固定模台工艺的车间

图 C-04 自动化流水线

图 C-05 预制剪力墙外墙板

图 C-06 装饰一体化外挂墙板（石材反打）

图 C-07 混凝土浇筑前的隐蔽工程验收

图 C-08 PC 工厂构件存放场地

图 C-09 PC构件图示一览表

类别	PC构件名称与图示			
1 楼板	LB1 实心板	LB2 空心板	LB3 叠合板	LB4 预应力空心板
	LB5 预应力叠合肋板（出筋和不出筋）		LB6 预应力双T板	LB7 预应力倒槽形板
	LB8 空间薄壁板	LB9 非线性屋面板	LB10 后张法预应力组合板	
2 剪力墙板	J1 剪力墙外墙板	J2 T形剪力墙板	J3 L形剪力墙板	J10 各剪力墙板夹芯保温板或夹芯保温装饰一体化板
	J4 U形剪力墙板	J5 L形外叶板	J6 双面叠合剪力墙板	
	J7 预制圆孔墙板	J8 剪力墙内墙板	J9 窗下轻体墙板	
3 外挂墙板	W1 整间外挂墙板（无窗、有窗、多窗）		W2 横向外挂墙板	本类所示构件均可以做成保温一体化和保温装饰一体化构件，见剪力墙板栏最右栏。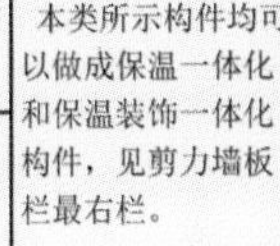
	    W3 竖向外挂墙板（单层、跨层）		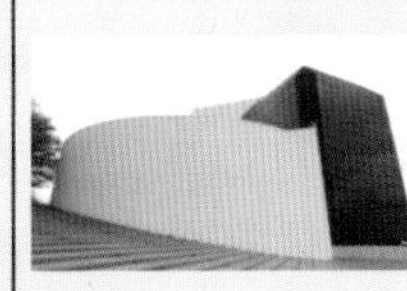  W4 非线性墙板	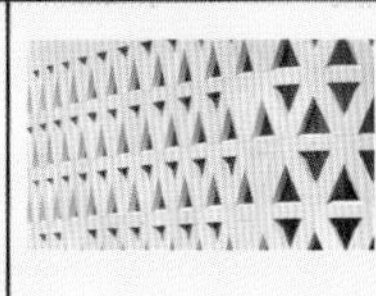 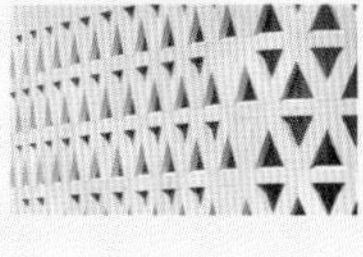 W5 镂空墙板
4 框架墙板	 K1 暗柱暗梁墙板	 K2 暗梁墙板	本类所示构件均可以做成保温一体化和保温装饰一体化构件，见剪力墙板栏最右栏	

图 C-09 PC构件图示一览表（续）

类别	PC构件名称与图示
5 梁	 L1 梁  L2 T形梁  L3 凸形梁 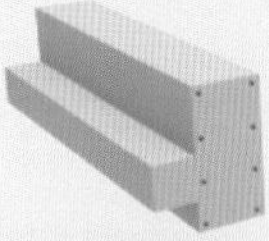 L4 带挑耳梁  L5 叠合梁  L6 带翼缘梁  L7 连梁  L8 U形梁  L9 叠合莲藕梁  L10 工字形屋面梁  L11 连筋式叠合梁 本类所示构件均可以做成保温一体化和保温装饰一体化构件，见剪力墙板栏最右栏。
6 柱	 Z1 方柱  Z2 L形扁柱  Z3 T形扁柱  Z4 带翼缘柱 本类所示构件均可以做成保温一体化和保温装饰一体化构件，见剪力墙板栏最右栏。  Z5 带柱帽柱  Z6 带柱头柱  Z7 跨层圆柱  Z8 跨层方柱  Z9 圆柱
7 复合构件	 F1 莲藕梁  F2 双莲藕梁 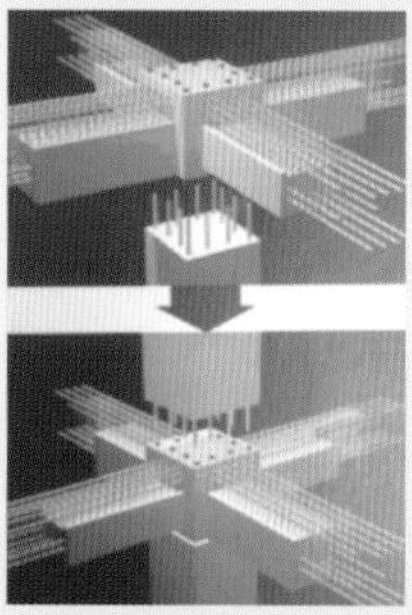 F3 十字形莲藕梁  F4 十字形梁+柱  F5 T形柱梁  F6 草字头形梁柱一体构件
8 其他构件	 Q1 楼梯板（单跑、双跑）  Q2 叠合阳台板  Q3 无梁板柱帽  Q4 杯形柱基础 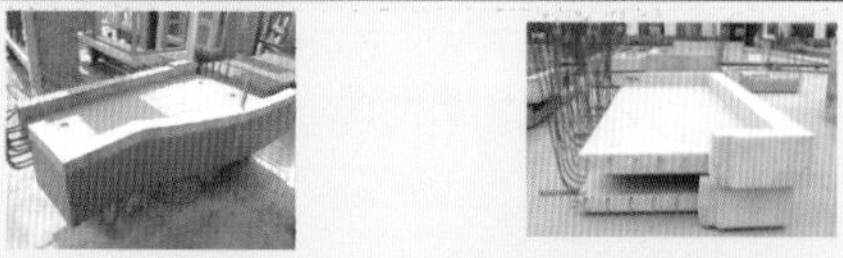 Q5 全预制阳台板  Q6 空调板  Q7 带围栏阳台板  Q8 整体飘窗  Q9 遮阳板  Q10 室内曲面护栏板  Q11 轻质内隔墙板  Q12 挑檐板  Q13 女儿墙板

装配式混凝土结构建筑实践与管理丛书

装配式混凝土建筑——构件工艺设计与制作200问

Precast Concrete Buildings——200 Q&As for Factory Processing and Production

丛书主编　郭学明
本书主编　李　营
副 主 编　叶汉河
参　　编　张　健　叶贤博　梁晓艳　张玉波

本书由装配式混凝土构件制作经验丰富的作者团队编著，给出了装配式混凝土建筑构件工厂建设、工艺设计和制作过程生产、技术、质量管理的200个常见问题的解答，细化了装配式混凝土建筑行业标准和国家标准的要求，并兼顾了知识的系统性和全面性，书中近300幅实例照片多出自装配式混凝土建筑技术先进的国家和国内优秀厂家，是当前我国装配式混凝土制作领域管理和技术人员案头必备的工具书，也是装配式混凝土建筑构件工厂投资者的重要参考书。

本书适用于投资装配式混凝土构件工厂的投资者、混凝土预制构件厂管理和技术人员，建设单位、总承包单位技术人员以及驻厂监理人员等。对于相应专业的高校师生也有很好的借鉴、参考和学习价值。

图书在版编目（CIP）数据

装配式混凝土建筑．构件工艺设计与制作200问/李营主编．—北京：机械工业出版社，2018.1（2019.4重印）

（装配式混凝土结构建筑实践与管理丛书）

ISBN 978-7-111-58512-1

Ⅰ.①装…　Ⅱ.①李…　Ⅲ.①装配式混凝土结构－建筑工程－结构构件－问题解答　Ⅳ.①TU37-44

中国版本图书馆CIP数据核字（2017）第283689号

机械工业出版社（北京市百万庄大街22号　邮政编码100037）
策划编辑：薛俊高　责任编辑：薛俊高
封面设计：马精明　责任校对：刘时光
责任印制：常天培
唐山三艺印务有限公司印刷
2019年4月第1版第2次印刷
184mm×260mm・17.5印张・2插页・393千字
标准书号：ISBN 978-7-111-58512-1
定价：55.00元

凡购本书，如有缺页、倒页、脱页，由本社发行部调换

电话服务	网络服务
服务咨询热线：010-88361066	机 工 官 网：www.cmpbook.com
读者购书热线：010-68326294	机 工 官 博：weibo.com/cmp1952
010-88379203	金 书 网：www.golden-book.com
封面无防伪标均为盗版	教育服务网：www.cmpedu.com

序

我国将用10年左右的时间使装配式建筑占新建建筑的比例达到30%，这将是世界装配式建筑发展史上前所未有的大事，它将呈现出前所未有的速度、前所未有的规模、前所未有的跨度和前所未有的难度。我国建筑行业面临着巨大的转型升级压力。由此，建筑行业管理、设计、制作、施工、监理各环节的管理与技术人员，亟须掌握装配式建筑的基本知识。同时，也需要持续培养大量的相关人才助力装配式建筑行业的发展。

“装配式混凝土结构建筑实践与管理丛书”共分5册，广泛、具体、深入、细致地阐述了装配式混凝土建筑从设计、制作、施工、监理到政府和甲方管理内容，利用大量的照片、图例和鲜活的工程案例，结合实际经验与教训（包括日本、美国、欧洲和澳洲的经验），逐条解读了装配式混凝土建筑国家标准和行业标准。本丛书可作为装配式建筑管理、设计、制作、施工和监理人员的入门读物和工具用书。

我在从事装配式建筑技术引进和运作过程中，强烈意识到装配式建筑管理与技术同样重要，甚至更加重要。所以，本丛书专有一册谈政府、甲方和监理如何管理装配式建筑。因此，在这里我要特别向政府管理者、房地产商管理与技术人员和监理人员推荐此书。

本丛书每册均以解答200个具体问题的方式编写，方便读者直奔自己最感兴趣的问题，同时也便于适应互联网时代下读者碎片化阅读的特点。但我们在设置章和问题时，特别注意知识的系统性和逻辑关系，因此，在看似碎片化的信息下，每本书均有清晰完整的知识架构体系。

我认为，装配式建筑并没有多少高深的理论，它的实践性、经验性非常重要。基于我对经验的特别看重，在组织本丛书的作者团队时，把有没有实际经验作为第一要素。感谢出版社对我的理解与支持，让我组织起了一个未必是大牌、未必有名气、未必会写书但确实有经验的作者队伍。

《政府、甲方、监理管理200问》一书的主编赵树屹和副主编张岩是我国第一个被评为装配式建筑示范城市沈阳市政府现代建筑产业主管部门的一线管理人员；副主编胡旭是我国第一个推动装配式建筑发展的房地产企业一线经理，该册参编作者还有万科分公司技术高管、监理企业总监和构件制作企业高管。

《结构设计与拆分设计200问》一书的主编李青山是结构设计出身，从事装配式结构技术引进、研发、设计有7年之久，目前是三一重工装配式建筑高级研究员；副主编黄营从事结构设计15年之久，专门从事装配式结构设计5年，拆分设计过的装配式项目达上百万平方米。另外两位作者也是经验非常丰富的装配式结构研发、设计人员。

《构件工艺设计与制作200问》一书的主编李营在水泥预制构件企业从业15年，担任过质量主管和厂长，并专门去日本接受过装配式建筑培训，学习归来后担任装配式制作企业预制构件厂厂长、公司副总等。副主编叶汉河是上海城业管桩构件有限公司董事长，其公司多年向日本出口预制构件，也向上海万科等企业提供预制构件。本书其他参编者分别是预制构件企业的总经理、厂长和技术人员。

《施工安装200问》一书的主编杜常岭担任装配式建筑企业高管多年，曾去日本、欧洲、东南亚考察学习装配式技术，现为装配式混凝土专业施工企业辽宁精润公司的董事长。副主编王书奎现在是承担沈阳万科装配式建筑施工的赤峰宏基的总经理，另一位副主编李营是《构件工艺设计与制作200问》的主编，具体指挥过装配式建筑的施工。该书其他作者也有去日本专门接受施工培训、回国后担任装配式项目施工企业的高管及装配式工程的项目经理。

《建筑设计与集成设计200问》一书的主编，我一直想请一位有经验的建筑师担纲。遗憾的是，建筑设计界大都把装配式建筑看成结构设计的分支，仅仅是拆分而已，介入很少，我没有找到合适的建筑师主编。于是，我把主编的重任压给了张晓娜女士。张女士是结构设计出身，近年来从事装配式建筑的研发与设计，做了很多工作，涉足领域较广，包括建筑设计。好在该书较多地介绍了国外特别是日本装配式建筑设计的做法，这方面我们收集的资料比较多，是长项。该书的其他作者也都是有实践经验的设计人员，包括BIM设计人员。

沈阳兆寰现代建筑构件有限公司董事长张玉波在本丛书的编著过程中作为丛书主编助理负责写作事务总管和各册书的校订发稿，付出了大量的心血和精力。

在编写这套丛书的过程中，总共20多位作者建立了一个微信群，有疑难问题在群里讨论，各分册的作者也互相请教。所以，虽然每个分册署名的作者只有几位，但做出贡献的作者要多得多，可以说，每个分册都是整个丛书创作团队集体智慧的结晶。

我们非常希望献给读者知识性强、信息量大、具体详细、可操作性强并有思想性的作品，作为丛书主编，这是我最大的关注点与控制点。近十年来我在考察很多国外装配式建筑中所获得的资料、拍摄的照片和一些思索也融入了这套书中，以与读者分享。但限于我们的经验和水平有限，离我们的目标还有差距，也会存在差错和不足，在此恳请并感谢读者给予批评指正。

丛书主编　郭学明

前言

FOREWORD

2016年2月，《中共中央国务院关于进一步加强城市规划建设管理工作的若干意见》中提出："力争用10年左右时间，使装配式建筑占新建建筑的比例达到30%"。由此，我国每年将建造几亿 m^2 的装配式建筑，这将是人类建筑史上，特别是装配式建筑史上没有前例的大事件，它将呈现出前所未有的速度、前所未有的规模、前所未有的跨度和前所未有的难度，我国建筑行业面临着巨大的转型升级压力。

装配式建筑发达国家是通过大量的理论研究、技术研发、工程实践和管理经验的逐步积累才发展起来的，大多都是经历了几十年的时间，才达到30%以上比例。我们要用10年时间走完其他国家半个多世纪的路，需要学的知识和需要做的工作非常多，专业技术人员、技术工人和管理者的需求将非常巨大。

本书是以《装配式混凝土结构建筑的设计、制作与施工》（郭学明主编）为基础，以国家标准《装配式混凝土建筑技术标准》和行业标准《装配式混凝土结构技术规程》为依据，细化了装配式混凝土建筑行业标准和国家标准的要求，又扩展了内容和知识。通过问答的形式系统介绍了装配式混凝土建筑PC构件的制作工艺与工厂设计、工厂生产管理、技术管理、质量管理、PC构件的材料、模具、钢筋加工、构件制作、堆放与运输、成本及工厂安全文明生产等内容。

本书编著者大多是近年来从事装配式混凝土结构建筑的研发、制作和企业管理等工作。我多年来一直从事水泥基预制构件的生产、技术与管理工作，专门去日本鹿岛集团和多家PC构件工厂接受系统培训，多次去欧洲考察，近年来先后担任PC工厂厂长、PC企业负责技术的副总；副主编叶汉河十多年来从事混凝土预制构件生产企业管理工作，多次去国外考察、调研，有丰富的理论与实践经验，现为上海城业管桩构件有限公司董事长；参编者张玉波多年从事企业管理工作，现为沈阳兆寰现代建筑构件有限公司董事长；参编者叶贤博十年来主要从事混凝土预制构件制作的技术与管理工作，现为上海城业管桩构件有限公司总经理、PC构件厂厂长；参编者张健多年从事混凝土构件制作的技术与管理工作，现任沈阳兆寰现代建筑构件有限公司PC构件厂厂长；参编者梁晓艳现任石家庄山泰公司设计总监，从事水泥基预制构件（GRC）行业设计多年，经验丰富，曾参与编写《GRC幕墙与建筑装饰构件的设计、制作及安装》一书，参与绘制《装配式混凝土结构建筑的设计、制作与施工》一书的部分图样。

本书共分12章。

第1章详细介绍了装配式建筑的基本概念、PC构件类型与生产工艺等。

第2章主要介绍了PC工厂生产管理有哪些内容、如何编制生产计划、布置构件存放场地等。

第 3 章主要介绍了 PC 工厂技术管理有哪些内容、PC 构件制作须编制哪些操作规程、岗位标准等。

第 4 章主要介绍了生产 PC 构件所用的材料和配件、如何验收和保管。

第 5 章重点介绍了 PC 构件模具的制作、基本要求与检查要点。

第 6 章主要介绍了 PC 构件不同混凝土的配合比计算。

第 7 章主要介绍了钢筋加工工艺、钢筋骨架运输注意要点。

第 8 章重点介绍了 PC 构件的制作，包括各种 PC 构件工艺制作要点和重点。

第 9 章介绍了 PC 构件的吊运、堆放和运输等要点。

第 10 章主要介绍了 PC 构件质量管理和验收、PC 构件有哪些归档资料等。

第 11 章主要介绍了 PC 构件的制作成本由哪些构成、如何降低生产成本等。

第 12 章主要介绍了 PC 构件工厂安全和文明生产要点。

丛书主编郭学明先生不仅指导作者团队搭建本书框架，还对全书进行了两轮详细审核，提出了诸多修改意见，是本书主要思想的重要源头之一。我是本书第 1 章、第 2 章、第 7 章、第 9 章、第 11 章的编写者，作为主编，做了牵头及协调工作；叶汉河与叶贤博是第 3 章、第 5 章、第 8 章的编写者；张健是第 4 章、第 6 章、第 10 章、第 12 章的编写者；张玉波在文字排版，资料、照片的整理方面做了很多实质性的工作；梁晓艳负责了本书的绘图和表格制作。

在沈阳装配式建筑大潮中，我有幸参与了引进日本技术、研发、设计等工作，感谢沈阳兆寰现代建筑产业园有限公司董事长郭学明先生给了我这样一个机会，这样的信任使我有机会积累了经验，包括教训。

本书虽然是我们几个作者完成的，但是整个系列丛书 20 多位作者是一个团队，我们建立了微信群共同讨论问题、分享成果，在此感谢其他册的编著者对本册书提出的有价值的编写意见。

感谢沈阳兆寰现代建筑产业园有限公司总经理许德民先生提供了一些有价值的资料和照片用于本书；感谢沈阳兆寰公司田仙花翻译了有关日本资料；感谢北京思达建茂科技发展有限公司总经理郝志强先生、副总经理钱冠龙先生提供了套筒及灌浆料技术资料；感谢德国艾巴维/普瑞集团公司俞建章先生提供了全自动流水线及立模生产线的技术资料；感谢山东天意机械股份有限公司董事长刘洪彬先生提供了流水线及轻质隔墙板立模生产线的技术资料。

感谢以下单位为本书提供了相关图片：广东乐而居建筑科技有限公司提供了预埋件磁性装置固定图片；上海鼎中新材料有限公司提供了聚氨酯造型外墙整体软模（橡胶类）图片；浙江庄辰机械有限公司提供了翻转楼梯立模图片；HALFEN（北京）建筑配件销售有限公司提供了不锈钢保温拉结件图片和不锈钢拉结件安装状态示意图；上海蕉城建筑模具有限公司提供了模具固定图片。

由于装配式建筑在我国发展较晚，PC 构件的生产工艺也比较复杂，有很多生产工艺尚未成熟，正在研究探索之中，加之作者水平和经验有限，书中难免有不足和错误，敬请读者批评指正。

本书主编　李营

目录
CONTENTS

第1章　PC构件制作工艺与工厂设计

1. 什么是装配式混凝土建筑?

（1）什么是装配式建筑

在介绍什么是装配式混凝土建筑之前，我们先了解一下什么是装配式建筑。

按常规理解，装配式建筑是指由预制部件通过可靠连接方式建造的建筑。按照这个理解，装配式建筑有两个主要特征：第一个特征是构成建筑的主要构件特别是结构构件是预制的；第二个特征是预制构件的连接方式必须可靠。

按照国家标准《装配式混凝土建筑技术标准》（GB/T 51231—2016）（以下简称为《装标》）的定义，装配式建筑是“结构系统、外围护系统、内装系统、设备与管线系统的主要部分采用预制部品部件集成的建筑”。这个定义强调装配式建筑是4个系统（而不仅仅是结构系统）的主要部分采用预制部品部件集成。

（2）装配式建筑的分类

1）按结构材料分类。装配式建筑按结构材料分类，有装配式钢结构建筑、装配式木结构建筑、装配式混凝土建筑、装配式轻钢结构建筑和装配式复合材料建筑（钢结构、轻钢结构与混凝土结合的装配式建筑）等。以上几种装配式建筑都是现代建筑。古典装配式建筑按结构材料分类有装配式石材结构建筑和装配式木结构建筑。

2）按建筑高度分类。装配式建筑按高度分类，有低层装配式建筑、多层装配式建筑、高层装配式建筑和超高层装配式建筑。

3）按结构体系分类。装配式建筑按结构体系分类，有框架结构、框架-剪力墙结构、筒体结构、剪力墙结构、无梁板结构、空间薄壁结构、悬索结构、预制钢筋混凝土柱单层厂房结构等。

4）按预制率分类。装配式建筑按预制率分为：小于5%为局部使用预制构件；5%～20%为低预制率；20%～50%为普通预制率；50%～70%为高预制率；70%以上为超高预制率。

（3）什么是装配式混凝土建筑

按照国家标准《装标》的定义，装配式混凝土建筑是指“建筑的结构系统由混凝土部件（预制构件）构成的装配式建筑”。本书介绍混凝土部件（即预制构件）的制作，包括结构系统、围护系统和其他非结构预制构件。

（4）装配整体式和全装配式的区别

装配式混凝土建筑根据预制构件连接方式的不同，分为装配整体式混凝土结构和全装配式混凝土结构。

1）装配整体式混凝土结构。按照行业标准《装配式混凝土结构技术规程》（JGJ 1—2014）（以下简称为《装规》）和国家标准《装标》的定义，装配整体式混凝土结构是指“由预制混凝土构件通过可靠的方式进行连接并与现场后浇混凝土、水泥基灌浆料形成整体的装配式混凝土结构”。简言之，装配整体式混凝土结构的连接以“湿连接”为主要方式。

装配整体式混凝土结构具有较好的整体性和抗震性。目前，大多数多层和绝大多数高层装配式混凝土建筑都是装配整体式，抗震要求较高的低层装配式建筑也多是装配整体式结构。

2）全装配式混凝土结构。全装配式混凝土结构是指预制构件靠干法连接（如螺栓连接、焊接等）形成整体的装配式结构。

预制钢筋混凝土柱单层厂房就属于全装配式混凝土结构。国外一些低层建筑或非抗震地区的多层建筑常常采用全装配式混凝土结构。

（5）什么是 PC、PC 构件和 PC 工厂

PC 是英语 Precast Concrete 的缩写，是预制混凝土的意思。

国际装配式建筑领域把装配式混凝土建筑简称为 PC 建筑。把预制混凝土构件简称为 PC 构件，把制作混凝土构件的工厂简称为 PC 工厂。为了表述方便，本书也使用这些简称。

2. PC 构件有多少种类？

从结构上看，PC 构件一般可分为受力构件、非受力构件和外围护构件三大类。但这三大类的区分过于笼统，对 PC 工厂的实际生产制作的指导意义不大。笔者根据多年的实践经验，结合 PC 工厂的生产工艺，将常用 PC 构件分为八大类，分别是楼板、剪力墙板、外挂墙板、框架墙板、梁、柱、复合构件和其他构件。这八大类中每一个大类又分为若干小类，合计 55 种，详见表 1-1 常用 PC 构件分类表（构件对应图片参见本书彩页 C-09）。

应当说明，随着装配式建筑的发展，PC 构件的种类势必会越来越多，绝不仅限于表1-1中所列。同时，具体到某一个 PC 工厂，根据他们自己的生产技术水平以及业务范围，可以仅生产其中某一种或者某几种构件，也可以生产这八大类 55 种全部构件。

表 1-1 常用 PC 构件分类表

类别	编号	名称	应用范围										说明
			混凝土装配整体式				混凝土全装配式					钢结构	
			框架结构	剪力墙结构	框剪结构	筒体结构	框架结构	薄壳结构	悬索结构	单层厂房结构	无梁板结构		
楼板	LB1	实心板	◎	◎	◎	◎	◎					◎	
	LB2	空心板	◎	◎	◎	◎	◎					◎	
	LB3	叠合板	◎	◎	◎	◎						◎	半预制半现浇

（续）

类别	编号	名　　称	应用范围										说　　明
			混凝土装配整体式				混凝土全装配式					钢结构	
			框架结构	剪力墙结构	框剪结构	筒体结构	框架结构	薄壳结构	悬索结构	单层厂房结构	无梁板结构		
楼板	LB4	预应力空心板	◎	◎	◎	◎	◎	◎	◎			◎	
	LB5	预应力叠合肋板	◎	◎	◎	◎						◎	半预制半现浇
	LB6	预应力双 T 板		◎					◎	◎			
	LB7	预应力倒槽形板							◎		◎		
	LB8	空间薄壁板						◎					
	LB9	非线性屋面板						◎					
	LB10	后张法预应力组合板					◎					◎	
剪力墙板	J1	剪力墙外墙板		◎									
	J2	T 形剪力墙板		◎									
	J3	L 形剪力墙板		◎									
	J4	U 形剪力墙板		◎									
	J5	L 形外叶板		◎									（PCF 板）
	J6	双面叠合剪力墙板		◎									
	J7	预制圆孔墙板		◎									
	J8	剪力墙内墙板		◎	◎								
	J9	窗下轻体墙板	◎	◎	◎	◎	◎						
	J10	各种剪力墙夹芯保温一体化板		◎									（三明治墙板）
外挂墙板	W1	整间外挂墙板	◎		◎	◎	◎					◎	分有窗、无窗或多窗
	W2	横向外挂墙板	◎		◎	◎	◎					◎	
	W3	竖向外挂墙板	◎		◎	◎	◎					◎	有单层、跨层
	W4	非线性外挂墙板	◎		◎	◎	◎					◎	
	W5	镂空外挂墙板	◎		◎	◎	◎					◎	
框架墙板	K1	暗柱暗梁墙板	◎	◎	◎								所有板可以做成装饰保温一体化墙板
	K2	暗梁墙板		◎									
梁	L1	梁	◎		◎	◎	◎						
	L2	T 形梁	◎				◎			◎			
	L3	凸梁	◎				◎			◎			
	L4	带挑耳梁	◎				◎			◎			
	L5	叠合梁	◎	◎	◎	◎							
	L6	带翼缘梁	◎				◎			◎			
	L7	连梁	◎	◎	◎	◎							

（续）

类别	编号	名称	应用范围										说明
			混凝土装配整体式				混凝土全装配式						
			框架结构	剪力墙结构	框剪结构	筒体结构	框架结构	薄壳结构	悬索结构	单层厂房结构	无梁板结构	钢结构	
梁	L8	叠合莲藕梁	◎		◎	◎							
	L9	U 形梁	◎		◎	◎				◎			
	L10	工字形屋面梁								◎		◎	
	L11	连筋式叠合梁	◎		◎	◎							
柱	Z1	矩形柱	◎		◎	◎	◎			◎	◎		
	Z2	L 形扁柱	◎		◎	◎	◎						
	Z3	T 形扁柱	◎		◎	◎	◎						
	Z4	带翼缘柱	◎		◎	◎	◎						
	Z5	跨层方柱	◎		◎	◎	◎						
	Z6	跨层圆柱	◎				◎						
	Z7	带柱帽柱	◎				◎						
	Z8	带柱头柱	◎				◎	◎	◎				
	Z9	圆柱	◎		◎	◎	◎						
复合构件	F1	莲藕梁	◎		◎	◎							
	F2	双莲藕梁	◎		◎	◎							
	F3	十字形莲藕梁	◎		◎	◎							
	F4	十字形梁 + 柱	◎		◎	◎	◎						
	F5	T 形柱梁	◎		◎	◎	◎						
	F6	草字头形梁柱一体构件	◎		◎	◎	◎		◎				
其他构件	Q1	楼梯板	◎	◎	◎	◎	◎	◎	◎	◎	◎	◎	单跑、双跑
	Q2	叠合阳台板	◎	◎	◎	◎						◎	
	Q3	无梁板柱帽								◎			
	Q4	杯形基础	◎				◎		◎	◎	◎		
	Q5	全预制阳台板	◎	◎	◎	◎	◎					◎	
	Q6	空调板	◎	◎	◎	◎	◎						
	Q7	带围栏阳台板	◎	◎	◎	◎	◎						
	Q8	整体飘窗	◎	◎	◎	◎							
	Q9	遮阳板	◎	◎	◎	◎	◎						
	Q10	室内曲面护栏板	◎	◎	◎	◎	◎	◎	◎	◎	◎	◎	
	Q11	轻质内隔墙板	◎	◎	◎	◎	◎	◎	◎	◎	◎	◎	
	Q12	挑檐板	◎	◎	◎	◎							
	Q13	女儿墙板	◎	◎	◎	◎							
	Q13-1	女儿墙压顶板	◎	◎	◎	◎							

3. 制作 PC 构件有几种工艺?

常用 PC 构件的制作工艺有两种：固定式和流动式（图 1-1）。

固定方式是模具在固定的位置不动，通过制作人员的流动来完成各个模具上构件制作的各个工序，包括固定模台工艺、立模工艺和预应力工艺等。

流动方式是模具在流水线上移动，制作工人相对不动，等模具循环到自己的工位时重复做本岗位的工作，也称流水线工艺，包括流动模台式工艺和自动流水线工艺。

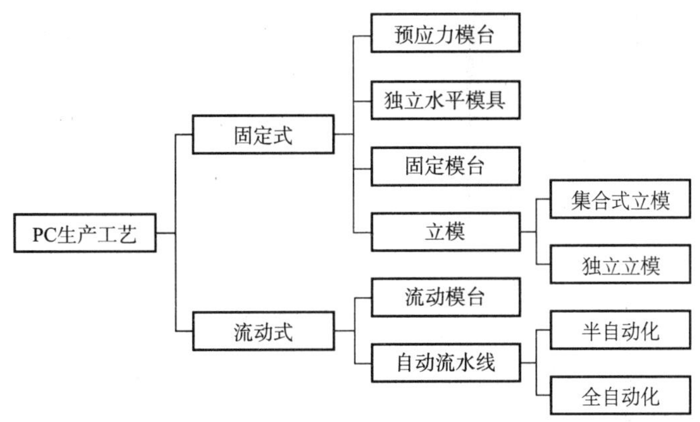

图 1-1　常用 PC 构件的制作工艺

不同的 PC 构件制作工艺各有优缺点，采用何种工艺与构件类型和复杂程度有关，与构件品种有关，也与投资者的偏好有关。一般一个新工厂的建设应根据市场需求、主要产品类型、生产规模和投资能力等因素，首先确定采用什么生产工艺，再根据选定的生产工艺进行工厂布置，然后选择生产设备。

需要说明的是，PC 构件一般情况下是在工厂内制作的（图 1-2），这种情况下可以选择

图 1-2　德国慕尼黑一家全自动化工艺生产工厂

以上任何一种工艺。但如果建筑工地距离工厂太远，或通往工地的道路无法通行运送构件的大型车辆，也可以选择在工地现场生产（图 1-3）。针对边远地区无法建厂又要搞装配式混凝土建筑，也可以选择移动方式进行生产，即在项目周边建设简易的生产工厂，等该项目结束后再将该简易工厂转移到另外一个项目，像草原牧民的游牧式生活一样，因此，可移动的工厂也被称为游牧式工厂（图 1-4）。工地临时工厂和移动式工厂选择固定模台工艺。

图 1-3　工地临时工厂

图 1-4　移动式（游牧式）工厂

4. 什么是固定模台工艺？

（1）固定模台工艺

我们已经知道固定式的生产工艺共有三种形式：固定模台工艺、立模工艺和预应力工艺，其中固定模台工艺是固定方式生产最主要的工艺，也是 PC 构件制作应用最广的工艺。

固定模台在国际上应用很普遍，在日本、东南亚地区以及美国和澳洲应用比较多，其中在欧洲生产异型构件以及工艺流程比较复杂的构件，也是采用固定模台工艺。

固定模台是一块平整度较高的钢结构平台，也可以是高平整度高强度的水泥基材料平台。以这块固定模台作为 PC 构件的底模，在模台上固定构件侧模，组合成完整的模具。固定模台也被称为底模、平台、台模。

固定模台工艺的设计主要是根据生产规模的要求，在车间里布置一定数量的固定模台，组模、放置钢筋与预埋件、浇筑振捣混凝土、养护构件和脱模都在固定模台上进行。固定模台生产工艺，模具是固定不动的，作业人员和钢筋、混凝土等材料在各个固定模台间“流动”。绑扎或焊接好的钢筋用起重机送到各个固定模台处；混凝土用送料车或送料吊斗送到固定模台处，养护蒸汽管道也通到各个固定模台下，PC 构件就地养护；构件脱模后再用起重机送到构件存放区。

固定模台工艺可以生产柱、梁、楼板、墙板、楼梯、飘窗（图 1-5）、阳台板、转角构件等各类构件。它的最大优势是适用范围广，灵活方便，适应性强，启动资金较少，见效快。固定模台如图 1-6 所示。

图 1-5　带飘窗的剪力墙板构件

图 1-6　固定模台

（2）无模台独立模具

有些构件的模具自带底模，如立式浇筑的柱子，在 U 形模具中制作的梁、柱、楼梯、阳台板、转角板等其他异型构件。自带底模的模具不用固定在固定模台上，底模相当于微型固定模台，其他工艺流程与固定模台工艺一样。

独立模具（图 1-7）往往需要单独浇筑和养护，会占一定的车间面积，因此在厂房规划中应当预留出来独立模具的生产区域，以备生产大型构件和异型构件。

图 1-7　独立模具——楼梯立模（山东天意机械有限公司提供）

5. 什么是流动模台工艺？

我们知道流动式生产工艺有两种不同的形式，一种是流动模台工艺，一种是自动化流水线工艺。两者的根本区别在于自动化程度的高低，其中自动化程度较低的是流动模台工艺，自动化程度较高的是自动化流水线工艺。目前国内的生产线自动化程度普遍不高，绝大多数都属于流动模台工艺，如图 1-8 所示。

图 1-8　流动模台生产线

流动模台（也称为“移动台模”或“托盘”），是将标准订制的钢平台（规格一般为 4m×9m）放置在滚轴或轨道上，使其移动。首先在组模区组模；然后移动到放置钢筋和预埋件的作业区段，进行钢筋和预埋件入模作业；然后再移动到浇筑振捣平台上进行混凝土浇筑；完成浇筑后，模台下的平台振动，对混凝土进行振捣；之后，模台移动到养护窑进行养护；养护结束出窑后，移到脱模区脱模，构件或被吊起，或在翻转台翻转后吊起，然后运送到构件存放区。

流动模台主要由固定脚轮或轨道、模台、模台转运小车、模台清扫机、画线机、布料机、拉毛机、码垛机、养护窑、倾斜机等常用设备组成，每一个设备都需要专人操作，并且是独立运行。流动模台工艺在画线、喷涂脱模剂、浇筑混凝土、振捣环节部分实现了自动化，可以集中养护，在制作大批量同类型板类构件时，可以提高生产效率、节约能源、降低工人劳动强度。

流动模台适合板类构件的生产。如非预应力叠合楼板、剪力墙板、内隔墙板以及标准化的装饰保温一体化板。

流动模台生产工艺是我国比较独特的生产工艺，在国外应用较少，虽然是流水线方式，但自动化程度比较低。目前我国 PC 构件主要是剪力墙构件，很多构件一个边预留套筒或浆锚孔，另外三个边预留出钢筋，且出筋复杂，很难实现全自动化。在国外，要不就上自动化程度很高的流水线，要不就上固定模台工艺，很少有人选择这种折中型的生产工艺。像这种自动化程度较低的流水线，是世界装配式建筑领域的一个特例。

6. 什么是自动流水线工艺？

简单地说，自动流水线工艺就是高度自动化的流动模台工艺，如图 1-9 所示。在实际应用中，自动流水线又可分为全自动流水线和半自动流水线两种，下面分别阐述。

图 1-9　自动流水线

(1) 全自动流水线

全自动流水线由混凝土成型流水线设备以及自动钢筋加工流水线设备两部分组成。通过计算机编程软件控制，将这两部分设备自动衔接起来，实现图样输入、模板自动清理、机械手画线、机械手组模、脱模剂自动喷涂、钢筋自动加工、钢筋机械手入模、混凝土自动浇筑、机械自动振捣、计算机控制自动养护、翻转机、机械手抓取边模入库等全部工序都由机械手来自动完成，是真正意义上自动化、智能化的流水线。

全自动流水线在欧洲、南亚、中东等一些国家应用得较多，一般用来生产叠合楼板和双面叠合墙板以及不出筋的实心墙板。法国巴黎和德国慕尼黑各有一家 PC 构件工厂，采用智能化的全自动流水线，年产 110 万 m^2 叠合楼板和双层叠合墙板，流水线上只有 6 个工人。据笔者所知，在国内，拥有这种全自动流水线的厂家有沈阳万融、江苏元大以及正在建设中的武汉美好集团这三家。

除了价格昂贵之外，限制国内全自动流水线使用的主要原因是该流水线的适用范围较窄，主要适合标准化的不出筋墙板和叠合楼板等板类构件，或者是需求量很大的单一类型的构件。而我们国家目前广泛推广的剪力墙结构体系中的构件，除了很少量的不出筋叠合楼板之外，其他构件均难以应用这种全自动流水线。

全自动流水线的主要设备有：固定脚轮或轨道、模台转运小车、模台清扫设备（图1-10）、机械手组模（含机械手放线）（图1-11）、边模库机械手（图1-12）、脱模剂喷涂机（图1-13）、钢筋网自动焊接机（图1-14）、钢筋网抓取设备（图1-15）、钢筋桁架筋抓取设备（图1-16）、自动布料机（图1-17）、柔性振捣设备（图1-18）、码垛机（图1-19）、养护窑（图1-20）、翻转机（图1-21）、倾斜机（图1-22）等。

图1-10　模台清扫设备

图1-11　机械手组模

图1-12　边模库机械手

图1-13　脱模剂喷涂机

图 1-14　钢筋网自动焊接机

图 1-15　钢筋网抓取设备

图 1-16　钢筋桁架筋抓取设备

图 1-17　自动布料机

图 1-18　柔性振捣设备

图 1-19　码垛机

图 1-20　养护窑

图 1-21　翻转机

（2）半自动流水线

与全自动流水线相比，半自动流水线仅包括了混凝土成型设备，不包括全自动钢筋加工设备。半自动流水线将图样输入、模板清理、画线、组模、脱模剂喷涂、混凝土浇筑、振捣等工序实现了自动化，但是钢筋加工、入模仍然需要人工作业。可以说，钢筋加工完成后是自动入模还是人工入模是区分全自动流水线与半自动流水线的标志。

图 1-22　倾斜机

半自动流水线也是只适合标准化的板类构件，如非预应力的不出筋叠合楼板、双面叠合墙板、内隔墙板等。夹芯保温墙板也可以生产，但是不能实现自动化和智能化，组模、放置保温材料、安放拉结件等工序需要人工操作。

半自动流水线的主要设备有：固定脚轮或轨道、模台转运小车、模台清扫设备、组模机械手（含机械手放线）、边模库机械手、脱模剂喷涂机、自动布料机、柔性振捣设备、码垛机、养护窑、翻转机、倾斜机等。

目前国内拥有半自动流水线的厂家有浙江宝业集团的嘉兴工厂和上海城建集团的 PC 工厂。

7. 什么是预应力工艺？

由于预应力混凝土具有结构截面小、自重轻、刚度大、抗裂度高、耐久性好和材料省等特点，使得该技术在装配式领域中得到了广泛的应用，特别是预应力楼板在大跨度的建筑中广泛应用。

预应力工艺是 PC 构件固定生产方式的一种，可分为先张法预应力工艺和后张法预应力工艺两种，预应力 PC 构件大多用先张法工艺。

（1）先张法

先张法预应力混凝土构件生产时，首先将预应力钢筋按规定在钢筋张拉台上铺设张拉，然后浇筑混凝土成型或者挤压混凝土成型，当混凝土经过养护、达到一定强度后拆卸边模和肋模，放张并切断预应力钢筋，切割预应力楼板。先张法预应力混凝土具有生产工艺简单、生产效率高、质量易控制、成本低等特点。除钢筋张拉和楼板切割外，其他工艺环节与固定模台工艺接近（图 1-23）。

先张法预应力生产工艺适合生产叠合楼板、预应力空心楼板、预应力双 T 板以及预应力梁等。

（2）后张法

后张法预应力混凝土构件生产，是在构件浇筑成型时按规定预留预应力钢筋孔道，当混凝土经过养护达到一定强度后，将预应力钢筋穿入孔道内，再对预应力钢筋张拉，依靠锚具锚固预应力钢筋，建立预应力，然后对孔道灌浆。后张法预应力工艺生产灵活，适宜于结构复杂、数量少、重量大的构件，特别适合于现场制作的混凝土构件。图 1-24 是一个后张法异形预应力梁。

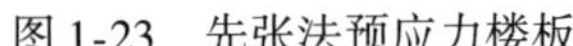

图 1-23　先张法预应力楼板

图 1-24　后张法异形预应力梁

现在也有人研发了组合式后张法预应力楼板，就是将带孔的小块板组合成大块楼板，用后张法将其连接成整体。这种工艺用于低层装配式建筑的楼板。

8. 什么是立模工艺？

立模工艺是用竖立的模具垂直浇筑成型的方法，一次生产一块或多块构件。立模工艺与平模工艺（普通固定模台工艺）的区别是：平模工艺构件是“躺着”浇筑的，而立模工艺构件是立着浇筑的。立模工艺有占地面积小、构件表面光洁、垂直脱模、不用翻转等优点。

立模有独立立模和集合式立模两种。

立着浇筑的柱子或侧立浇筑的楼梯板属于独立立模，如图 1-25 所示。

集合式立模（图 1-26）是多个构件并列组合在一起制作的工艺，可用来生产规格标准、形状规则、配筋简单的板式构件，如轻质混凝土空心墙板。

图 1-25 独立立模——楼梯模具

图 1-26 固定集合式立模（内墙板生产用）

并列式组合模具由固定的模板、两面可移动模板组成。在固定模板和移动模板内壁之间是用来制造预制构件的空间。

上面介绍的是固定式生产工艺中的立模工艺。随着立模工艺的发展迭代，现在已经出现了一种流动并列式组合立模工艺，主要生产低层建筑和小型装配式建筑中的墙板构件。

图 1-27 流动并列式组合立模（内隔墙板生产用）

流动并列式组合立模（图 1-27）可以通过轨道运输被移送到各个工位，先是组装立模；然后钢筋绑扎；接下来浇筑混凝土；最后被运到养护窑集中养护，达到一定强度后再运到脱模区进行脱模，从而完成组合立模生产墙板的全过程。其主要优点是可以集中养护构件。流动并列式组合立模应用在轻质隔墙板生产工艺中，工艺成熟、产量高、自动化程度较高。

9. 各种工艺对各类构件的适宜性与经济性如何？

(1) 各种工艺比较

建设一个 PC 构件制造工厂，首先要确定生产工艺。而要选择生产工艺，就应当对各种生产工艺的适用范围以及经济性进行深入清晰的了解。每一种生产工艺适宜的范围不同，有各自的优缺点，投入的成本也不一样。我们把各种生产工艺对产品的适用范围、优点、缺点以及产能与投资的大致关系做成了一个表格，供读者参考（见表 1-2）。

表1-2　各种工艺适宜性及经济性比较

序号	项目	比较单位	固定式				流动式	
			固定模台	立模		预应力	全自动流水线	流动模台
				集合式	独立式			
1	可生产构件		梁、叠合梁、莲藕梁、柱梁一体、柱、楼板、叠合楼板、内墙板、外墙板、T形板、L形板、曲面板、楼梯板、阳台板、飘窗、夹芯保温墙板、后张法预应力梁、各种异形构件	轻质内隔墙板和其他形状和配筋规则的不出筋规格化墙板	柱、剪力墙板、楼梯板、T形板、L形板	预应力叠合楼板、预应力空心楼板、预应力双T板、预应力实心楼板、预应力梁	不出筋的楼板、叠合楼板、内墙板和双面叠合剪力墙板	楼板、叠合楼板、剪力墙内墙板、剪力墙外墙板、夹芯保温墙板、阳台板、空调板等板式构件
2	设备投资	10万 m^3 生产规模	800万~1200万	300万~500万	100万~150万	300万~500万	8000万~10000万	3000万~5000万
3	厂房面积	10万 m^3 生产规模	1.5万~2万 m^2	0.6万~1万 m^2	0.6万~1.5万 m^2	1.5万~2万 m^2	1.3万~1.6万 m^2	1.3万~1.6万 m^2
4	场地面积	10万 m^3 生产规模	3万~4万 m^2	1.5万~2万 m^2	2万~2.5万 m^2	1.5万~2万 m^2	3万~4万 m^2	3万~4万 m^2
5	其他设施	10万 m^3 生产规模	0.3万~0.5万 m^2	0.3万~0.5万 m^2	0.5万 m^2	0.3万~0.5万 m^2	0.3万~0.5万 m^2	0.3万~0.5万 m^2
6	工厂人员	10万 m^3 生产规模	180~210人	90~110人	100~120人	90~110人	90~120人	120~150人
7	运行用电	1 m^3 运行用电量	8~10kWh	8~10kWh	8~10kWh	8~10kWh	10~12kWh	10~12kWh
8	养护耗能	1 m^3 养护蒸汽量	60~80kg	60~80kg	60~80kg	60~80kg	60~70kg	60~70kg

（续）

序号	项目	比较单位	固定式				流动式	
			固定模台	立模		预应力	全自动流水线	流动模台
				集约式	独立式			
9	优点		1）适用范围广；2）可生产复杂构件；3）生产安排机动灵活，限制较少；4）投资少、见效快；5）租用厂房可以启动。可用于工地临时工厂	1）工厂占地面积小；2）产品没有抹压立面；3）模具成本低；4）节约人工；5）节省能源；6）构件不用翻转	1）产品没有抹压立面；2）适合生产T形板和L形板等三维构件；对剪力墙结构体系减少工地后浇混凝土有利；3）构件不用翻转；4）与固定模台比占地面积小	预应力板制作的不可替代的工艺	1）自动化、智能化程度高；2）产品质量好，不易出错；3）生产效率非常高；4）大量节省劳动力	1）比固定模台工艺节约用地；2）在放线、清理模台、喷脱模剂、振捣、翻转环节实现了自动化；3）钢筋、模具和混凝土定点运输，运输线路直接，没有交叉；4）以上实现自动化的环节节约劳动力；5）集中养护在生产量饱满时节约能源；6）制作过程质量管控点固定，方便管理
10	缺点		1）与流动模台相比同样产能占地面积大10%～15%；2）可实现自动化的环节少；3）生产同样构件，振捣、养护、脱模环节比流水线工艺用工多；4）养护耗能高	适用范围太窄，目前只适用于轻质内隔墙板等形状规则、规格统一、配筋较疏的板式构件	1）可实现自动化的环节少；2）生产同样构件，振捣、养护、脱模环节比流水线工艺用工多；3）养护耗能高	适用范围窄、产品单一	1）适用范围太窄；2）要求大的市场规模；3）造价太高；4）投资回收周期长或者较难	1）适用范围较窄，仅适于板式构件；2）投资较大；3）制作生产节奏不一样的构件时，对效率影响较大；4）对生产均衡性要求较高，不易做到机动灵活；5）一个环节出现问题会影响整个生产线运行；6）生产量小的时候浪费能源；7）不宜在租用厂房设置
11	评价		适用于：①产品定位范围广的工厂，特别是梁柱等非板式构件，其他工艺不适宜；②市场规模小的地区；③受投资规模限制的小型工厂或启动期；④没有条件马上征地的工厂	是制作内隔墙板的较好方式	可作为固定模台或流水线工艺的重要补充，生产三维构件	适合大跨度建筑较多地区	适合市场规模很大的地区、规格化不出筋板式构件。按目前中国规范和结构体系，如果出筋自动化没有解决，不大适宜	适合市场规模较大地区的板式构件工厂

(2) 剪力墙结构体系 PC 构件实现自动化的障碍

1）我国住宅建筑，特别是高层住宅主要以剪力墙结构为主，按现行规范对剪力墙结构有关规定，剪力墙板大都两边甚至三边出筋，另外一边为套筒或浆锚孔，且出筋复杂。这种复杂的结构导致构件生产实现全自动化有很多障碍，这种障碍在短时间内很难克服。

2）剪力墙板为连接而伸出的预留钢筋在制作时比较麻烦。

3）外墙剪力墙板多为装饰保温一体化板，作业周期长，生产工序流程繁杂。

4）剪力墙体系构件品种也比较多，还有一些异形构件，如楼梯板、飘窗、阳台板、挑檐板、转角板等，产品生产流程复杂、所需钢筋骨架复杂，一些构件既有暗柱又有暗梁，钢筋骨架无法实现全自动化加工。

5）叠合楼板预制部分，国家标准和行业标准的规定，构件端部都要有钢筋伸入支座、双向板侧边和为了解决连接拼缝问题，单向板为了解决裂缝问题在拼缝处也要有钢筋伸出，目前无法实现全自动化加工。

(3) 关于 PC 构件制作工艺存在的误区

许多人都想当然地以为制作 PC 构件必须有流水线，上流水线意味着技术“高大上”，意味着自动化和智能化，甚至有的用户把有没有流水线作为选择 PC 构件供货厂家的前提条件。这是一个很大的误区。

就目前世界各国情况看，品种单一的板式构件、不出筋且表面装饰不复杂，使用流水线才可以最大限度地实现自动化，获得较高效率。但这样的流水线投资非常大。只有在市场需求较大较稳定且劳动力比较贵的情况下，才有经济上的可行性。

国内目前生产墙板的流水线其实就是流动的模台，并没有实现自动化，与固定模台比没有技术和质量优势，生产线也很难做到匀速流动；并不节省劳动力。流水线投资较大，适用范围却很窄。梁、柱不能做，飘窗不能做，转角板不能做，转角构件不能做，各种异形构件不能做。日本是 PC 建筑的大国和强国，也只是不出筋的叠合板用流水线。欧洲也只是侧边不出筋的叠合板、双面叠合剪力墙板和非剪力墙墙板用自动化流水线。只有在构件标准化、规格化、专业化、单一化和数量大的情况下，流水线才能实现自动化和智能化。就目前看只有不出筋叠合板可以实现高度自动化。但自动化节约的劳动力并不能补偿巨大的投资。

笔者认为以目前中国装配式建筑主要 PC 构件的类型看，上全自动化生产线效能很低，得不偿失。流水线也不是 PC 化初期的必然选择，尤其在举国开展装配式建筑的形式下，对于一些装配式市场规模较小的地区，固定模台是更为经济合理的选择。

不同工艺对制作常用 PC 构件的适用范围参考图 1-28。

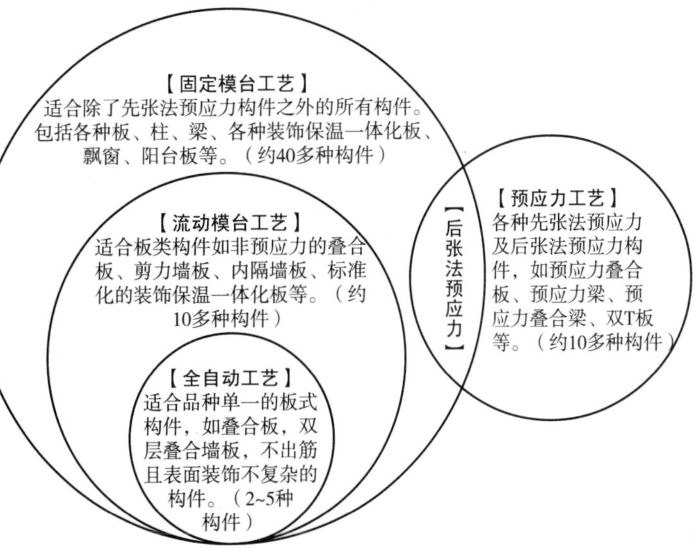

图 1-28　制作工艺对常用 PC 构件的适用范围

10. 如何选择适宜的工艺？

(1) 新建PC工厂选择制作工艺有以下原则

1）根据目标市场需求的产品定位确定生产什么种类的产品。

在日本，PC构件生产分工很明确，有的工厂专业生产外墙挂板，如高桥公司；有的专业生产叠合楼板，如亚麻库斯琦玉工厂，全自动化PC生产线产能很高；有的专业生产柱子和梁，如YKK川岸工厂。工厂产品目标集中、专业化强，投资目标明确，而不是盲目的投资。

2）根据市场规模，确定生产产品的产能，然后根据产能确定生产工艺。

3）根据投资金额选择生产工艺。

4）根据土地和厂房的限制。

5）有些工厂是购买土地新建工厂长久的基业，可以考虑生产线自动化程度高一些；如果是租来的厂房，租期很短投资很大的生产线还没有收回成本，就要搬走或者是被迫停产，就得不偿失了。

6）启动的限制。想早点进入市场，那么购买土地建设厂房采购自动化生产线需要很长周期，但是又想早点进入市场，那就可以选择投资少、启动灵活、见效快的方案。

7）灵活的方案原则。规划按照自动化设备规划，前期先用固定模台工艺，固定模台按照生产线上可以使用的规格型号去采购，根据市场情况逐步升级。

(2) 工艺的选择

投资者可选用单一的工艺方式，也可以选用多工艺组合的方式。

1）固定模台工艺。固定模台工艺可以生产各种构件，灵活性强，可以承接各种工程。

2）固定模台工艺+立模工艺。在固定模台工艺的基础上，附加一部分立模区，生产材料单一的板式构件。

3）单流水线工艺（全自动化）。适用性强的单流水线，专业生产标准化的板式构件，例如叠合楼板。

4）单流水线工艺（全自动化）+部分固定模台工艺。流水线生产板式构件，设置部分固定台模生产复杂构件。

5）双流水线工艺。布置两条流水线，各自生产不同的产品，都达至较高的效率。

6）预应力工艺。在有预应力楼板需求时才能上预应力生产线。当市场需求量较大时，可以建立专业工厂，不生产别的构件。也可以作为其他生产工艺工厂的附加生产线。

(3) 世界其他国家生产工艺情况

选择什么样的制作工艺与装配式建筑的结构类型有关，与构件的市场规模有关。

日本是目前世界上装配式混凝土结构建筑最多的国家，超高层PC建筑很多，PC技术比较完善。日本的高层建筑主要是框架结构、框剪结构和筒体结构，最常用的PC构件是梁、柱、外挂墙板、叠合楼板、预应力叠合楼板和楼梯等。柱梁结构体系的柱、梁等构件不适合在流水线上制作，日本PC墙板大都有装饰面层，也不适于在流水线上制作。所以，日本大多数 PC 工厂主要采用固定模台工艺。日本最大的 PC 墙板企业高桥株式会社也是采用固定模台工艺。日本只有叠合楼板用流水线工艺，自动化智能化程度也比较高。国内有人把固定模台工艺说成是落后的工艺，或许是由于对 PC 工艺不了解，或许是由于对流水线工艺的偏好。世界上目前 PC 技术最先进的国家日本的大多数 PC 工厂采用固定模台工艺，至少说明这种工艺的适用性。

欧洲多层和高层建筑主要是框架结构和框剪结构，构件主要是暗柱板（柱板一体化）、空心墙板、叠合楼板和预应力楼板，以板式构件为主。欧洲主要采用流水线工艺，自动化程度比较高。

美国和澳洲较多使用预应力梁、预应力楼板和外挂墙板等 PC 构件，采用固定方式制作。

泰国装配式建筑多为低层建筑，以（带暗柱的）板式构件为主，连接方式采用欧洲技术。也使用后张法预应力墙板。有一家位于曼谷的建筑企业使用欧洲的全自动化生产线，每月能提供 $180 \sim 250m^2$ 的别墅 150 套。

11. 如何设计固定模台工艺并选择设备与设施？

（1）固定模台工艺适用范围

固定模台工艺适用范围比较广，适合于各种构件，包括标准化构件、非标准化构件和异形构件。具体构件包括柱、梁、叠合梁、后张法预应力梁、叠合楼板、剪力墙板、三明治墙板、外挂墙板、楼梯、阳台板、飘窗、空调板、曲面造型构件等。

（2）固定模台工艺流程

1）生产工艺流程。固定模台生产工艺流程如图 1-29 所示。

2）模台尺寸。固定模台一般为钢制模台，也可用钢筋混凝土或超高性能混凝土模台。

常用模台尺寸：预制墙板模台 4m × 9m；预制叠合楼板、外挂墙板一般 4m × 12m；预制柱梁构件 3m × 12m。

固定模台生产完构件后在原地通蒸汽养护，所以需要一定的厂房面积摆放固定模台，还要考虑留出作业通道及安全通道。

3）生产规模与模台数量的关系。每块模台最大有效使用面积约 70%，一些异形构件还达不到这个比例，只能到 40% 左右，因此固定模台占地面积较大。产量越高，模台数量越多，厂房面积越大。

4）模台数量与产能关系。见式（1-1）

$$M_S = C_m H_n \tag{1-1}$$

式中　M_S——标准固定模台数量（规格为 3.5m × 9m）；

C_m——系数，板式构件取 6 ~ 8，梁柱式构件取 4 ~ 6；

H_n——产能（万 m^3/年）。

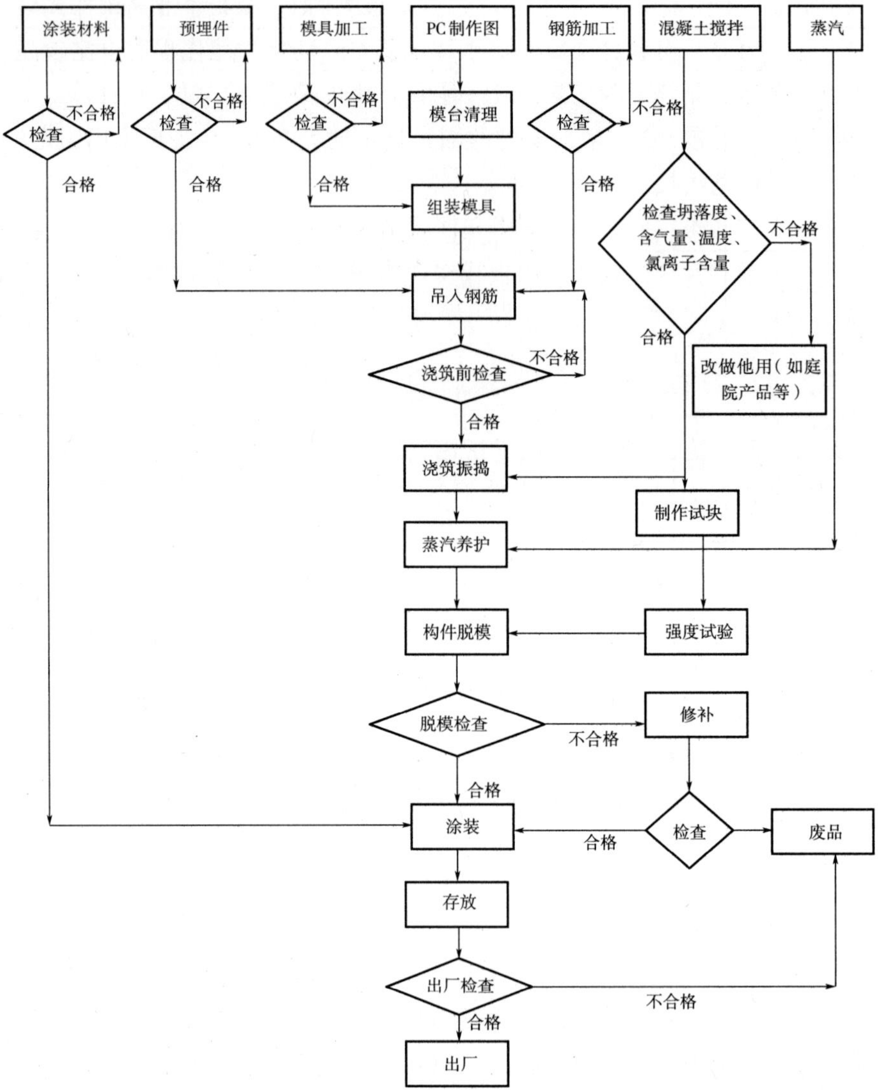

涂装材料 预埋件 模具加工 PC制作图 钢筋加工 混凝土搅拌 蒸汽
检查 不合格 合格
模台清理
组装模具
吊入钢筋
检查坍落度、含气量、温度、氯离子含量
改做他用（如庭院产品等）
浇筑前检查
浇筑振捣
制作试块
蒸汽养护
构件脱模
强度试验
脱模检查
修补
涂装
废品
存放
出厂检查
出厂

图 1-29　固定模台生产工艺流程

算例 1：年产 1 万 m^3板式构件需多少模台？

$$M_S = C_m H_n = 8 \times 1 = 8 \text{（个）}$$

算例 2：年产 1 万 m^3梁柱构件需多少模台？

$$M_S = C_m H_n = 6 \times 1 = 6 \text{（个）}$$

算例 3：年产 3 万 m^3梁柱构件需多少模台？

$$M_S = C_m H_n = 6 \times 3 = 18 \text{（个）}$$

（3）固定模台工艺设备配置

固定模台工艺设备配置见表 1-3。本表依据日本和国内 PC 工厂的实际配置情况得出，仅供参考。

表 1-3　固定模台工艺设备配置表

类　别	序　号	设备名称	说　明
搬运	1	小型辅助起重机	辅助吊装钢筋笼或模板
	2	运料系统	运输混凝土
	3	运料罐车或叉车	运输混凝土
	4	产品运输车	从车间把构件运到堆场
钢筋加工	5	钢筋校直机	钢筋调直
	6	棒材切断机	钢筋下料
	7	钢筋网焊机	钢筋网片的制作
	8	箍筋加工机	钢筋成型
	9	桁架加工机	桁架筋的加工
模具	10	固定模台	作为生产构件用的底模
浇筑	11	布料斗	混凝土浇筑用
	12	手持式振动棒	混凝土振捣用
	13	附着式振动器	大体积构件或叠合板用
养护	14	蒸汽锅炉	养护用蒸汽
	15	蒸汽养护自动控制系统	自动控制养护温度及过程
其他工具	16	空气压缩机	提供压缩空气
	17	电焊机	修改模具用
	18	气焊设备	修改模具用
	19	磁力钻	修改模具用

(4) 固定模台工艺车间要求

固定模台工艺厂房跨度 20～27m 为宜；厂房高度 10～15m 为宜。固定模台生产车间布置如图 1-30 所示。

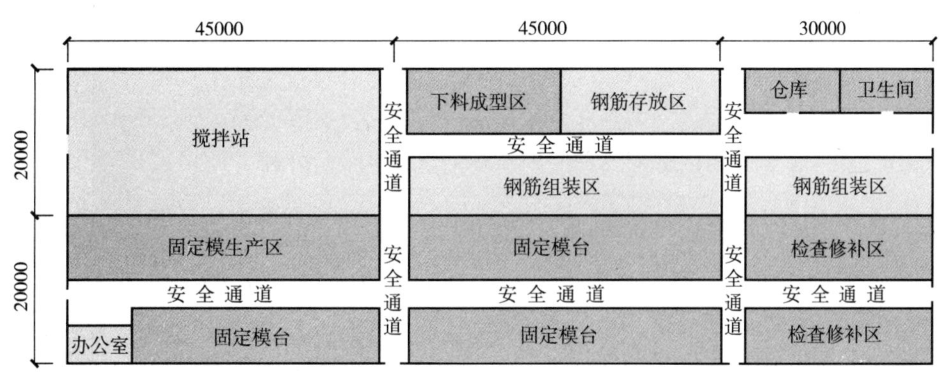

图 1-30　固定模台生产车间布置

(5) 固定模台工艺劳动力配置

不同生产规模固定模台人员配置见表 1-4。人员配置与 PC 工厂的设备条件、技术能力和管理水平有很大关系，本表只是给读者一个定量的参考数据。

表 1-4 固定模台人员配置表

工序		序号	工种	人员	
				5 万 m^3	10 万 m^3
生产	钢筋加工	1	下料	2	4
		2	成型	4	6
		3	组装	14	18
	模具组装	4	清理	2	4
		5	组装	14	20
		6	改装	6	8
	混凝土浇筑	7	浇筑	30	50
	养护	8	锅炉工	4	6
		9	养护工	2	6
	表面处理	10	修补	8	10
			小计	86	132
	辅助	11	电焊工	2	3
		12	电工	2	2
		13	设备维修	2	3
		14	起重工	8	10
		15	安全专员	1	2
		16	叉车工	2	2
		17	搬运	4	8
		18	设备操作	8	8
		19	试验人员	6	6
		20	包装	2	4
		21	力工	2	4
			小计	39	50
管理		22	生产管理	2	2
		23	计划统计	1	2
		24	技术部	3	3
		25	质量部	8	12
		26	物资采购	2	3
		27	财务部	3	3
		28	行政人事	2	3
		小计		21	28
合计				146	210

(6) 固定模台工艺设计要点

1) 起重机起重吨位和配置数量须满足生产要求，表 1-5 给出产能与起重机配置对应关系的参考数据，表中主要是给出 PC 构件生产车间的起重能力设置，对于钢筋加工和模具修改车间可取下限设置 5t 起重机。

表 1-5　产能与起重机配置对应关系

项　　目	年产 1 万 m^3	年产 5 万 m^3	年产 10 万 m^3
车间内起重机(5 ~ 16t)	3 ~ 5 台	9 ~ 12 台	12 ~ 16 台
室外堆场(10 ~ 20t)	1 ~ 2 台	2 ~ 3 台	3 ~ 4 台

2) 车间面积应满足模台摆放、作业空间和安全通道的面积。

3) 每个固定模台要配有蒸汽管道和自动控温装置，既可以直接覆盖苫布（图 1-31）也可以订做移动式覆盖棚来保温覆盖（图 1-32）。自动控温装置是蒸汽养护点按照设定的升温、恒温、降温速度和时间进行自动温控的装置。

图 1-31　直接覆盖苫布养护

图 1-32　移动式覆盖棚

4) 混凝土运料方式当采用运料罐车运送混凝土时，固定模台处应方便运料罐车进出，混凝土运输方式详见第 17 问。

5) 加工好的钢筋可通过起重机也可用运输车运输到模台处。

6) 混凝土的振捣多采用振动棒，板类构件可以在固定模台上安放附着式振捣器（图 1-33）。

图 1-33　固定模台上安装的附着式振捣器

(7) 固定模台的自动化流水工艺思考

固定模台与流动模台是目前大多数构件

厂的工艺选择，两者都属于手工作业，不是说固定模台只能是手工作业，也不是说流动模台现在就是自动化。

固定台模也可以实现部分自动化。

1）布料机可以通过空中运输系统，计算机辅助计量，精准地送料布料。

2）在标准化模台两边设置轨道，在轨道上设置自动画线机械手，以及自动清扫模具、自动刷脱模剂。

3）在固定模台上安装附着式振捣器，实现板式构件自动化振捣。

4）蒸汽养护通过计算机设定事实上已经实现了自动化养护。

5）翻转可以使用液压式侧立翻转模台（图1-34）。

图1-34 液压式侧立翻转模台（图片来源德州海天机电科技有限公司）

12. 如何设计流动模台工艺并选择设备与设施？

（1）流动模台工艺适用范围

流动模台工艺适合生产标准化板类构件，包括叠合楼板、剪力墙外墙板、剪力墙内墙板、夹芯保温板（三明治墙板）、外挂墙板、双面叠合剪力墙板、内隔墙板等。对于装饰一体化的板类构件（带装饰层的墙板、瓷砖反打、石材反打等墙板）也能生产，但效率会降低。

（2）流动模台工艺流程

流动模台工艺流程：标准定型的模台（4m×9m）通过滚轮或轨道移动到每个工位，由该工位的工人完成作业，然后转移至下一个工位，最后被码垛机送进养护窑养护。流动模台的基本工位有：模台清扫、画线、喷涂脱模剂、组装模具、钢筋入模、浇筑混凝土（同时振捣）、拉毛或抹平、养护、翻转脱模等。

流动模台生产工艺流程如图1-35所示。

（3）流动模台工艺设备配置

流动模台工艺设备配置见表1-6。其中有些设备是可选项的，包括模台清扫、模台画线、清扫机、拉毛机、赶平机等，可由人工代替这些设备功能。

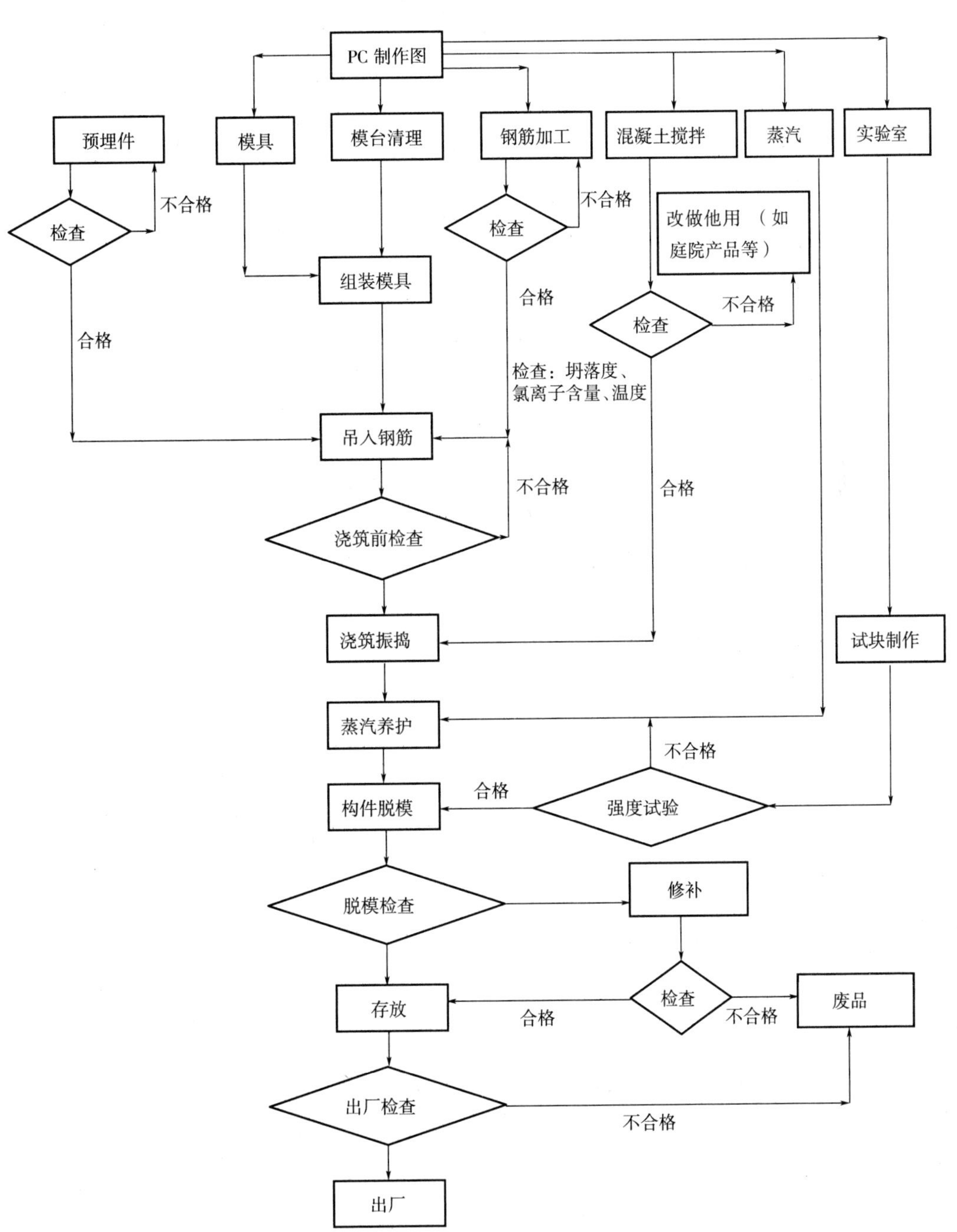

图 1-35　流动模台生产工艺流程

表 1-6　流动模台工艺设备配置

类　别	序　号	设 备 名 称	说　明
搬运	1	小型辅助起重机	辅助吊装钢筋笼或模板
	2	运料系统	运输混凝土
	3	产品搬运运输车	从车间把构件运到堆场
钢筋加工	4	棒材切断机	钢筋下料
	5	箍筋加工机	钢筋成型
	6	桁架加工机	桁架筋的加工
生产线	7	中央控制系统	控制设备运转
	8	清理装置	清理模台上的残余混凝土，可选项目
	9	画线装置	画线，可选项目
	10	喷涂机	喷涂脱模剂，可选项目
	11	布料机	混凝土布料
	12	振捣系统	360°振捣
	13	叠合板拉毛机	拉毛，可选项目
	14	抹平机	内隔墙板抹平，可选项目
	15	码垛机	码垛
	16	养护窑	养护
	17	翻转设备	生产双层墙板
	18	倾斜装置	翻转墙板脱模用
	19	底模运转系统	运送模台
模具	20	模台	在生产线流动的模台
	21	磁性边模	产品边模
养护	22	蒸汽锅炉	提供养护用蒸汽
	23	蒸汽养护自动控制系统	自动控制养护温度及过程
其他工具	24	空气压缩机	提供压缩空气

（4）流动模台工艺车间

车间平面应满足流水线运转布局的要求，车间高度应当满足养护窑的高度要求。车间跨度一般在 22～27m，高度在 12～17m，长度应满足流水线运转长度，以 160～240m 为宜，如图 1-36 所示。

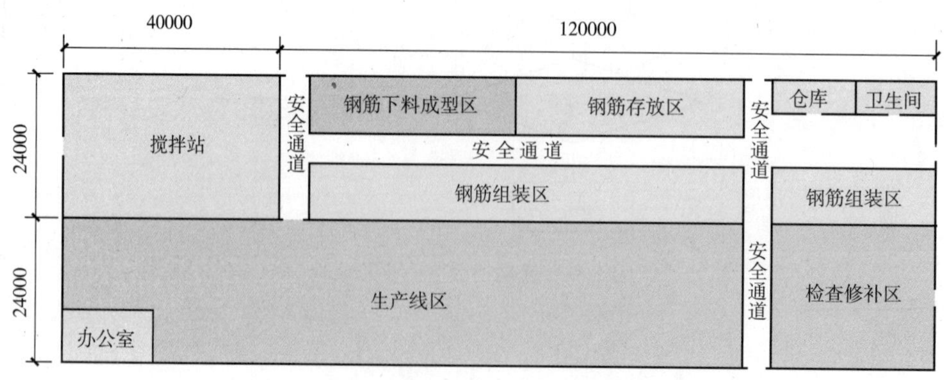

图 1-36　流动模台工艺车间布置

（5）流动模台工艺劳动力配置

流动模台工艺劳动力配置见表 1-7，表里给出了一个大致的参考数。生产的产品不同，各工位的工人是不一样的，实际配置应根据生产产品的具体情况进行调整。

表 1-7　流动模台工艺劳动力配置

项　目	工　序	序　号	工　种	流动模台	
				5 万 m^3	10 万 m^3
生产线	图样输入	1	操作员	1	2
	中央控制系统	2	操作员	1	2
	模台清理	3	操作员	1	2
	画线机	4	操作员	1	2
	组装模具	5	技术工	4	8
	喷涂脱模剂	6	操作员	1	2
	钢筋加工	7	操作员	9	12
	安放预埋	8	操作员	2	4
	布料振捣	9	操作员	1	2
	码垛养护	10	操作员	1	2
	脱模	11	操作员	2	4
	放置钢筋预埋件	12	力工	6	12
	浇筑、抹光	13	技术工	4	8
	小计			34	62
	辅助人员	14	电焊工	1	1
		15	电工	1	1
		16	设备维护	3	4
		17	起重工	3	6
		18	安全专员	1	1
		19	叉车工	1	2
		20	搬运	2	4
		21	搅拌站设备操作	2	4
		22	试验人员	2	3
		23	包装	2	4
		25	力工	4	8
		小计		22	38
生产管理		26	生产管理	2	2
		27	计划统计	1	1
		28	技术部	3	3
		29	质量部	4	6
		30	物资采购	2	2
		31	财务部	3	3
		32	行政人事	2	2
		小计		17	19
合计				73	119

(6) 流动模台工艺设计要点

1）流动模台数量需满足产能设计要求。流动模台工艺产能不仅受模台数量影响，而且受流水节拍以及单个工位效率的影响，如果产能要求大，就要压缩流水节拍或对瓶颈工位增加人员与其他资源，比如增加组装模具、混凝土布料、混凝土振捣等工位的人员和设备。

国内流动模台工艺的流水节拍，叠合楼板一般在15～25min/模台；剪力墙墙板一般在30～45min/模台；装饰保温一体化的墙板一般在60～80min/模台。

2）满足所能生产构件的工艺要求。

3）要合理分配各个工位的操作空间。

4）生产单一产品的专业流水线，以提高效率效能为主要考虑，如叠合板流水线，不同工程不同规格的叠合板，边模、钢筋网、桁架筋等都有共性，流动模台可以考虑提高自动化程度，实现高效率；养护窑的高度也一样。但如果要兼顾其他构件，如墙板，就会降低效率。

5）生产不同产品的综合流水线，就要以所生产产品中最大尺度和最难制作的产品作为设计边界，如此需要牺牲效率，以实现宽适宜性。

6）生产线流程顺畅。

7）各环节作业均衡，以使流水线匀速运行。

13. 如何选择自动流水线工艺及设备？

目前世界范围内自动流水线设备都有三个限制：一是限于生产板式构件；二是限于构件不出筋；三是限于工艺简单不复杂的构件。而对于我国的剪力墙体系中的构件而言，叠合楼板预制部分是出筋的，剪力墙板是三边出筋一边套筒或者波纹套管，因此目前还没有完全适合国内构件全自动流水线，所以企业在选择自动流水线工艺和设备的时候要格外注意这一点。

要么是你所确定的产品品种是板式构件、不出筋、工艺单一；要么就是生产线厂家的生产线经过改进和提升，能适应你所要生产的产品种类要求，否则选择自动化生产线不会带来效能的提升。因为自动化生产线目前适用范围窄，只适合非预应力叠合楼板且不出筋、双面叠合剪力墙以及不出筋的内墙板。

如果定位只生产非预应力叠合楼板（且不出筋）而且要求产量高，这时就可以选择一条自动化高的生产线，实现从图样输入、模具清扫、喷涂脱模剂、画线、组装模具、钢筋加工、钢筋网片入模、预埋件定位入模、桁架筋入模、浇筑混凝土、养护到脱模全过程机械化生产，真正意义实现自动化智能化生产。

最近欧洲一家设备制造商给俄罗斯一家制造工厂设计了一条自动化程度更高的装饰保温一体化墙板生产线，铺设瓷砖、铺设保温层、安放连接件都由机械手来完成。但目前也是在实验阶段，并没完全推向市场。

如果工厂定位品种较多，有叠合楼板、剪力墙板、装饰保温一体化墙板、实心内墙板等产品，就不适合选择全自动化生产线，因为投资高且生产效率低。

(1) 自动化生产线设备配置

自动化生产线设备配置见表 1-8。

表 1-8　自动化生产线设备配置

类　　别	序　　号	设备名称	说　　明
搬运	1	小型辅助起重机	辅助吊装钢筋笼或模板
	2	运料系统	运输混凝土
	3	产品搬运运输车	从车间把构件运到堆场
钢筋加工	4	棒材切断机	钢筋下料
	5	箍筋加工机	钢筋成型
	6	桁架加工机	桁架筋的加工
生产线	7	中央控制系统	控制设备运转
	8	自动清理装置	清理模台上的残余混凝土
	9	自动画线装置	机械手自动画线
	10	自动组模系统	机械手自动组模
	11	钢筋网片加工中心	钢筋网片自动加工
	12	钢筋网片运输系统	网片自动运送到模具内
	13	桁架放置系统	桁架筋自动放置在模具内
	14	自动布料机	混凝土自动布料
	15	全自动振捣系统	360°振捣
	16	叠合板拉毛机	拉毛
	17	自动抹平机	内隔墙板抹平
	18	码垛机	码垛
	19	养护窑	养护
	20	翻转设备	生产双层墙板
	21	倾斜装置	翻转墙板脱模用
	22	底模运转系统	运送模台
模具	23	模台	在生产线流动的模台
	24	磁性边模	产品边模
养护	25	蒸汽锅炉	提供养护用蒸汽
	26	蒸汽养护自动控制系统	自动控制养护温度及过程
其他工具	27	空气压缩机	提供压缩空气

(2) 自动化工艺流程

全自动化生产线从图样输入、模板清理、画线、组模、脱模剂喷涂、钢筋加工、钢筋入模、混凝土浇筑、振捣、养护等全过程都由机械手自动完成，真正意义上实现全部自动化，生产工艺流程如图 1-37 所示。

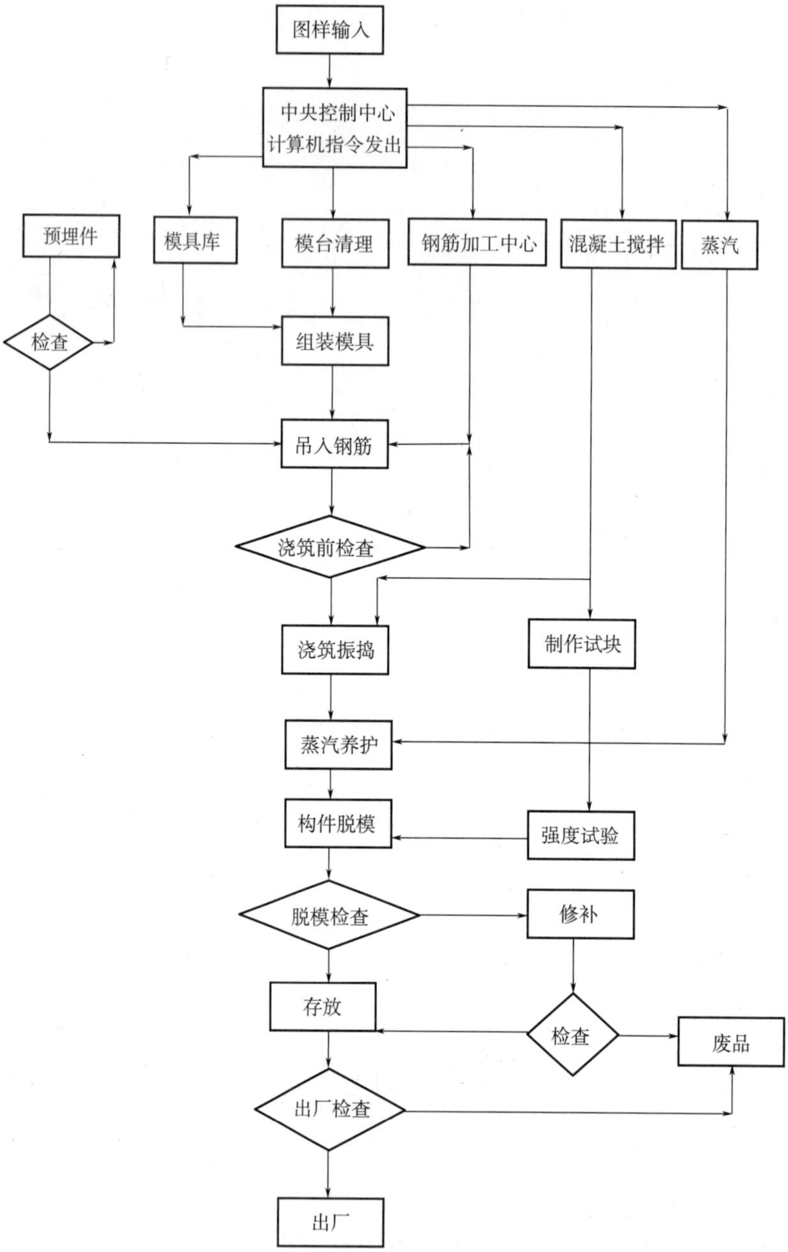

图 1-37　自动流水线生产工艺流程

（3）自动化生产线车间要求

车间要求满足自动化生产线运转布局，尤其是高度应当满足养护窑的高度要求。因为全自动化生产线的布置要考虑钢筋加工设备与生产线的匹配，因此应根据生产线来设计车间，车间一般跨度在 24 ~ 28m，高度应当在 12 ~ 17m，长度满足流水线运转长度 180 ~ 240m，如图 1-38 所示。

自动化生产产能不仅与模台数量有关，同时与流水节拍以及单个工位的效率有很大关系。

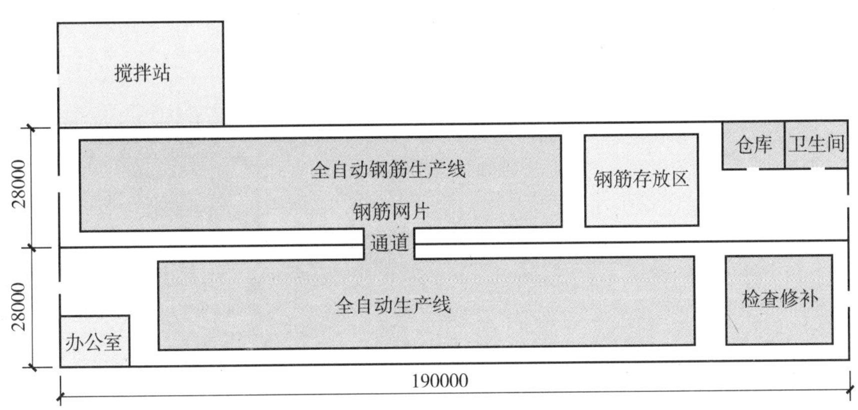

图 1-38　全自动流水线生产工艺车间布

 14. 如何设计预应力工艺并选择设备与设施？

(1) 预应力设备适应范围

预应力生产工艺适合生产预应力叠合楼板、预应力空心楼板、预应力双 T 板以及预应力梁等。预应力楼板用于大跨度楼盖，日本 9m 以下跨度用普通叠合板，9m 以上跨度则用预应力叠合板。美国大跨度较多用预应力空心板。欧洲很多停车楼以及商场使用预应力空心板、预应力双 T 板以及预应力梁。

图 1-39　先张法预应力叠合楼板

(2) 预应力工艺流程

预应力工艺流程有先张法和后张法两种工艺。

后张法预应力在装配式建筑领域应用较少，其构件制作与普通 PC 构件制作区别不大，只是需要预留张拉钢筋孔道，张拉作业一般在现场进行，这里不进行讨论。本节讨论先张法预应力楼板制作工艺（图 1-39），先张法的工艺流程如图 1-40 所示。

(3) 预应力工艺设备配置

先张法预应力工艺的设备配置主要是预应力钢筋张拉设备（图 1-41）和条形平台（图 1-42），其他环节的设备配置与固定模台工艺一样，模具组装完成通过张拉设备预先把钢筋或钢绞线按照设计要求张拉，然后通过布料机或者是布料斗用起重机布料。

常用特殊设备预应力张拉设备，按工作原理有液压张拉设备、螺杆张拉设备、卷扬机张拉设备；其中液压式又分拉杆式、穿心式、锥锚式、台座式等。

另外挤压式的先张预应力生产工艺，主要生产空心楼板（图 1-43）是通过轨道将设备移动，完成设备对干硬性混凝土的冲捣挤压，挤压设备如图 1-44、图 1-45 所示，通过设备前端的模具形成产品。

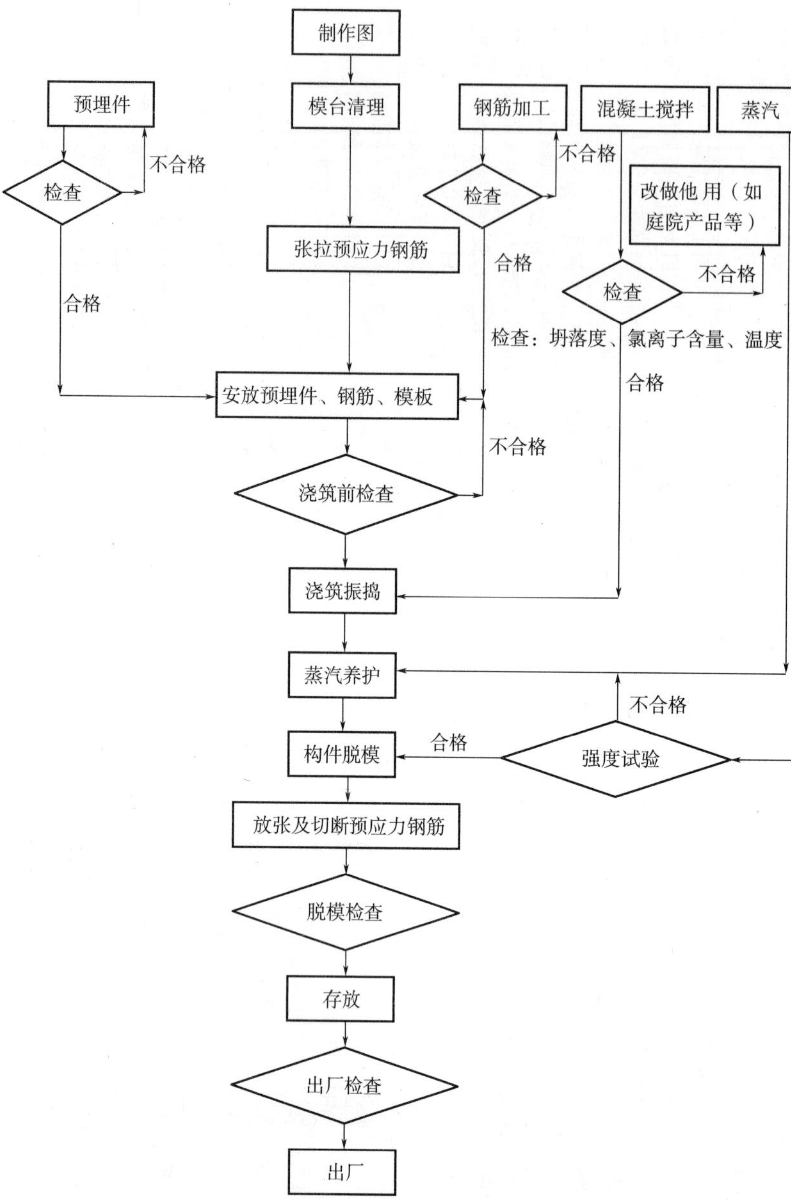

制作图
模台清理
张拉预应力钢筋
预埋件
检查
不合格
合格
钢筋加工
检查
不合格
合格
混凝土搅拌
检查
不合格
改做他用（如庭院产品等）
检查：坍落度、氯离子含量、温度
合格
蒸汽
实验室
安放预埋件、钢筋、模板
浇筑前检查
不合格
浇筑振捣
试块制作
蒸汽养护
强度试验
不合格
合格
构件脱模
放张及切断预应力钢筋
脱模检查
存放
出厂检查
出厂

图 1-40　预应力先张法的工艺流程

图 1-41　预应力钢筋张拉设备

图 1-42　预应力条行平台

图 1-43　预应力空心楼板

图 1-44　预应力挤压设备 1

(4) 预应力工艺车间要求

预应力车间长一些为好，最好在 200m 左右。高度满足布料机高度要求即可，一般高度在 8～10m，宽度考虑生产产品宽度的倍数，一般 18～24m，如图 1-46 所示。

其中挤压设备可以不要厂房，在室外平整的场地上架设轨道就可以生产了。

在气候温暖地区，预应力生产线可以布置在室外。笔者在日本看到预应力楼板生产线有一半是在室外的。养护时用保温被覆盖，下雨时有活动式遮雨棚（图 1-47）。

图 1-45　预应力挤压设备 2

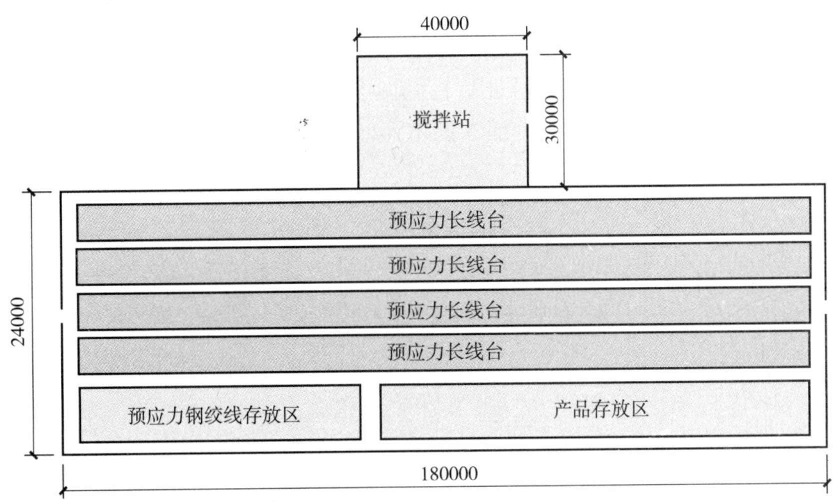

图 1-46　预应力工艺车间布置

(5) 预应力工艺设备劳动力配置

预应力工艺劳动力配置与固定模台劳动力配置基本一样。

(6) 预应力工艺设计要点

1) 根据常用预应力板的宽度确定条形平台的长度。

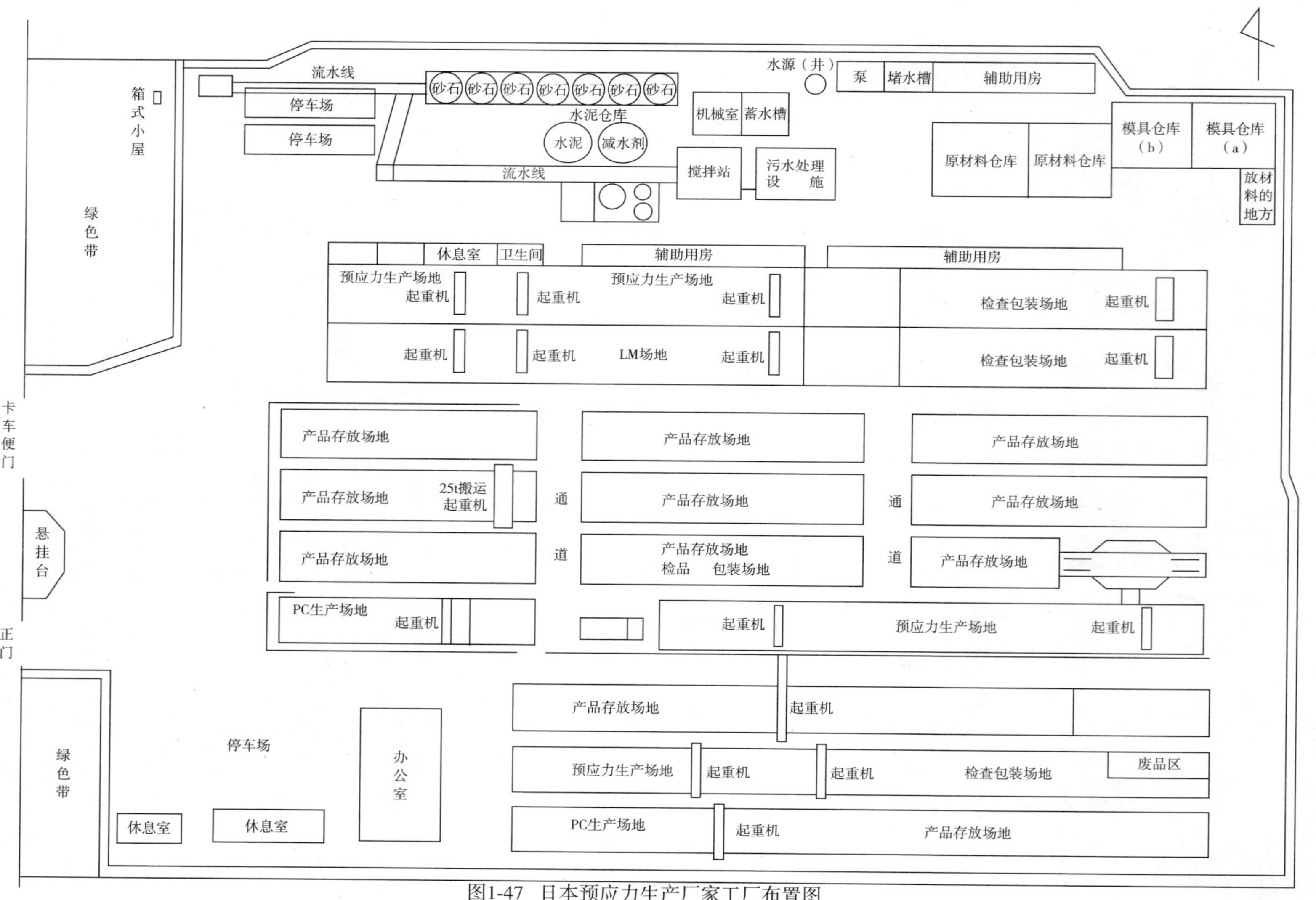

图1-47　日本预应力生产厂家工厂布置图

2）选择合适的张拉设备和门式起重机。

3）设置预应力肋模具的支架。

4）预应力先张法楼板的产能与台座的规格、数量有关，PC楼板预应力生产线条形平台宽一般为0.6～2m，长度在60～150m可并排布置。

15. 如何设计立模工艺并选择设备与设施？

（1）立模工艺适用范围

立模工艺在制作实心内墙板（图1-48）领域的运用比较成熟，制作PC楼梯板（图1-49）、四面光的柱子、T字形、L形转角板等也比较适宜，但用于出筋较多的剪力墙板、夹芯保温板和装饰一体化的外挂墙板，目前还处于摸索阶段。立模工艺尚未成为PC构件生产的主要工艺方式。

图1-48　并列组合式立模模具（照片由德国艾巴维公司提供）

图1-49　液压自动开合楼梯立模模具（带液压装置自动开合的楼梯集合式立模模具，可同时生产7～10块楼梯）

集合式立模工艺采用并列组合立模，是由固定的模板、两面可移动模板组成。在固定模板和移动模板内壁之间是用来制造预制构件的空间。一般用来生产形状规则、钢筋布置较疏的钢筋混凝土板，目前尚无法生产装饰一体化和夹芯保温板。

独立立模可以生产T形、L形转角等异形构件。

（2）立模工艺流程

立模工艺流程大致与固定模台相似，如图1-50所示。

（3）立模工艺设备配置

立模工艺设备配置、车间要求和劳动力配置等与固定模台流程基本一致，只是模具和组模环节不同，如图1-51所示。

并列式成组立模模具的组成部分有：

1）带有导轨的底座。底座是坚实的由钢架组成的结构，和地基连接在一起。模板固定安装在底座上。

2）中间的固定模板。固定模板由横向和纵向的支架制成，和底座固定安装在一起。在

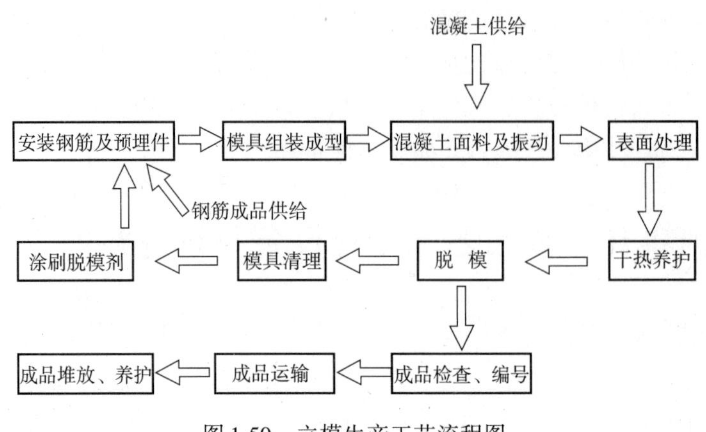

图 1-50　立模生产工艺流程图

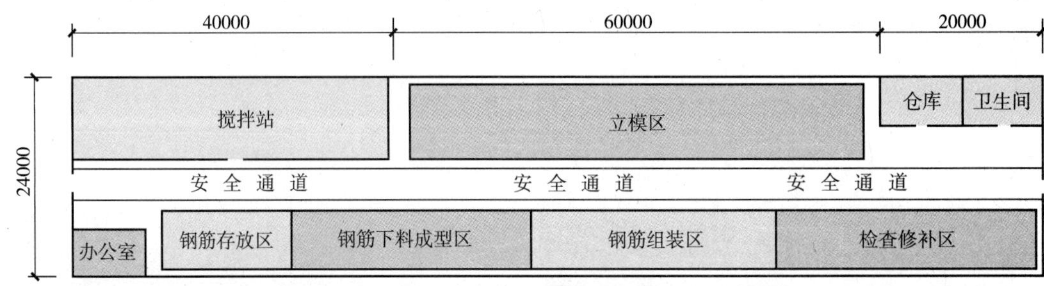

图 1-51　立模工艺车间布置

模板内部安装有内壁。

3）可移动模板。可移动模板的结构基本和固定模板相同。模板在液压装置的帮助下，通过拉杆在底座的导轨上移动。

4）可以加热的模板内壁。内壁是作为养护室来使用的。内壁两侧的护板有 8mm 厚，焊接在钢架上。内壁可以通过一个连接在底座上的滚动装置来移动。底部安装有一层绝缘材料。内壁可以通过蒸汽加热。安装内壁侧翼上的进气口与蒸汽管道连接，输入蒸汽。

5）支撑结构。支撑结构由两侧的侧翼杠组成。它们通过液压系统来起到支撑作用。

6）液压装置。液压装置由移动油缸和支撑油缸组成。

7）模板底部和隔层的挡板。预制构件的厚度尺寸是通过模板底部和隔层板挡板完成的。模具挡板可以在内壁之间转动，通常在 100～200mm 进行选择。

 16. 钢筋加工工艺有几种类型？如何选择适宜的工艺和设备？

钢筋加工是 PC 构件制作流程中必不可少的重要环节，也是影响制作效率和质量的关键环节。钢筋加工可分为钢筋调直、切断、弯曲成型、组装骨架等环节。

钢筋加工有全自动、半自动和人工加工三种工艺，全自动钢筋加工主要体现在钢筋调直、切断、弯曲成型环节，目前全自动加工的有钢筋网片、桁架筋、箍筋等，主要应用在叠合楼板、双面叠合剪力墙的生产环节中。

对于钢筋骨架复杂的剪力墙墙板、柱子、梁、楼梯、阳台板等，只能采用半自动工艺，将全自动调直、剪断、弯曲成型的钢筋，再通过人工绑扎或焊接的方式来完成钢筋骨架的组装，只能半自动加工钢筋骨架。

（1）全自动钢筋加工

通常与全自动化生产线配套使用，欧洲全自动智能化的构件工厂，钢筋加工设备和混凝土流水线通过计算机程序无缝对接在一起，只需要将构件图样输入流水线计算机控制系统，钢筋加工设备会自动识别钢筋信息，完成钢筋调直、剪切、焊接、运输、入模等各道工序，全过程不需要人工。用于生产叠合楼板、双面叠合剪力墙的钢筋加工。钢筋加工设备宜选用自动化智能化设备，最大的好处是避免错误，保证质量；还可以减少人员提高效率降低损耗。如图 1-52 ~ 图 1-54 所示为钢筋全自动流水线。

图 1-52　钢筋自动调直、剪切、焊接设备

图 1-53　钢筋网片抓取机械手

日本、欧洲的 PC 工厂，在钢筋加工环节中通常采用外委加工的方式。尤其是日本，钢筋加工配送中心已经非常普遍。钢筋加工配送中心是专业加工配送钢筋的企业，根据 PC 构件工厂或者施工现场的要求，用自动化设备完成各种规格型号的钢筋加工，然后打包配送到工厂或施工现场。

图 1-54　钢筋网片入模机械手

（2）半自动钢筋加工工艺

半自动钢筋加工是将各个单体的钢筋通过自动设备加工出来，然后再通过人工组装成完成的钢筋骨架，通过人工搬运到模具内。

半自动钢筋制作适合所有的产品制作，也是目前最常见的钢筋加工工艺。国内一些流动模台生产线就是配备这种钢筋加工工艺。常用钢筋加工设备如图 1-55 ~ 图 1-60 所示，分别有棒材切断机、自动箍筋加工机、自动桁架筋加工机、大直径箍筋加工机等。

图 1-55　棒材切断机

图 1-56　大直径箍筋加工机

图 1-57　全自动箍筋加工机

图 1-58　自动桁架筋加工机

通过自动化的设备将钢筋加工调直、剪断、弯曲成型，再通过人工将成型后的钢筋部件，组装成 PC 构件所需要的钢筋骨架，如图 1-59 所示组装钢筋骨架，半自动的钢筋折弯机如图 1-60 所示。

图 1-59　组装钢筋骨架

图 1-60　半自动的钢筋折弯机

就目前国内建筑结构体系而言，钢筋加工可以采用全自动化的 PC 构件有叠合楼板、双面叠合剪力墙板；尚无法做到钢筋加工全自动化的构件包括女儿墙、非承重内隔墙、夹芯保温板、非承重外挂墙板、楼梯、阳台板、柱、梁、三明治外墙板以及其他造型复杂的构件等。

钢筋加工设备的选择应当符合生产线的需要，如果是全自动叠合楼板生产线，建议配全自动的钢筋加工设备。如果是流动模台生产线或固定模台生产线，建议选择半自动钢筋加工工艺。

17. 如何选择、设计混凝土搅拌系统、运送系统和出料设施？

（1）搅拌站类型

无论采用什么工艺，PC 工厂的混凝土搅拌站都差别不大。

PC 工厂搅拌站有两种类型，PC 构件工厂专用搅拌站和商品混凝土搅拌站兼着给工厂供应混凝土。国内外许多 PC 构件工厂既卖混凝土又卖混凝土构件。此种情况需注意商品混凝土与构件混凝土的不同，最好是单独设置搅拌机系统。

（2）搅拌设备选型

工厂用的混凝土搅拌站考虑到质量要求高，建议采用盘式行星搅拌主机，盘式行星搅拌主机在综合上来看优于同规格的双卧轴搅拌主机。

搅拌站选型生产能力的配置宜是工厂设计生产能力的 1.3 倍左右，因为搅拌系统不宜一直处于满负荷工作状态。

搅拌站设备规格型号选型，应由搅拌站生产厂家工程师根据工厂生产规模配置，常用盘式行星搅拌主机容量在 $1.0 \sim 3.0m^3$。选好主机还应当配备合适的水泥储存仓、骨料储存仓、以及其他添加剂储存仓。

如果工厂生产不同颜色的混凝土，或者进行装饰混凝土的搅拌，又或者是工厂生产量小的时候，最好设置两套搅拌系统，一个大的，一个小的。日本、欧洲的 PC 工厂会单独设置一个规模小的搅拌系统，用于上述情况发生的时候。

（3）自动化程度

搅拌站应当选用自动化程度较高的设备，以减少人工保证质量。在欧洲一些自动化较高的工厂，搅拌站系统是和构件生产线控制系统连在一起的，只要生产系统给出指令搅拌站系统就能够开始生产混凝土，然后通过自动运料系统将混凝土运到指定的布料位置。

（4）位置布置

搅拌站位置最好布置在距生产线布料点近的地方，减少路途运输时间，一般布置在车间端部或端部侧面，通过轨道运料系统将成品混凝土运到布料区，对于固定模台工艺，搅拌站系统还应考虑满足罐车运输混凝土的条件，根据厂区形状面积不同，搅拌站布置方式也不一样，常见的几种方式如图 1-61 所示。

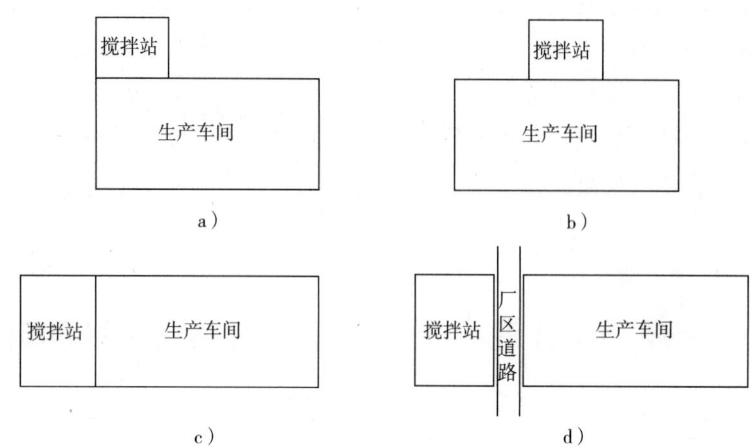

图 1-61　常用搅拌站位置布置图

（5）环保设计

搅拌站应当设置废水处理系统，用于处理清洗搅拌机，以及运料斗和布料机所产生的废水，通过沉淀的方式来完成废水再回收利用。

建立废料回收系统，用于处理残余的混凝土，通过砂石分离机把石子、中砂分离出来再回收利用，如图 1-62 所示。

（6）运送系统及出料设施

混凝土从搅拌站到布料机之间可以采用轨道式自动鱼雷罐运输（图 1-63），也可以采用混凝土罐车运输，还可以采用叉车配合料斗接料运输。

图 1-62　砂石分离机

图 1-63　自动鱼雷罐运输

如果采用叉车运料斗运输混凝土，需要注意搅拌机出料口的高度，应满足运料斗接料高度要求。当出料口太高时可以采用加一节漏料斗，如图 1-64 所示。

也可以采用地轨式运料（图 1-65）。在地上铺设轨道，采用电动车在轨道上运行的方式。

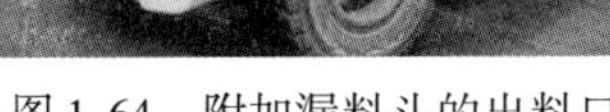
图 1-64　附加漏料斗的出料口

图 1-65　地轨式运料

 18. PC 工厂设计需考虑哪些因素？

应当说一个工厂运作的好坏、经营的好坏管理非常重要，尤其是在建厂决策阶段作用更大，因为选择方向比选择方法重要，建厂初级阶段各方面因素都要考虑周到，主要应考虑以下因素。

（1）市场因素

1）服务半径。PC 工厂的特点是地域性强，受服务半径制约，如果运输距离太远，运输成本会大幅度提高。工厂的服务半径以 100km 以内为宜，如果再远了运费就太高了，不同距离运费占 PC 价格的比例见表 1-9。在决定 PC 工厂的规模时，应以合理的服务半径内需求量作为参考依据。

表 1-9　运费占 PC 价格的比例

序号	构件类型	运距			
		0～20km	20～50km	50～100km	100～200km
1	叠合板	4～5.5%	5.5～7%	7～11%	11～16.5%
2	墙板	2～3.5%	3.5～4.5%	4.5～7%	7～11%
3	柱梁	2～3.5%	3.5～4.5%	4.5～7%	7～11%
4	转角板、飘窗	4～5.5%	5.5～7%	7～11%	11～16.5%

2）政策规定。我国的装配式建筑目前并不是市场自发的行为，而是由政府推动的，各地政府的政策不一样，有些经济发达地方要求1年内装配式建筑比例达到30%，而且要求装配率在30%以上。这样的地方市场规模就比较大。而有些三四线城市或者经济欠发达区域，要求装配式建筑占5%左右，每年逐步增加，且装配率也比较低，在10%左右，这样的地方市场空间就比较小。因此政府的规定是确定PC工厂规模的重要因素之一。

3）市场规模。在合理运输半径内，也就是100km范围内，如果每年有50万m^2新建建筑，30%采用装配式就是15万m^2。每平方米建筑混凝土用量大约为0.33m^3，预制率按20%～60%计算，PC构件混凝土量为1万～3万m^3，产值在2500万～7500万。如果每年100万m^2新建建筑，市场规模和产值加倍。

4）竞争对手。所在区域内已有和在建PC工厂的情况，投资者是定位龙头企业还是占据一小部分市场份额或者满足自己所开发的住宅项目的需求。总之应定位后再确定生产规模。

(2) 产品种类

根据当地主要建筑结构形式、建筑风格、建筑习惯等确定构件种类，主要生产哪些产品之后才可以根据产品类型设计生产工艺。

(3) 生产规模

生产规模是PC工厂建设的主要指标，产品产量一般按立方米计算，板式构件也可以换算成平方米，例如：叠合楼板年产多少平方米，墙板多少平方米，生产规模确定下来后才能设计建设工厂。

(4) 产品生产工艺

根据产品种类和产能确定产品的生产工艺，根据工艺选购生产设备。是采用流动式生产？还是固定模台？或者是组合式生产，流动式+固定模台。

(5) 物流运输道路

在工厂选址的时候，物流道路应当满足原材料以及产品运输车辆的流畅。运原料以及产品的车辆长度一般在12～17m。

(6) 配套设施

厂址所在地配套条件是重要因素，如水、电、暖、市政蒸汽、天然气管道、雨污管道、电信等配套建设应齐全。如果工厂采用商品混凝土，还要考虑与搅拌站的距离，不宜超过5km，或者运输时间不超过30min。

(7) 环保因素

有些城市对环保要求严格，因此在立项时就要了解清楚当地政府的相关规定。

19. 生产规模与厂房、场地和总用地面积大致是怎样的关系？

无论采用哪种工艺方式，PC构件工厂的基本设置大体上一样，包括混凝土搅拌站、钢筋加工车间、构件制作车间、构件堆放场地、材料仓库、试验室、模具维修车间、办公室、食堂、蒸汽源、产品展示区等。

考虑到产品的特性以及需要在工厂养护的时间，一般堆场面积是厂房面积的 1.5 ~ 2 倍。

PC 工厂基本配置见表 1-10。

表 1-10　PC 工厂基本配置

类别	项　目	单位	生产规模/（m^3/年）			
			5 万		10 万	
			固定模台	流水线	固定模台	流水线
人员	管理技术人员	人	20 ~ 25	15 ~ 20	30 ~ 40	20 ~ 30
	生产工人	人	100 ~ 125	25 ~ 40	160 – 180	70 ~ 90
	人员合计	人	120 ~ 150	40 ~ 60	190 ~ 220	90 ~ 120
建筑	PC 制作车间	m^2	6000 ~ 8000	4000 ~ 6000	12000 ~ 16000	10000 ~ 12000
	钢筋加工车间	m^2	2000 ~ 3000	2000 ~ 3000	3000 ~ 4000	3000 ~ 4000
	仓库	m^2	100 ~ 200	100 ~ 200	200 ~ 300	200 ~ 300
	试验室	m^2	200 ~ 300	200 ~ 300	200 ~ 300	200 ~ 300
	工人休息室	m^2	50 ~ 100	50 ~ 100	100 ~ 200	100 ~ 200
	办公室	m^2	1000 ~ 2000	1000 ~ 2000	1000 ~ 2000	1000 ~ 2000
	食堂	m^2	300 ~ 400	200 ~ 300	400 ~ 500	400 ~ 500
	模具修理车间	m^2	500 ~ 700	500 ~ 700	800 ~ 1000	800 ~ 1000
	建筑合计	m^2	10150 ~ 14700	6050 ~ 10600	17700 ~ 24300	15700 ~ 20300
场地、道路	构件存放场地	m^2	10000 ~ 15000	10000 ~ 15000	20000 ~ 25000	20000 ~ 25000
	材料库场	m^2	2000 ~ 3000	2000 ~ 3000	3000 ~ 4000	3000 ~ 4000
	产品展示区	m^2	500 ~ 800	500 ~ 800	500 ~ 800	500 ~ 800
	停车场	m^2	500 ~ 800	500 ~ 800	800 ~ 1000	800 ~ 1000
	道路	m^2	5000 ~ 6000	5000 ~ 6000	6000 ~ 8000	6000 ~ 8000
	绿地	m^2	3400 ~ 4600	3400 ~ 4600	4500 ~ 5500	4500 ~ 5500
	场地合计	m^2	21400 ~ 29200	21400 ~ 29200	30300 ~ 44300	30300 ~ 44300
设备、能源	混凝土搅拌站	m^3	1 ~ 1.5	1 ~ 1.5	2 ~ 3	2 ~ 3
	钢筋加工设备	t/h	1 ~ 2	1 ~ 2	2 ~ 4	2 ~ 4
	电容量	kVA	400 ~ 500	600 ~ 800	800 ~ 1000	1000 ~ 1200
	水	t/h	4 ~ 5	4 ~ 5	5 ~ 6	5 ~ 6
	蒸汽	t/h	2 ~ 4	2 ~ 4	4 ~ 6	4 ~ 6
	场地龙门式起重机（20t）	台	2 ~ 4（16t、20t）	2 ~ 4（16t、20t）	4 ~ 6（16t、20t）	4 ~ 6（16t、20t）
	车间行式起重机（5t、10t、16t）	台	8 ~ 12	4 ~ 8	10 ~ 16	4 ~ 8
	叉车 3t、8t	辆	1 ~ 2	1 ~ 2	2 ~ 3	2 ~ 3

工厂在建设中应贯穿节约用地的原则，生产厂房也不是都要高大上厂房，在建厂初期

也可以用简易的厂棚，如图1-66所示就是在临时厂房生产出来的国内第一个柱、梁墙板结构保温一体化的PC构件。

当初日本来我国指导制作PC构件样品的专家对我国的模具不放心，担心精度不能保证。要求必须采购日本的模具，日本模具价格昂贵，而且加工运输时间很长。我国试验方就在临时建设的塑料大棚里，采用混凝土模具（图1-67）做出了误差在2mm以内的复杂的保温一体化PC构件。一个月后日本专家再来到我国的时候，发现构件已经制作出来了，而且质量精良，他们非常吃惊。

这个例子给我们的启发，PC构件制作的关键在于技术和管理，而不是高大上的硬件。

图1-66　柱、梁墙板结构保温一体化的PC构件

图1-67　柱、梁墙板结构保温一体化PC构件的混凝土模具

 20. 如何根据生产规模和品种进行工艺设备配置？

前面介绍了PC构件的生产有两种主要方式固定式和流动式，包含了六种不同的生产工艺。在工厂配置的时候也有两种思考方式：一是选用单一的工艺方式，二是选用多工艺组合的方式。究竟选择哪种工艺要根据生产规模和品种来确定，见表1-11。

表1-11　工艺设备配置

产品品种 / 生产规模	较　多	单　一	专业类别的产品（预应力楼板、内隔墙板）
大	（1）固定模台 （2）固定模台＋流水线（自动流水线） （3）固定模台＋流水线（自动流水线＋立模）	板式构件： 流水线或全自动化流水线 梁、柱式构件：固定模台	专用流水线
小	固定模台	（1）固定模台 （2）小型流水线	

PC 工厂模台对 PC 构件最大尺寸的限制在这里给出一个参考，见表 1-12。

表 1-12　PC 工厂模台对 PC 构件最大尺寸的限制

工　艺	限制项目	常规模台尺寸	构件最大尺寸	说　明
固定模台	长度	12m	11.5m	主要考虑生产框架体系的梁，也有 14m 长的但比较少
	宽度	4m	3.7m	更宽的模台要求订制更大尺寸的钢板，不易实现，费用高
	允许高度	—	没有限制	如立式浇筑的柱子可以做到 4m 高，窄高形的模具要特别考虑模具的稳定性，并进行倾覆力矩的验算
流水线	长度	9m	8.5m	模台越长，流水作业节拍越慢
	宽度	3.5m	3.2m	模台越宽，厂房跨度越大
	允许高度	0.4m	0.4m	受养护窑层高的限制

说明：本表数据可作为设计大多数构件时的参考，如果有个别构件大于此表的最大尺寸，可以采用独立模具或其他模具制作。但构件规格还要受吊装能力、运输规定的限制。

工厂及工地吊装能力对构件重量限制，见表 1-13。

表 1-13　工厂及工地常用起重设备对构件重量限制表

环节	设备	型　号	可吊构件重量	可吊构件范围	说　明
工厂	桥式起重机	5t	4.2t（max）	柱、梁、剪力墙内墙板（长度 3m 以内）、外挂墙板、叠合板、楼梯、阳台板、遮阳板等	要考虑吊装架及脱模吸附力
		10t	9t（max）	双层柱、夹芯剪力墙板（长度 4m 以内）、较大的外挂墙板	要考虑吊装架及脱模吸附力
		16t	15t（max）	夹芯剪力墙板（4～6m）、特殊的柱、梁、双莲藕梁、十字莲藕梁、双 T 板	要考虑吊装架及脱模吸附力
		20t	19t（max）	夹芯剪力墙板（6m 以上）、超大预制板、双 T 板	要考虑吊装架及脱模吸附力
工地	塔式起重机	QTZ80（5613）	1.3～8t（max）	柱、梁、剪力墙内墙（长度 3m 以内）、夹芯剪力墙板（长度 3m 以内）、外挂墙板、叠合板、楼梯、阳台板、遮阳板	可吊重量与吊臂工作幅度有关，8t 工作幅度是在 3m 处；1.3t 工作幅度是在 56m 处
		QTZ315（S315K16）	3.2～16t（max）	双层柱、夹芯剪力墙板（长度 3～6m）、较大的外挂墙板、特殊的柱、梁、双莲藕梁、十字莲藕梁	可吊重量与吊臂工作幅度有关，16t 工作幅度是在 3.1m 处；3.2t 工作幅度是在 70m 处
		QTZ560（S560K25）	7.25～25t（max）	夹芯剪力墙板（6m 以上）、超大预制板、双 T 板	可吊重量与吊臂工作幅度有关，25t 工作幅度是在 3.9m 处；9.5t 工作幅度是在 60m 处

说明：本表数据可作为设计大多数构件时参考，如果有个别构件大于此表重量，工厂可以临时用大吨位汽车式起重机；对于工地，当吊装高度在汽车式起重机高度限值内时，也可以考虑汽车式起重机。塔式起重机以本系列中最大臂长型号作为参考，制作该表，以塔式起重机实际布置为准。本表剪力墙板是以住宅为例。

21. 如何进行PC工厂平面布置？

PC工厂的布置根据产品种类、规模、选定的生产工艺综合考虑，应遵循以下原则。

（1）分区原则

工厂分区应当把生产区域和办公区域分开，如果工厂有生活区更要与生产区隔离，这样生产不影响办公和生活；试验室与混凝土搅拌站应当划分在一个区域内；没有集中供汽的工厂，锅炉房应当独立布置，工厂平面布置如图1-68、图1-69所示。

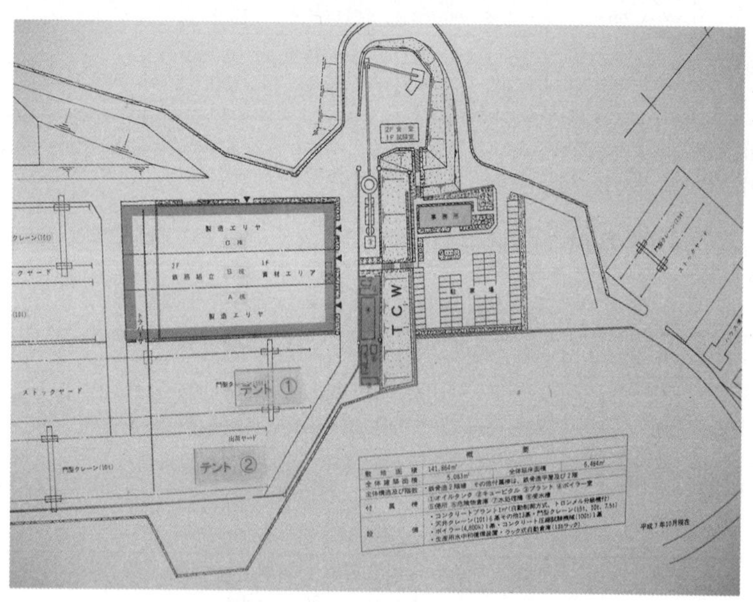

图1-68　日本某工厂平面布置图

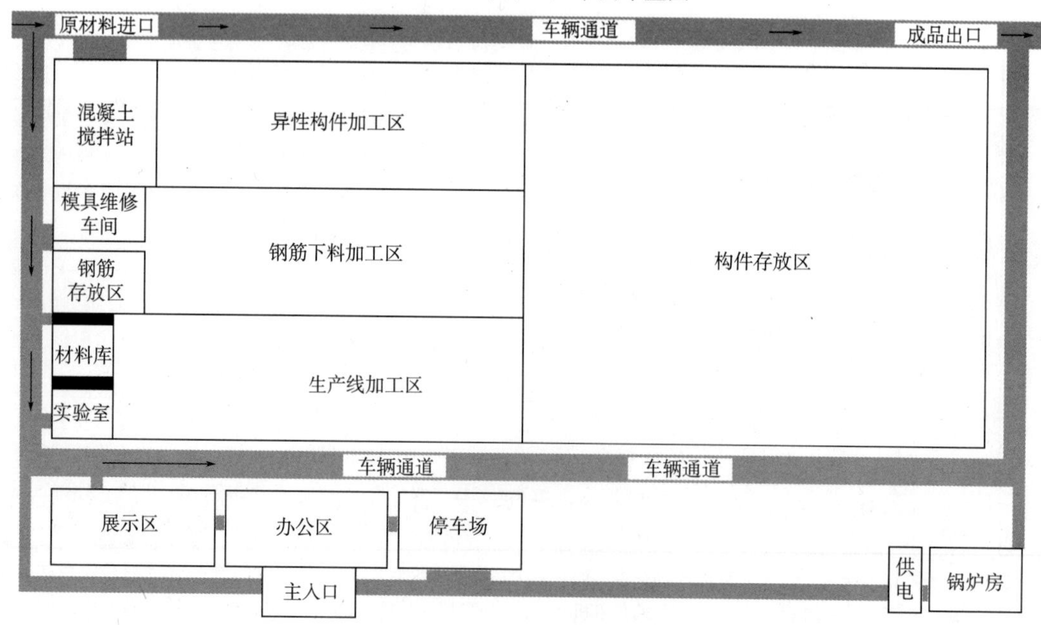

图1-69　国内某工厂平面布置图

表 1-14 是两个工厂不同生产工艺的区域面积配置。

表 1-14 区域面积配置

区域面积配置 \ 生产工艺	固定模台	全自动流水线
工厂占地面积	89 亩	130 亩
生产车间	1 万 m^2	2 万 m^2
产品堆场	2 万 m^2	4 万 m^2
办公面积	$1000m^2$	$800m^2$

(2) 生产区域划分

生产区域的划分应按照生产流程划分，合理流畅的生产工艺布置会减少厂区内材料物品和产品的搬运，减少各工序区间的互相干扰。

(3) 匹配原则

工厂各个区域的面积应当匹配、平衡，各个环节都能满足生产能力的要求，避免出现瓶颈。

(4) 道路组织

厂区内道路布置要满足原材料进厂、半成品厂内运输和产品出厂的要求；厂区道路要区分人行道与机动车道；机动车道宽度和弯道要满足长挂车（一般为 17m）行驶和转弯半径的要求；车流线要区分原材料进厂路线和产品出厂路线。工厂规划阶段要对厂区道路布置进行作业流程推演，请有经验的 PC 工厂厂长和技术人员参与布置。

车间内道路布置要考虑钢筋、模具、混凝土、构件、人员的流动路线和要求，实行人、物分流，避免空间交叉互相干扰，确保作业安全。

(5) 地下管网布置

构件工厂由于工艺需要有很多管网，例如蒸汽、供暖、供水、供电、工业气体以及综合布线等，应当在工厂规划阶段一并考虑进去，有条件的工厂可以建设小型地下管廊满足管网的铺设，方便维护与维修。

22. 如何设计构件在厂内的运输路线与运输方式？

(1) 运输路线

厂内运输有以下作业：

1）大宗原材料的运输主要包括钢筋、水泥、砂石料的运输。

2）半成品从脱模区到检验修补区。

3）半成品从车间到室外堆放场地。

4）成品出厂运输。

(2) 运输路线的要求

1）PC 构件在厂区内的运输应当符合工艺设计，运输需要流畅的运输路线。

2）应减少倒运次数避免伤害，与空中作业不交叉。

3）厂内的运输路线应流畅且平稳，建议堆场宜设置在距离生产车间最近的地方，最好是车间的端部或者是侧面。

（3）运输方式

1）轨道式电瓶车（图 1-70）适宜一些板类构件如叠合楼板、墙板、柱子等从车间到堆场的运输。

2）起重机或者专用运输车，适合运输梁柱等大型构件，如图 1-71 所示。

3）叉车运输，适宜小型构件阳台、楼梯板等。

4）汽车式起重机直接运输，适宜从车间到堆放场地一些小型构件或者异形构件。

图 1-70 轨道式电瓶车

图 1-71 专用运输车

无论采用哪种运输方式都不能对 PC 构件造成磕碰损坏。

23. PC 工厂的厂房、场地、道路有哪些基本要求？

（1）厂房的基本要求

1）厂房面积应当满足生产设备的布局要求。

2）车间高度应满足设备和制作构件的高度要求，考虑到吊构件钢丝绳的夹角和吊装架，车间起重机下高度要比构件高 5m 左右比较适宜。

3）对于流水线车间而言，养护窑的高度作为控制因素，因为养护窑是一层层往上叠放的，一般控制在 10～15m。在日本工厂生产跨层构件有立式浇筑的，因此厂房高度比较高，但是在我国的北方地区厂房太高冬季供暖是个大问题。国内应用跨层构件立式浇筑的少，对于特殊工艺可以采用在车间外边用汽车式起重机生产。

4）车间单跨宽度 20～27m，车间长度满足流水线运转要求 180～240m，根据不同的生产线要求来确定车间跨度和车间长度。

5）对于全自动流水线的车间，应注意钢筋运送机械手及模台运输车横向运输（从一跨移动到另一跨）。

(2) 道路基本要求

1) 厂区内道路布置要满足原材料进厂、半成品厂内运输和产品出厂的要求。

2) 厂区道路要区分人行道与机动车道，机动车道宽度一般在 8 ~ 12m，弯道要满足长挂车（一般重型车长 17m）行驶和转弯半径的要求，转弯半径在 18m 左右。

3) 车流线要区分原材料进厂路线和产品出厂路线。

4) 工厂规划阶段要对厂区道路布置进行作业流程推演，请有经验的 PC 工厂厂长和技术人员参与布置。

(3) 堆放场地基本要求

1) PC 工厂构件堆放场地不仅是构件存储场地，也是构件质量检查、修补、粗糙面处理、表面装饰处理的场所。

2) 室外场地面积一般为制作车间的 1.5 ~ 2 倍。

3) 地面尽可能硬化，至少要铺碎石，排水要通畅。

4) 室外场地需要配置 16t 或者 20t 龙门式起重机，场地内有构件运输车辆的专用道路。

5) PC 构件的堆放场地布置应与生产车间相邻，方便运输，减少运输距离。

24. 水电汽消耗与生产规模是怎样的对应关系？如何设置水电汽等能源设施？

(1) 用水

工厂用水分生产用和生活用两种，宜分开系统，方便核算生产成本。

生产中用水搅拌站和锅炉房是用水量最大的，基地用水主要是冲洗地面。年产 10 万 m^3 PC 构件生产用水量大约为 2 万 t。

(2) 用电

工厂用电根据设备负荷合理规划设置配电系统，配电室宜靠近生产车间。

年产 10 万 m^3PC 构件生产用电量为 80 ~ 100 万 kW · h。

(3) 蒸汽量与产能、气温的关系

PC 构件生产用蒸汽主要是养护构件。北方 PC 工厂如果冬季生产，车间供暖也需要蒸汽。

如果有市政集中供汽，工厂需要设置自己的换热站。没有集中供汽，须自建锅炉生产蒸汽，一般采用清洁能源（柴油、天然气、生物秸秆等）作为燃料。

PC 工厂的蒸汽用量与产能、环境温度有关、养护方式（集中养护）（分散养护）、养护覆盖保温效果等因素有关，南北方差距比较大，一般情况下每立方构件用蒸汽 50 ~ 80kg/m^3。对于强度高的混凝土（C50）以上，环境温度平均在 25℃ 以上时，混凝土通过使用添加早强剂或者养护剂，不用蒸汽养护也能在浇筑 12h 后达到脱模强度。

PC 工厂搅拌站废水可以采用中水回用刷洗车间地面等、雨水收集用来养护构件或者浇花等。

PC 工厂的太阳能利用是一个方向，已经有 PC 工厂利用太阳能养护小型 PC 构件。

蒸汽也可以采用太阳能热水加热，减少能源的使用。

25. PC工厂需要准备哪些常用工具？

PC构件工厂除生产设备外，应根据生产需要准备一些常用工具，见表1-15。

表1-15　常用生产工具

类　别	工具名称	说　明	类　别	工具名称	说　明
测量类	卷尺	5m	浇筑混凝土	料斗	$1.5m^3$
	直尺	钢板尺		铁锹	
	拐尺			手持振动棒	
	卡尺	验模具		平板振动机	
	塞尺	验模具		木抹子	
钢筋加工	钢筋绑扎钩			铁抹子	
	钢筋剪刀钳	大号	修改模具	电焊机	
	各种扳手	常用扳手		手电钻	
	钢筋折弯器	弯钢筋		磁力钻	
	各种组装架	组装骨架		G形卡子	
	U形卡			各种钻头	
转运	钢丝绳	吊构件用		丝锥	
	吊装带			老虎钳	
	吊装链		其他	自制工具	
	吊架	专用		试块模具	
组模	套筒扳手			测量坍落度专用尺	专用
	眼睛扳手	一头眼睛		手拉葫芦	脱模用
	电动扳手				
	叉扳手				
	铁锤				

图1-72～图1-79是部分常用工具的照片，供读者参考。

图1-72　布料斗

图1-73　各种扳手

图 1-74　各种电动工具

图 1-75　G 形卡子与工具小车

图 1-76　手持电动扳手

图 1-77　各种压光用抹子

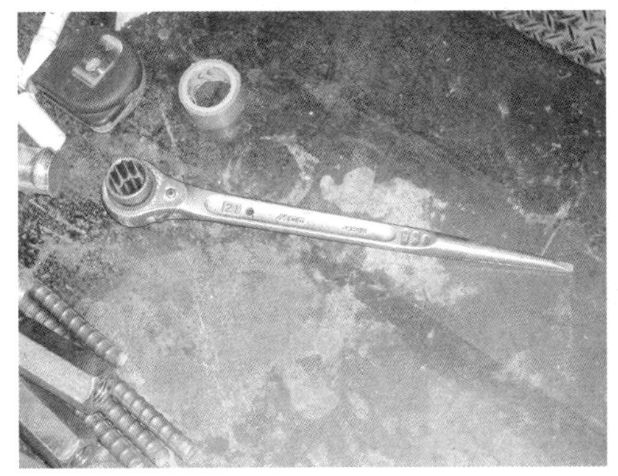

图 1-78　眼睛套筒扳手

图 1-79　测量坍落度专用尺

26. PC 工厂试验室须具备哪些试验能力和设备仪器？如何保持检定合格？

PC 工厂须设立试验室，具有 PC 构件原材料检验、制作过程检验和产品检验的基本能力，配备专业试验人员和基本试验设备。

生产企业的检测、试验、张拉、计量等设备及仪器仪表均应检定合格，并在有效期内使用。企业不具备试验能力的检验项目，应委托具有相应资质的第三方工程质量检测机构进行试验。

如果工厂暂时不具备条件设立试验室，可以选择与工厂附近有试验资质的试验机构合作。

（1）试验能力

PC 工厂试验室基本试验项目见表 1-16。

表 1-16　PC 工厂试验室基本试验项目

序　号	试验项目
1	水泥胶砂强度
2	水泥标准稠度用水数量
3	水泥凝结时间
4	水泥安定性
5	水泥细度（选择性指标）
6	砂的颗粒级配
7	砂的含泥量
8	碎石或卵石的颗粒级配
9	碎石或卵石中针片状和片状颗粒含量
10	碎石或卵石的压碎指标
11	碎石或卵石的含泥量
12	混凝土坍落度
13	混凝土拌合物密度
14	混凝土抗压强度
15	混凝土拌合物凝结时间
16	混凝土配合比设计试验
17	钢筋室温拉伸性能
18	钢筋弯曲试验
19	冻容试验
20	掺合料的烧失量、活性指标等
21	钢筋套筒灌浆连接接头抗拉强度

（2）试验室人员配备

国家预拌混凝土专业承包资质中对企业主要人员有如下规定：

1）技术负责人具有 5 年以上从事工程施工技术管理工作经历，且具有工程序列高级职称或一级注册建造师执业资格。试验室负责人具有 2 年以上混凝土试验室工作经历，且具有工程序列中级以上职称或注册建造师执业资格。

2）工程序列中级以上职称人员不少于 4 人。混凝土试验员不少于 4 人。

各地方政府关于试验室配置人员有不同的要求，比如辽宁要求试验员有资格证书的不少 6 人，上海乙级资质要求不少于 4 人。

各工厂应符合当地的要求。试验室人员配备见表 1-17。

表 1-17　试验室人员配备

序　　号	岗　　位	人　　数
1	主任	1
2	试验员	4
3	资料员	1

生产规模小的工厂，如果配置这么多试验人员也是一种负担，这时可以安排试验员参与技术研发、质量检验等工作使其工作量饱满。

(3) 试验室设备配置

PC 工厂试验室基本设备配置见表 1-18。

表 1-18　PC 工厂试验室基本设备配置表

设备编号	设备名称	设备型号
1	水泥全自动压力试验机	DYE-300
2	混凝土压力试验机	DYE-2000
3	水泥胶砂搅拌机	JJ-5
4	水泥净浆搅拌机	NJ-160B
5	水泥胶砂试体成型振实台	ZS-15
6	水泥试体恒温恒湿养护箱	YH-40B
7	混凝土拌合物维勃稠度仪	HCY—A
8	混凝土标准养护室恒温恒湿程控仪	BYS-40
9	水泥恒温水养箱控制仪	YH—20
10	钢筋标点仪	GJBDY-400
11	水泥细度负压筛析仪	FSY-150
12	万能试验机	WE600B
13	电子天平	TD-10002
14	电子称	ACS-A
15	雷氏测定仪	LD-50
16	混凝土振实台	1000mm × 1000mm
17	混凝土强制型搅拌机	HJW-60
18	保护层厚度测定仪	SRJX-4-13
19	自动调压混凝土抗渗仪	HP-4. 0
20	雷式沸煮箱	FZ-31
21	振击式标准振筛机	ZBSX-92A

（续）

设备编号	设备名称	设备型号
22	净浆标准稠度及凝结时间测定仪	
23	冷冻箱	
24	砂石标准筛	
25	水泥抗压夹具	40mm×40mm
26	电热恒温干燥箱	101－2
27	混凝土贯入阻力仪	HG-80
28	水泥抗折试验机	KZY—500
29	针片状规准仪	国标
30	坍落度筒	
31	新标准石子压碎指标测定仪	
32	钢板尺	
33	游标卡尺	
34	温湿计	
35	智能型带肋钢丝测力仪	ZL-5b

27. PC工厂生产规模与劳动组织与人员数量是怎样的关系？

PC工厂劳动组织、人员数量与生产规模、生产工艺有关，不同的规模与工艺劳动组织也不相同。

人员配置与PC工厂的设备条件、技术能力和管理水平有很大关系，表1-19中分别给出了固定式与流动式生产工艺的劳动组织及人员与生产规模的对应关系。本表只是给读者一个参考数据。

表1-19　劳动组织及人员与生产规模的对应关系

序号	项　目	岗　位	人员数量			
			固定式		流动式	
			5万 m^3/年	10万 m^3/年	5万 m^3/年	10万 m^3/年
1	管理	生产管理	2	2	2	2
2		计划统计	1	2	1	2
3		技术部	3	3	3	3
4		质量部	6	8	6	8
5		行政人事	2	3	2	3
6		物资采购	2	3	2	3
7		财务部	3	3	3	3
8		销售部	3	3	3	3

（续）

序号	项　目	岗　位	人员数量			
			固定式		流动式	
			5 万 m^3/年	10 万 m^3/年	5 万 m^3/年	10 万 m^3/年
9	生产	钢筋加工	12	16	4	8
10		模具组装	12	24	3	6
11		浇筑混凝土	20	40	3	6
12		养护	6	8	2	2
13		表面处理	4	8	4	8
14	辅助	电焊工	2	3	2	3
15		电工	2	2	2	2
16		设备维修	2	3	2	3
17		起重工	6	8	4	6
18		安全专员	1	1	1	1
19		叉车工	2	2	2	2
20		搬运	2	4	2	4
21		设备操作	2	4	6	8
22		包装	2	4	2	4
23		力工	2	2	2	2
24		试验	4	4	4	4
合计			103	160	67	96

28. PC 工厂需要哪些管理、技术岗位和技术工种？哪些岗位须持证上岗？

预制构件生产企业应具备保证产品质量要求的生产工艺设施、试验检测条件，并建立完善的质量管理体系和可追溯的质量控制制度，有持证要求的岗位应持证上岗。

（1）PC 工厂需要的管理与技术岗位

厂长、计划统计、人事管理、物资采购管理、技术管理、质量管理、设备管理、安全管理、工艺设计、模具设计、试验室管理等。

（2）PC 工厂需要的技术工种

钢筋工、模具工、浇筑工、修补工、电工、电焊工、起重工、锅炉工、叉车工等。

（3）持证上岗的特殊工种

电工、电焊工、起重工、叉车工、锅炉工、安全员、试验员等特殊岗位须持证上岗。

第 2 章　PC 工厂生产管理

29. PC 构件生产管理有哪些主要内容?

PC 构件工厂的主要管理工作包括生产管理、技术管理、质量管理、成本管理、安全管理、设备管理等。本章主要讨论如何进行生产管理。

生产管理的主要目的是按照合同约定的交货期交付产品，主要工作内容包括：

（1）编制生产计划

1）根据合同约定的目标和施工现场安装顺序与进度要求，编制详细的构件生产计划。

2）根据构件生产计划编制模具制作计划。

3）根据构件生产计划编制材料计划、配件计划、劳保用品和工具计划。

4）根据构件生产计划编制劳动力计划。

5）根据构件生产计划编制设备使用计划。

6）根据构件生产计划进行场地分配等。

（2）组织计划实施

组织各部门各个环节执行生产计划。

（3）对实际生产进度进行检查、统计、分析

1）建立统计体系和复核体系，准确掌握实际生产进度。

2）对生产进程进行预判，预先发现影响计划实现的障碍。

（4）调整、调度和补救

及时解决影响进度的障碍，没有完成计划部分应做以下工作：

1）调整计划。

2）调动资源，如加班、增加人员、增加模具等。

3）采取补救措施，例如：生产线节拍慢，可以增加固定模台，增加临时木模或水泥模等。

30. 如何编制生产计划?

完善的生产计划是保证项目履约的关键，在生产开始前一定要编制详细的生产计划。

生产计划主要包含以下内容：

（1）生产计划依据

1）依据设计图样汇总的构件清单。

2）依据合同约定交货期。

3）合同的附件，构件施工现场的施工计划，落实到日的计划。

（2）生产计划要求

1）保证按时交付。

2）要有确保产品质量的生产时间，还要有 3 天左右的富余量（防止突发事件的出现）。

3）编制计划要尽可能地降低生产成本。

4）尽可能做到生产均衡。

5）生产计划要详细，一定要落实到每一天、每个产品。

6）生产计划要定量。

7）生产计划要找出制约计划的关键因素，重点标识清楚。

（3）影响生产计划的因素

1）设备与设施的生产能力。

2）劳动力资源。

3）生产场地。

4）工厂隐蔽节点及时验收。

5）原材料供货时间。

6）模具、工具、设备的影响。

7）生产技术能力。

（4）如何编制生产计划

计划分为总计划和分项计划。

1）总计划应当包含年度计划、月计划、周计划，主要包括以下项目：

①制作设计时间。

②模具加工周期。

③原材料进厂时间。

④试生产（人员培训、首件检验）。

⑤正式生产。

⑥出货时间。

⑦每一层构件生产时间。

表 2-1 给出一个 PC 构件生产总计划参考样式。

表 2-2 给出一个工程 PC 构件进度总计划表供参考。

表 2-1　PC 构件生产总计划

序号	项　　目	3 月份			4 月份			5 月份		
		1－10	11－20	21－31	1－10	11－20	21－30	1－10	11－20	21－31
1	制作图	3月1日结束			清明节休假3天		五一劳动节休假3天			
2	模具加工	模具3月18日到第一批，4月7日全部到齐								
3	原材料进厂	3月5日开始采购原材料，陆续进厂								
4	试生产			25日开始试生产						
5	正式生产					4月1日开始正式生产，8月20日生产结束				
6	出货							4月21日开始出货吊装，5月31日出最后一批货		
7	4 层构件									
8	5 层构件									
9	6 层构件									
10	7 层构件									
11	8 层构件									
12	9 层构件									
13	10 层构件									
14	11 层构件									

表 2-2　某工程 PC 构件进度总计划

项　　目	制作与供货进度														
	4 月			5 月			6 月			7 月			8 月		
	上旬	中旬	下旬	上旬	中旬	下旬	上旬	中旬	下旬	上旬	中旬	下旬	上旬	中旬	下旬
第 20 层构件														生产	发货
第 19 层构件														生产	发货
第 18 层构件													生产	发货	
第 17 层构件													生产	发货	
第 16 层构件												生产	发货		
第 15 层构件												生产	发货		
第 14 层构件											生产	发货			
第 13 层构件											生产	发货			
第 12 层构件										生产	发货				
第 11 层构件										生产	发货				
第 10 层构件									生产	发货					
第 9 层构件									生产	发货					
第 8 层构件								生产	发货						
第 7 层构件								生产	发货						
第 6 层构件							生产	发货							
第 5 层构件							生产	发货							
第 4 层构件						生产	发货								
第 3 层构件						生产	发货								
第 2 层构件					生产	发货									
第 1 层构件					生产	发货									
技术准备															
模具制作															
原材料准备															
机具设施准备															
套筒强度试验															
首件检验															

2）分计划。分计划要根据总计划落实到天、落实到件、落实到模具、落实到人员。分计划主要包含以下项目：

①编制模具计划，组织模具设计与制作，对模具制作图及模具进行验收。

②编制材料计划，选用和组织材料进厂并检验。

③编制劳动力计划，根据生产均衡或流水线合理流速安排各个环节的劳动力。

④编制设备、工具计划。

⑤编制能源使用计划。

⑥编制安全设施、护具计划。

分计划在下面的章节中具体讨论。

31. 如何确定模具数量与模具完成时间？如何确定模具加工方式？

预制构件模具应根据构件制作图生产工艺、产品类型等订制模具。

（1）确定模具数量

1）根据构件生产周期，固定模台数量（生产线一般构件生产周期是1天）。

2）构件生产数量。

3）构件交货工期。

（2）模具完成时间

1）模具制作时间，模具在生产厂家制作周期正常的情况下要7～10天；如果模具厂订单量大，加工周期则在20～30天。

2）模具运输时间1～4天。

3）模具到厂组装、调试时间1～2天。

4）首件检验时间1天。

（3）模具加工方式

1）固定模台及流水线上的模台应当由专业的钢结构或者模具厂家加工。

2）流水线上的边模可以选择模具厂家或者工厂附近的钢结构厂家加工。

3）柱、梁等复杂构件宜选择有加工能力和有加工经验的模具厂家加工。

4）构件简单、尺寸精度要求不高，工厂可以通过改造以前的模具来完成。

5）特殊材质的模具例如水泥模具、EPS苯板填充模具，工厂可以自己加工。

6）异形构件模具、有雕刻要求且尺寸精度高的模具，可以通过5轴雕刻机来完成。

32. 如何编制材料、配件、工具计划？

PC构件生产的很多材料、配件是外地外委加工的，如果材料不能及时到货就会影响生产。所以材料、配件、工具计划必须详细，不能有遗漏。计划中要充分考虑加工周期、运输时间、到货时间，以确保不因为材料没到而影响整个工期，编制计划主要考虑以下要点：

1）应依据图样、技术要求、生产总计划。

2）要全面覆盖不能遗漏，要求清单详细。哪怕再小的一个螺钉都要列入清单内。

3）计划要根据实际应用时间节点提前1～2天到厂。

4）外地材料要考虑运输时间，及突发事件的发生，要有富余量。

5）外委加工的材料一定要核实清楚发货、运输、到货时间。

6）要考虑库存量。

7）试验及检验验收时间。

表 2-3 给出了材料、配件编制计划的参考表。

表 2-3　材料、配件计划

序号	材料名称	规格型号	单位	需求数量	第一批数量	第一批到货时间	第二批数量	第二批到货时间	产地
1	灌浆套筒	CT25	个	800	400	8 月 10 日	400	9 月 10 日	北京
2	预埋螺栓	M32 × 150mm	个	1000	600	8 月 10 日	400	9 月 10 日	上海
3									
4									

33. 如何编制劳动力计划？

PC 构件虽然是工厂化生产，但它是依据项目订单生产，而且每个项目订单的品种、规格、型号都不一样。不能为了均衡生产提前生产一些产品作为库存，到时间再发货。PC 构件工厂不能均衡生产是常态现象，有时候订单多生产比较忙，劳动力不够用；有时候订单少，劳动力出现过剩。所以 PC 工厂劳动力组织是一件比较难的事情。

劳动力计划应当从需求侧和供给侧两个方面考虑。

（1）需求侧

首先根据生产总计划列出需求侧计划，哪些环节需要劳动力？需要多少劳动力？什么时间需要？

然后从供给侧方面分析如何解决。

（2）供给侧

主要是围绕需求侧，如何解决劳动力。

1）自身挖潜，通过加班、加点的形式。

2）通过劳务外包，工厂管理要有这种资源，作为应急生产旺季时的预案。

3）通过再招聘新人或者临时工，技术骨干员工手把手培训。让新员工从事技术含量低的工作。

表 2-4 给出了劳动力计划配置的参考表。

表 2-4　劳动力计划配置

序号	作业环节	计划用工量	用工时间段	现有劳动力能否满足			备　注
				能	否	解决方案	
1	模具组装	10 人	7 月 10 日—10 月 10 日	√			
2	钢筋笼骨组装	15 人	7 月 10 日—10 月 10 日		○	加班加点	
3	混凝土浇筑	15 人	7 月 10 日—10 月 10 日		○	劳务外包	提前联系
4	构件脱模	6 人	7 月 10 日—10 月 10 日		○	临时工	加强培训
5	构件修补	6 人	7 月 10 日—10 月 10 日		○	劳务外包	提前联系
6	装车发货	4 人	7 月 10 日—10 月 11 日		○	临时工	加强培训

34. 如何编制设备使用计划？

PC构件常用设备有流水线设备、起重设备、钢筋加工设备、混凝土搅拌站以及非常规使用的辅助设备，编制设备使用计划时要充分考虑到设备的加工能力，以及出现故障时对工期带来的影响，要有应急预案来保障交货期，主要考虑以下方面：

（1）流水线设备

1）生产能力与设备能力是否匹配。

2）要考虑设备检修、故障等因素，根据以往的情况进行评估。

3）日常维护保养时间也要计算进去。

4）设备操作人员也要考虑，防止请假等突发事件没有人操作设备。

（2）起重设备

1）定量计算出每天需要转运的材料及构件，合理安排起重机使用时间。

2）起重机不够用时，可以补充叉车、小型起重机等方式。

3）场地龙门式起重机不够用，临时租用汽车式起重机。

4）日常维护保养时间也要计算进去。

5）设备操作人员也要考虑，防止请假等突发事件没有人操作设备。

（3）钢筋加工设备

1）生产能力与设备加工能力的匹配。

2）外委加工钢筋的方式，例如钢筋桁架、钢筋网片、箍筋。

3）考虑故障发生所带来的影响。

4）日常维护保养时间也要计算进去。

（4）混凝土搅拌站设备

1）生产能力与设备加工能力的匹配。

2）搅拌主机出现故障带来的影响。

3）日常维护保养。

4）采购商品混凝土应急。

（5）非常规的设备

1）特殊构件翻转需要用到的设备。

2）特大型构件运输设备。

3）订单量大蒸汽设备不够用时，启用临时小型蒸汽锅炉。

35. 如何保证生产线及其设备完好运行？

PC工厂流水线设备以及其他设备的完好运行，是保证生产的重要环节。因此日常对设备的管理中要分析出设备常出现故障的原因，及时采取整改措施和预案，同时做好设备的维护和保养工作。

（1）常出现的故障

设备经常出现的故障和问题主要体现在以下三个方面：

1）机械部分故障。

2）软件程序部分故障。

3）电气部分故障。

表 2-5 给出设备常见故障及解决方案供参考。

表 2-5 常见故障及解决方案

序号	设　　备	常 见 故 障	故 障 原 因	解 决 方 案
1	流水线	模台不能运转	驱动轮损坏	更换驱动轮
2			电动机损坏	更换电动机
3			信号传送不到	检查信号传送路线
4			电器部分损坏	更换电器
5		码垛机不工作	驱动电动机损坏	更换电动机
6			信号传送不到	检查信号传送路线
7			程序损坏	联系厂家修复程序
8			电器部分损坏	更换电器
9	钢筋加工设备	钢筋调不直	调直系统部件磨损间隙大	更换或者调整间隙
10		桁架焊接不到位	焊接触点磨损	更换或调整间隙
11		弯箍机不工作	电动机损坏	更换电动机
12			电器部分损坏	维修或更换
13			机械部件老化	维修或更换
14	起重设备	不工作	驱动电动机损坏	更换
15			电器部分损坏	维修或更换
16			信号传送不到	检查遥控器电池、更换遥控器控制器
17			钢丝绳缠绕一起	将钢丝绳分开或更换
18	搅拌站	搅拌主机不工作	电动机损坏	更换电动机
19			电器部分损坏	维修或更换
20			机械部件老化	维修或更换
21		计量不准确	计量称损坏	校正、维修、更换
22		上料系统不工作	驱动电动机故障	维修或更换

（2）日常维护和保养

为保证生产线及其设备完好运行，企业应建立健全生产设备的全生命周期的系统管理工作，包括设备选型、采购、安装、调试、使用、维护、检修、直至报废的全过程。

1）建立设备基础档案管理。

2）建立设备维护保养制度。

3）建立设备点检制度。

4）建立设备使用操作培训制度。

36. 如何分配、布置构件存放场地？

PC工厂在生产旺季场地是比较紧张的。有很多作业环节是在存放场地进行的，例如：出厂前的检查、修补、张贴或书写标识等。许多工厂生产的PC构件品种比较多，存放方式也不一样，因此需要生产管理者预先设计、计划、分配。以下提出PC构件的存放原则和存放场地要求。

（1）存放原则

1）通用性构件按照产品类型去堆放。

2）不是通用类型构件要按照项目堆放。

3）在同一个项目中PC构件的堆放也有两种方法，一是同一类别的构件堆放在一起；二是按照发货顺序或者不同楼层构件堆放在一起，方便统计且不容易出错；场地面积小可以按照产品类别堆放。

（2）存放场地要求

1）构件存放场地应布置在距离厂房较近的地方，减少构件的搬运距离。

2）存放场地应在门式起重机或汽车式起重机可以覆盖的范围内。

3）存放场地布置应当方便运输构件的大型车辆装车和出入。

4）存放场地应平整、坚实，宜采用硬化地面或草皮砖地面。

5）存放场地应有良好的排水措施。

6）存放构件时要留出通道，不宜密集存放。

7）存放库区宜实行分区管理和信息化台账管理。

第 3 章　PC 工厂技术管理

37. PC 构件制作技术管理有哪些内容？有哪些关键环节？

PC 工厂技术管理的主要目的是按照设计图样和行业标准、国家标准的要求，生产出安全可靠品质优良的构件，其主要工作内容包括：

（1）技术管理内容

1）根据产品特征确定生产工艺，按照生产工艺编制各环节操作规程。

2）建立技术与质量管理体系。

3）制订技术与质量管理流程，进行常态化管理。

4）全面深入细致研究领会设计图样和行业标准、国家标准关于制作的要求，制订落实措施。

5）设计各作业环节和各类构件制作技术方案，包括：

①套筒灌浆接头抗拉强度试验方案。

②如果有采用浆锚搭接连接时，对金属波纹管以外的成孔方式制订试验验证的方案。

③保温拉结件试验验证的方案。

④配合比设计。

⑤模具制作技术方案。

⑥套筒、浆锚孔内模或金属波纹管固定方案。

⑦预埋件或预留孔内模固定方案。

⑧夹芯保温外墙板拉结件的埋设、构件制作的工序和铺设保温层的工艺方案。

⑨机电设备管线、防雷引下线埋置、定位、固定方案。

⑩各种构件吊具设计。

⑪非流水线生产的构件脱模、翻转、装卸技术方案。

⑫叠合楼板的吊点处如果图样有加强筋设计，制作时要把加强筋加上，并在吊点位置喷漆标识；如果吊点处没有加强筋设计，叠合楼板的生产阶段也应该把吊点位置喷漆标识出来。

⑬各种构件场地存放、运输隔垫方案。

⑭形成粗糙面方法设计。

⑮装饰一体化构件制作技术方案。

⑯新构件、大型构件或特殊构件制作工艺。

⑰敞口构件、L形构件运输临时加固措施。

⑱半成品、产品保护措施。

⑲构件编码标识设计与植入方案等。

（2）关键环节

1）对以上3）、4）项进行技术交底、落实、检查。

2）编制原材料、配件进场验收标准，对进场验收进行管理。

3）编制各个环节质量控制措施、检查标准与检测方案，贯彻落实。

4）制订各环节操作规程，进行培训、落实、检查。

5）制订各技术岗位和作业岗位的岗位标准，进行培训、落实、检查。

6）形成隐蔽工程验收档案并归档管理。

7）形成其他技术档案并归档管理。

8）进行试验室管理等。

9）检查实施的情况，及时调整生产工艺和操作规程。

38. 如何制订技术管理流程，进行常态化技术管理？

完善的技术管理流程和技术操作规程是技术管理的前提条件和企业技术管理水平的体现。技术管理流程中应建立并保持与技术管理有关文件的形成和控制工作程序，该程序应包括技术文件的编制（获取）、审核、批准、发放、变更和保存等。

文件可承载在各种载体上，与技术管理有关的文件包括：

1）法律法规和规范性文件、企业标准。

2）技术标准及要求。

3）企业制订的产品生产工艺流程、操作规程、注意事项等体系文件。

4）与预制构件产品有关的设计文件和资料。

5）与预制构件产品有关的技术指导书和质量管理控制文件。

6）操作规程以及其他技术文件相关的培训记录。

7）其他相关文件。

8）建立技术管理组织构架和管理流程等，确保整个组织上下左右衔接管理畅通。

9）建立相应的技术管理职责，明确各层面的岗位责任制，做到职责和权利明确。

设置可靠的流程，对工作交接加以限制，固化流程并采取工作业绩考核制度和问责制度是进行常态化技术管理的重要手段。如何设置可靠的流程并加以限制，以表3-1套筒的采购与验收工作流程交接单为例加以说明。只有切合实际使工作交接流程固态化，才能做到常态化技术管理。

表 3-1 套筒的采购与验收工作流程交接单

记录编号:

<table>
<tr><th>部门流程</th><th>部门</th><th>流程简述</th><th>审核状态</th><th>负责人签字</th><th colspan="8">主要工作描述</th><th>部门职责</th></tr>
<tr><td rowspan="5">申请部门</td><td rowspan="5">生产部</td><td>☑首次采购</td><td rowspan="5">☑同意
□不同意</td><td></td><td rowspan="5">材料规格、数量</td><td>序号</td><td>材料名称</td><td>品牌要求</td><td>规格</td><td>数量</td><td>单位</td><td>使用部位/用途说明</td><td rowspan="5">1. 采购数量与生产用量相吻合
2. 采购品种无误
3. 不超报、漏报、错报采购材料</td></tr>
<tr><td>□分批采购</td><td></td><td>1</td><td>灌浆套筒</td><td>建茂</td><td>GT22</td><td>1000</td><td>只</td><td></td></tr>
<tr><td>□补货</td><td></td><td>2</td><td>灌浆套筒</td><td>建茂</td><td>GT22/20</td><td>80</td><td>只</td><td>上海项目 9F 用，钢筋变径使用</td></tr>
<tr><td>□样品</td><td></td><td>2</td><td>灌浆套筒</td><td>建茂</td><td>GT20</td><td>500</td><td>只</td><td></td></tr>
<tr><td>□其他</td><td></td><td></td><td>/</td><td></td><td></td><td></td><td></td><td></td></tr>
<tr><td>技术审核</td><td>技术部</td><td>☑技术要求</td><td>☑同意
□不同意</td><td></td><td colspan="8">半灌浆套筒，碳素结构钢材质，需特别注意有部分变径灌浆套筒
套筒应符合《钢筋套筒灌浆连接应用技术规程》（JGJ 355），《钢筋连接用灌浆套筒》（JG/T 398）的规定</td><td>1. 审核生产部的采购数量、规格、品种登记采购数量，与统计数量相符，防止申请部门超报、错报
2. 依据图样和规范要求说明材质要求和质量标准</td></tr>
<tr><td rowspan="2">采购审核</td><td rowspan="2">采购部</td><td>☑出具比价单</td><td>☑同意</td><td rowspan="2"></td><td colspan="8">经市场调研比价，已确定价格</td><td rowspan="2">根据采购品种进行市场调研、比价，拟定采购和签订协议/订单/合同</td></tr>
<tr><td>☑签订协议</td><td>□不同意</td><td colspan="8">合同已签订，拟申请支付相关款项</td></tr>
<tr><td>部门审核</td><td>部门经理</td><td>☑流程复核</td><td>☑同意
□不同意</td><td></td><td colspan="8">流程完整，同意移交财务部申请付款</td><td>审核流程完整性，复核资料是否齐全</td></tr>
<tr><td>付款审核</td><td>财务部</td><td>☑付款审核</td><td>☑同意
□不同意</td><td></td><td colspan="8">流程完整，付款资料齐全，办理付款手续</td><td>审核流程和付款资料完整性，根据合同安排付款</td></tr>
<tr><td rowspan="3">验收审核</td><td>质量部门验收</td><td>☑材料外观检验</td><td>☑同意
□不同意</td><td></td><td colspan="8">质保资料齐全，材质、外观尺寸符合要求</td><td>验收质保资料和材质要求，根据技术部门提供的检查要求进行外观和外观尺寸的检查</td></tr>
<tr><td>仓库</td><td>☑验收材料</td><td>☑同意
□不同意</td><td></td><td colspan="8">数量无误，品牌符合要求，质量部门验收合格，办理入库</td><td>验收材料品牌、规格、数量、材质、包装完整状态等</td></tr>
<tr><td>试验室</td><td>☑材料性能检测</td><td>☑同意
□不同意</td><td></td><td colspan="8">根据规范要求检验，符合要求</td><td>根据规范要求做进厂检查</td></tr>
</table>

注：填表人在“□”内划勾即为确认，注明“＊”内容可选填，其余内容均需做必要说明。

39. PC工厂如何对构件制作图进行消化、会审？

PC构件制作图是工厂制作PC构件的依据。所有PC构件，拆分后的主体结构构件和非结构构件都需要进行制作图设计。PC构件制作图设计须汇集建筑、结构、装饰、水电暖、设备等各个专业和制作、存放、运输、安装各个环节对预制构件的全部要求，在构件制作图上无遗漏地表示出来。因此PC构件制作图的消化、会审变得尤为重要。

工厂收到制作图之后应组织技术部、质量部、生产部、物资采购部等相关部门和人员认真审核PC构件制作图，消化和会审PC制作图，会审图样包括图样数量和图样内容，主要审核图样内容包括以下几方面：

1）构件制作允许误差值。

2）构件图应附有该构件所在位置标识图（图3-1）。

3）构件图应附有构件各面命名图，以方便看图（图3-2）。

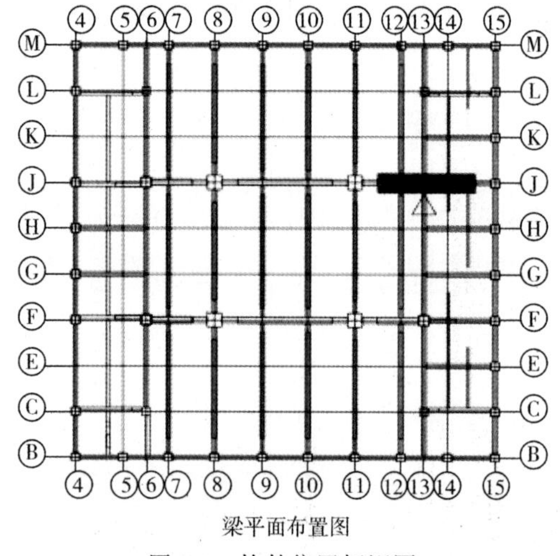

图3-1　构件位置标识图

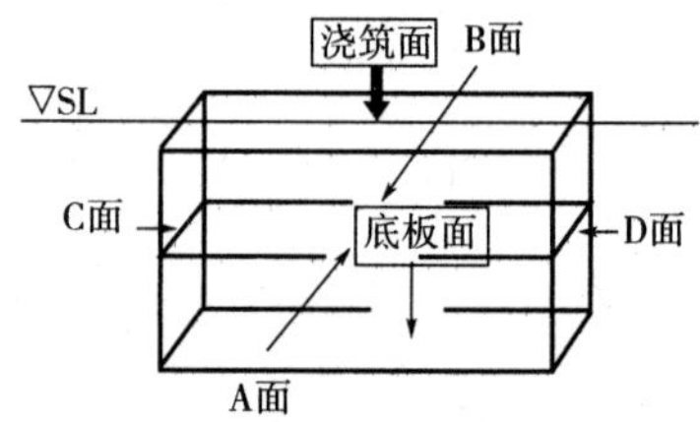

图3-2　构件各面视图方向标示图

4）构件模具图

①构件外形、尺寸、允许误差。

②构件混凝土量与混凝土强度等级，以及产品重量。

③使用、制作、施工所有阶段需要的预埋螺母、螺栓、吊点等预埋件位置、详图；给出预埋件编号和预埋件表。

④预留孔眼位置、构造详图与衬管要求。

⑤粗糙面部位与要求。

⑥键槽部位与详图。

⑦墙板轻质材料填充构造等。

5）配筋图。除常规配筋图、钢筋表外，配筋图还须给出：

①套筒或浆锚孔位置、详图、箍筋加密详图。

②包括钢筋、套筒、浆锚螺旋约束钢筋、波纹管浆锚孔箍筋的保护层要求。

③套筒（或浆锚孔）出筋位置、长度及其允许误差。

④预埋件、预留孔及其加固钢筋。

⑤钢筋加密区的高度。

⑥套筒部位箍筋加工详图，依据套筒半径给出箍筋内侧半径。

⑦后浇区机械套筒与伸出钢筋详图。

⑧构件中需要锚固的钢筋的锚固详图。

⑨各型号钢筋统计。

6）夹芯保温外墙板内外叶墙板之间的拉结件。

①拉结件布置。

②拉结件埋设详图。

③拉结件材质及性能要求。

7）构件图应附有常规构件的存放方法以及特殊构件的存放搁置点和码放层数的要求。

8）非结构专业的内容。与 PC 构件有关的建筑、水电暖设备等专业的要求必须一并在 PC 构件中给出，包括（不限于）：

①门窗安装构造。

②夹芯保温外墙板保温层构造与细部要求。

③防水构造。

④防火构造要求。

⑤防雷引下线材质、防锈蚀要求与埋设构造。

⑥装饰一体化构造要求，如石材、瓷砖反打构造图。

⑦外装幕墙构造。

⑧机电设备预埋管线、箱槽、预埋件等。

9）其他方面。在 PC 构件制作图消化、会审过程中要谨慎核对图样内容的完整性，对发现的问题要逐条予以记录，并及时和设计、施工、业主等单位沟通解决，经设计和业主单位确认答复后方能开展下一步的工作。组织审图除上述内容，尚需重点注意以下问题：

①构件的型号、规格和数量是否与合同的约定相吻合？

②构件脱模、翻转、吊装和临时支撑等预埋件设置的位置是否合理？

③预埋件、主筋、灌浆套筒、箍筋等材料的相互位置是否会“干涉”？或因材料之间的间隙过小而影响到混凝土的浇筑？

④构件会不会因预埋件、主筋、灌浆套筒、箍筋等材料位置不当而导致表面开裂？

⑤构件的外形设计上有没有造成构件脱模困难或无法脱模的地方？

⑥所有相关的图样之间有没有矛盾，有没有不清楚、不明确或者错误的地方？

40. 如何进行 PC 构件制作的技术交底？

（1）技术交底的含义

技术交底是主管工程技术人员在项目开工前，向有关管理人员和施工作业人员介绍工程概况和特点、设计意图、采用的施工工艺、操作方法和技术保证措施等情况。

(2) 技术交底的主要环节

1) 原、辅材料采购与验收要求技术交底。

2) 配合比要求技术交底。

3) 套筒灌浆接头加工技术交底。

4) 模具组装与脱模技术方案。

5) 钢筋骨架制作与入模技术交底。

6) 套筒或浆锚孔内模或金属波纹管固定方法技术交底。

7) 预埋件或预留孔内模固定方法技术交底。

8) 机电设备管线、防雷引下线埋置、定位、固定技术交底。

9) 混凝土浇筑技术交底。

10) 夹芯保温外墙板的浇筑方式（一次成型法或二次成型法）、拉结件锚固方式等技术交底。

11) 构件蒸养技术交底。

12) 各种构件吊具使用技术交底。

13) 非流水线生产的构件脱模、翻转、装卸技术交底。

14) 各种构件场地存放、运输隔垫技术交底。

15) 形成粗糙面方法技术交底。

16) 构件修补方法技术交底。

17) 装饰一体化构件制作技术交底。

18) 新构件、大型构件或特殊构件制作工艺技术交底。

19) 敞口构件、L形构件运输临时加固措施技术交底。

20) 半成品、成品保护措施技术交底。

21) 构件编码标识设计与植入技术交底等。

(3) 技术交底的要点

1) 技术交底中要明确技术负责人、施工员、管理人员、操作人员的责任。

2) 当预制构件部品采用新技术、新工艺、新材料、新设备时应进行详细的技术交底。

3) 技术交底应该分层次展开，直至交底到具体的施工操作人员。

4) 技术交底必须在作业前进行，应该有书面的技术交底资料，最好有示范、样板等演示资料，可通过微信、视频等网络方法发布技术交底资料，方便员工随时查看。

5) 同时也要做好技术交底的记录，作为履行职责的凭据。技术交底记录的表格应有统一标准格式，交底人员应认真填写表格并在表格上签字，接受交底的人员也应在交底记录上签字。

41. 什么情况下工厂需要绘制构件详图？包括哪些内容？

装配式建筑的构件图是整个设计的一部分，应当由具有相应资质的设计单位来出图。如果构件部分的图样缺失或者不完整的话，应当要求设计单位绘制，至少是要有设计部门签字审核的图样作为构件制作的指导依据，工厂不能做构件拆分图的设计。

1）当设计单位提供了构件加工图后，涉及具体制作过程的构造的部分详图可以由工厂来绘制，例如内模如何固定，预埋件或灌浆套筒如何固定等属于构件制作过程中工艺方面的图样可以由工厂来绘制。

2）当构件饰面采用瓷砖反打或者石材反打工艺时，如果设计未绘制反打饰面的排版图，可以由 PC 工厂来绘制，但工厂绘制的排版图须由设计部门认可。

3）当设计单位未绘制夹芯保温外墙板内外叶墙板之间的拉结件布置图时，可由供应拉结件的专业单位提资给设计单位绘制出图，或由供应拉结件的专业单位验算后出具排版图，此排版图须由设计部门认可。

总而言之，工厂不能承担设计责任。构件图（包括模板图、钢筋图、预埋件图等）与结构计算息息相关，任何情况下构件图均应由原设计单位进行设计和审核，而属于构件制作过程中工艺方面的图样可以由工厂来绘制。

42. PC 构件制作须进行哪些技术方案设计?

PC 构件制作的技术方案设计主要涉及：

（1）生产工艺与生产计划技术方案

1）PC 构件制作有很多不同的工艺，受限于前期的工厂建设和工厂布置，其决定性因素在于项目的规模、工厂产能和构件的类型、品种及复杂程度，如何选择生产工艺和生产工艺的设计可参见本书第 1 章。

2）生产计划设计是 PC 构件制作最重要的一个环节，是维持生产和质量稳定、连续最有力的保障，需根据项目施工进度、工期要求和工厂的产能条件详细编制分项计划：

①精确到每天的构件，并且每天要“打合”计划。

②分批采购和配套供应的原、辅材料计划，如 PC 构件中有预埋件、桁架筋、灌浆套筒、保温材料、铝窗、装饰面层材料、机电预埋等。

③固定模台或流动模台的周转使用计划。

④钢模具生产、组装和兼用计划。

⑤钢筋骨架、反打面砖及石材和其他辅配材的生产与临时存放区计划。

⑥存放与维修场地区域划分、存放架周转计划。

⑦运输方式和运输路线计划。

（2）模具设计技术方案

1）模具设计应兼顾周转使用次数和经济性原则，合理选用模具材料，以标准化设计、组合式拼装、通用化使用为目标，在保证模具品质和周转次数的基础上，尽可能减轻模具重量，方便人工组装、清扫，并合理安排生产计划。

2）模具构造应保证拆卸方便，连接可靠，钢筋、预埋件定位准确，且应保证混凝土构件顺利脱模。

3）钢模必须具有足够的承载力、刚度和稳定性，其设计及制造应符合《装标》（GB/T 51231）和《预制混凝土构件钢模板》（JG/T 3032）的有关规定。

（3）固定灌浆套筒、波纹管、浆锚孔内模、预埋件、预留孔内模、机电预埋管线与线盒专项技术方案（详见本章第43问）

（4）固定灌浆套筒、波纹管、浆锚孔等成型后的构件检查方案

（5）技术质量控制措施方案

常态化的技术管理是技术质量控制的重要措施，可分为五个阶段：

1）前期控制阶段。应搞好新项目的设计图样会审及核定，落实新项目翻样图样的技术交底工作。要求产品图样与生产条件、设备、材料、技术做到四个统一。做到将设计对新项目产品制作过程的关键性问题及要求交底明确。

2）初步控制（原材料控制）阶段。根据新项目的设计图样的要求，应搞好原材料进场及原材料检验工作。不合格材料不得进场，原材料未经试验合格，不得使用。

3）生产控制（设备和工艺操作控制）阶段。应搞好生产设备、计量工具设备的管理，搞好产品制作工艺操作过程中的各个相关环节的检验工作。要求确保生产设备的正常运转，确保计量工具、检测器具及计量设备的精确度。

4）产品控制（产品验收）阶段。根据各项目的设计图样的要求，应对产品进行相应的目测和实际检测，包括各类尺寸偏差、外观质量情况等。

5）后期控制阶段。根据国家相应规范完成产品的各类数据收集汇总及统一整理保管。搞好技术档案的管理工作，对事故及时进行分析和处理，建立预防措施及应急预案。开展质量回访活动，做好产品的售后服务工作。

（6）成品存放、运输和保护方案

成品存放、运输和吊卸等交叉作业过程中，为防止损坏已完成工序的成品、半成品，应对以下关键环节进行设计：

1）应设计预制构件、部品及预制构件上的建筑附件、预埋件、预埋吊件等损伤或污染的保护措施。

2）应设计防止预制构件饰面砖、石材、涂刷、门窗等处的保护措施。对易受污染的位置宜采用贴膜或其他专业材料保护的方法，对易受损坏的门窗部位宜采用槽型木框或塑料框保护的方法。

3）应设计防止大风、大雨、大雪等恶劣天气下预制构件成品受冻伤或污染的保护措施等。

（7）灌浆套筒接头检验技术方案

钢筋套筒灌浆连接接头技术是形成各种装配整体式混凝土结构的重要基础（接头检验方法详见本章第44问），方案设计的关键点如下：

1）钢筋套筒灌浆连接接头采用的钢筋套筒应符合现行行业标准《钢筋连接用灌浆套筒》（JG/T 398）的规定。

2）预制构件之间钢筋连接所用的钢筋套筒及灌浆料是否具有良好的适配性，应通过钢筋连接接头检验确定，检验方法应符合现行行业标准《钢筋机械连接技术规程》（JGJ 107）的规定，其力学性能还应符合现行行业标准《钢筋套筒灌浆连接应用技术规程》（JGJ 355）的规定。

3）套筒灌浆连接接头投入使用前，应进行工艺检验，试验结果合格后方可进行预制构件生产。

4）采用半灌浆套筒连接接头的，应使用专用扭力扳手拧紧至规定扭力值。

（8）钢筋间隔件（保护层垫块）布置方案

使用钢筋间隔件可有效保证混凝土保护层厚度，对混凝土预制构件耐久性有着至关重要的作用。预制构件生产前，应编制钢筋间隔件布置专项方案，合理选择钢筋间隔件的材质和布置间距，对构件立面浇筑的间隔件设置还应有专门做法（见本书第 8 章第 133 问）。

（9）夹芯保温外墙板的制作方案

1）夹芯保温外墙板常见的两种成型工艺：

①一次成型工艺：先进行外叶墙板混凝土浇筑、铺设保温板、安装拉结件及浇筑内叶墙板混凝土，内外叶混凝土浇筑时间不宜超过 2h。

②二次成型工艺：先进行外叶墙板混凝土浇筑，随即安装拉结件，隔天再铺装保温板和内叶墙板混凝土浇筑。

国内的夹芯保温外墙板采用一次成型工艺的，国家标准只做了内叶板作业时间方面的限制，实际生产过程中，很难控制所有的作业环节在初凝前完成，同步作业会使拉结件及其握裹混凝土受到扰动而无法满足锚固要求。国外的夹芯保温外墙板就很少有采用这种工艺的。

实际生产过程中很难做到精心、精细、精致控制，从这层意义上来说，笔者不主张一次成型，这种工艺存在着较大的质量、安全方面的风险。

2）制作夹芯保温外墙板的关键环节：

①夹芯保温外墙板中保温拉结件和保温材料应满足设计图样和国家、行业现行标准的要求。

②制作预制夹芯保温外墙板时，应在边模处设置外叶墙板混凝土、保温板、内叶墙板混凝土的厚度标记。

③铺设保温板前，宜使用附着式平板振动器等工具使混凝土表面振捣呈平整状态。

④无论采用一次或二次成型工艺，内叶墙混凝土浇筑时应避免振动器触及保温板和拉结件。

⑤内叶钢筋或上层钢筋宜采用垫块和吊挂结合方式确保保护层厚度满足设计要求。

（10）构件脱模起吊和翻转方案（见本章第 45 问）

（11）构件厂内运输、装卸、存放方案（见本章第 46、48 问）

（12）半成品、成品保护方案（见本章第 49 问）

（13）敞口构件的临时拉结技术方案（见本章第 50 问）

（14）冬季构件制作专项方案（见本章第 51 问）

（15）芯片埋设技术方案等（见本章第 53 问）

（16）伸出钢筋架立定位方案（见本书第 5 章第 89 问）

（17）修补的技术方案（见本书第 8 章第 148 问）

43. 如何固定灌浆套筒、波纹管、浆锚孔内模、预埋件、预留孔内模、机电预埋管线与线盒等？

固定灌浆套筒、波纹管、浆锚孔内模、预埋件、预留孔内模、机电预埋管线与线盒需注意以下事项：

1）PC构件上所有的预埋附件，安装位置都要做到准确，并必须满足方向性、密封性、绝缘性和牢固性等要求。

2）紧贴模板表面的预埋附件，一般采用在模板上的相应位置上开孔后用螺栓精准牢固定位。不在模板表面的，一般采用工装架形式定位固定，如图3-3～图3-6所示。

图3-3　浆锚孔内模

图3-4　水平缝注浆管示意

图3-5　预留模板拉结通孔内模

图3-6　预埋线管操作手孔内模

3）对灌浆套筒和波纹管等孔形埋件，还要借助专用的孔形定位套销。采用孔形埋件先和孔形定位套销定位，孔形定位套销再和模板固定的方法，如图3-7～图3-9所示。

4）对机电预埋管线一般采用定位架固定，以防混凝土成型时偏位，如图3-10、图3-11所示。

图 3-7　柱子模板与套筒固定

图 3-8　墙板模板与套筒固定

图 3-9　浆锚孔波纹管

图 3-10　预埋止水套管定位

图 3-11　预埋 86 线盒定位

5）随着新技术的出现，有些预埋附件也可采用磁性装置固定，如图 3-12 所示。

图 3-12　预埋件磁性装置固定

6）当预埋件为混凝土浇捣面平埋的钢板埋件，其短边的长度大于 200mm 时，应在中部加开排气孔；预埋件有外露丝牙时，其外露丝杆部分应先用黄油满涂，再用韧性纸或薄膜包裹保护，构件安装时剥除。

7）构件上的预埋件和预留孔洞宜通过模具进行定位，并安装牢固，其安装偏差应符合表 3-2 的规定。

表 3-2　模具上预埋件、预留孔洞安装允许偏差

<table>
<tr><th>项次</th><th colspan="2">检查项目</th><th>允许偏差/mm</th><th>检验方法</th></tr>
<tr><td rowspan="2">1</td><td rowspan="2">预埋钢板、建筑幕墙用槽式预埋组件</td><td>中心线位置</td><td>3</td><td>用尺量测纵横两个方向的中心线位置，取其中较大值</td></tr>
<tr><td>平面高差</td><td>±2</td><td>钢直尺和塞尺检查</td></tr>
<tr><td>2</td><td colspan="2">预埋管、电线盒、电线管水平和垂直方向的中心线位置偏移、预留孔、浆锚搭接预留孔（或波纹管）</td><td>2</td><td>用尺量测纵横两个方向的中心线位置，取其中较大值</td></tr>
</table>

（续）

项次	检查项目		允许偏差/mm	检验方法
3	插筋	中心线位置	3	用尺量测纵横两个方向的中心线位置，取其中较大值
		外露长度	+10，0	用尺量测
4	吊环	中心线位置	3	用尺量测纵横两个方向的中心线位置，取其中较大值
		外露长度	0，−5	用尺量测
5	预埋螺栓	中心线位置	2	用尺量测纵横两个方向的中心线位置，取其中较大值
		外露长度	+5，0	用尺量测
6	预埋螺母	中心线位置	2	用尺量测纵横两个方向的中心线位置，取其中较大值
		平面高差	±1	钢直尺和塞尺检查
7	预留洞	中心线位置	3	用尺量测纵横两个方向的中心线位置，取其中较大值
		尺寸	+3，0	用尺量测纵横两个方向的尺寸，取其中较大值
8	灌浆套筒及连接钢筋	灌浆套筒中心线位置	1	用尺量测纵横两个方向的中心线位置，取其中较大值
		连接钢筋中心线位置	1	用尺量测纵横两个方向的中心线位置，取其中较大值
		连接钢筋外露长度	+5，0	用尺量测

注：本表出自《装配式混凝土建筑技术标准》（GB/T 51231）表 9.3.4。

44. 为什么必须进行套筒灌浆连接接头抗拉强度试验？如何进行？

（1）套筒灌浆连接接头抗拉强度试验

套筒灌浆接头是装配式结构中纵向受力钢筋的有效且可靠的钢筋机械连接方式，主要用于柱和剪力墙等竖向构件中，在美国、日本等国家及我国台湾地区已有成熟的应用经验，而我国内地的应用则刚刚起步，因此为了保证套筒灌浆连接接头的有效性，必须进行套筒灌浆连接接头抗拉强度的试验。

预制构件生产企业使用的套筒应具备有效的套筒接头型式检验报告，且应告知施工单位所使用的钢筋套筒品牌和型号，便于施工单位选择与之匹配的灌浆料。

（2）如何进行这项试验

灌浆套筒进厂时，应抽取灌浆套筒并采用与之匹配的灌浆料制作对中连接接头试件，并进行抗拉强度检验，检验结果应符合现行行业标准《钢筋套筒灌浆连接应用技术规程》（JGJ 355）的有关规定。

检查数量：同一批号、同一类型、同一规格的灌浆套筒，不超过1000个为一批，每批随机抽取3个灌浆套筒制作对中连接接头试件。其中灌浆料应符合《钢筋套筒灌浆连接用套筒灌浆料》（JG/T 408）的有关规定。

埋入灌浆套筒的预制构件生产前，应对不同钢筋生产企业的进场钢筋进行接头工艺检验，当更换钢筋生产企业，或同一生产企业生产的钢筋外形尺寸与已完成工艺检验的钢筋有较大差异时，应再次进行工艺检验。接头工艺检验应符合下列规定：

工艺检验应按模拟施工条件制作接头试件，并应按接头提供单位的施工操作要求进行（图3-13、图3-14）。

图3-13 灌浆套筒注浆（胶）示意

图3-14 灌浆套筒抗拉强度试验示意

1）每种规格钢筋应制作3个对中套筒灌浆连接接头，并应检查灌浆质量。

2）采用灌浆料拌合物制作的40mm×40mm×160mm试件不应少于1组。

3）接头试件及灌浆料试件应在标准养护条件下养护28d。

4）每个接头试件的抗拉强度、屈服强度应符合《钢筋套筒灌浆连接应用技术规程》（JGJ 355）第3.2.2条、第3.2.3条的规定，3个接头试件残余变形的平均值应符合《钢筋套筒灌浆连接应用技术规程》（JGJ 355）表3.2.6的规定；灌浆料抗压强度应符合《钢筋套筒灌浆连接应用技术规程》（JGJ 355）第3.1.3条规定的28d强度的要求。

45. 如何进行构件脱模起吊和翻转工艺设计？如何设计吊架、吊索和其他吊具？如何检验？

脱模起吊是预制混凝土构件制作的一个关键环节。脱模时，构件从模具中起吊分离出来，除了构件自重外，尚需克服模具的吸附力。

(1) 如何进行构件脱模起吊和翻转工艺设计

构件脱模、起吊和翻转的吊点必须由结构设计师设计计算确定，并给出详细的位置等设计图样。吊点位置设计总的原则是受力合理、重心平衡、与钢筋和其他预埋件互不干扰和制作与安装便利。

常用脱模方式主要有两种：翻转或直接起吊，其中翻转脱模的吸附力通常较小，而直接起吊脱模则存在较大的吸附力。

在确定构件截面的前提下，需通过脱模验算对脱模吊点进行设计，否则可能会使构件产生起吊开裂、分层等现象。起吊脱模验算时，一般将构件自重加上脱模吸附力作为等效静力荷载进行计算。

1）PC 构件除脱模环节外，在翻转、吊运和安装工作状态下的吊点设置：

①翻转吊点。

A. “平躺着”制作的墙板、楼梯板和空调板等构件，脱模后或需要翻转 90°立起来，或需要翻转 180°将表面朝上。流水线上有自动翻转台时，不需要设置翻转吊点；在固定模台或流水线没有翻转平台时，需设置翻转吊点，并验算翻转工作状态的承载力。

B. 柱子大都是“平躺着”制作的，存放、运输状态也是平躺着的，吊装时则需要翻转 90°立起来，须验算翻转工作状态的承载力。

C. 无自动翻转台时，构件翻转作业方式有两种：捆绑软带式（图 3-15）和预埋吊点式。捆绑软带式在设计中须确定软带捆绑位置，据此进行承载力验算。预埋吊点式需要设计吊点位置与构造，进行承载力验算。

图 3-15　捆绑软带式翻转

D. 板式构件的翻转吊点一般为预埋螺母，设置在构件边侧（图 3-16）。只翻转 90°立起来的构件，可以与安装吊点兼用；需要翻转 180°的构件，需要在两个边侧设置吊点（图3-17）。

E. 构件翻转有翻转台翻转和吊钩翻转两种形式，生产线设置自动翻转台时，翻转作业由机械完成。吊钩翻转包括单吊钩翻转和双吊钩翻转两种形式。

a）单吊钩翻转是在构件的一端挂钩，将“躺着”的构件拉起，要注意触地的一端应铺设软隔垫，避免构件边角损坏。

b）双吊钩翻转是采用两台起重设备翻转，或者在一台起重机上采用主副两吊钩来翻转。翻转过程中要安排起重指挥，两个吊钩升降应协同，注意绳索与构件之间用软质材料隔垫，防止棱角损坏。

②吊运吊点。吊运工作状态是指构件在车间、堆场和运输过程中由起重机吊起移动的状态。一般而言，并不需要单独设置吊运吊点，可以与脱模吊点或翻转吊点或安装吊点共用，但构件吊运状态的荷载（动力系数）与脱模、翻转和安装工作状态不一样，所以需要进行分析。

A. 楼板、梁、阳台板的吊运节点与安装节点共用；叠合楼板的吊点处如果图样有加强筋设计，制作时要把加强筋加上，并在吊点位置喷漆标识；如果吊点处没有加强筋设计，叠合楼板的生产阶段也应该把吊点位置喷漆标识出来。

图 3-16　设置在板边的预埋螺母

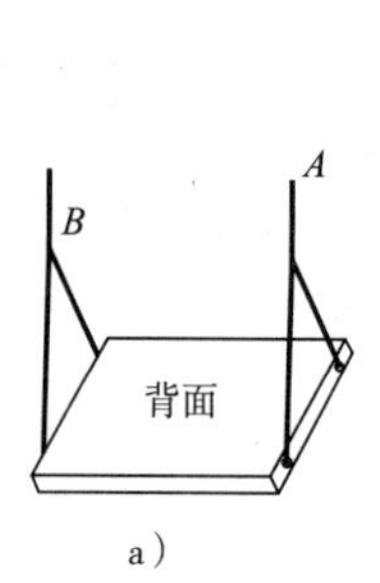

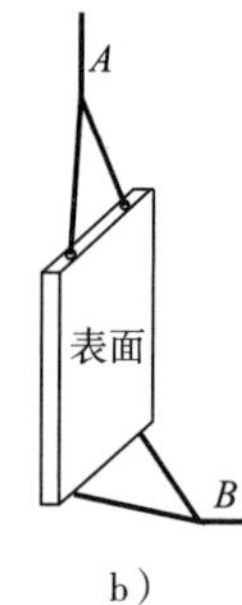

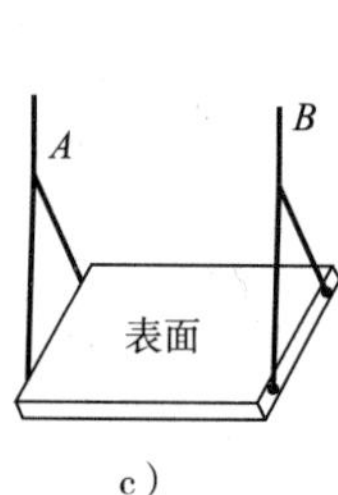

a）　b）　c）

图 3-17　180°翻转示意图

a）构件背面朝上，两个侧边有翻转吊点，A 吊钩吊起，B 吊钩随从

b）构件立起，A 吊钩承载　c）B 吊钩承载，A 吊钩随从，构件表面朝上

B. 柱子的吊运节点与脱模节点共用。

C. 墙板、楼梯板的吊运节点或与脱模节点共用，或与翻转节点共用，或与安装节点共用。

在进行脱模、翻转和安装节点的荷载分析时，应判断这些节点是否兼作吊运节点。

③安装吊点。安装吊点是构件安装时用的吊点，构件的空间状态与使用时一致。

A. 带桁架筋叠合楼板的安装吊点借用桁架筋的架立筋（图 3-18），多点布置。

图 3-18　带桁架筋叠合板以桁架筋的架立筋为吊点

脱模吊点和吊运吊点也同样。

B. 无桁架筋的叠合板、预应力叠合板、阳台板、空调板、梁、叠合梁等构件的安装吊点为专门埋置的吊点，与脱模吊点和吊运吊点共用。楼板、阳台板为预埋螺母；小型板式构件如空调板、遮阳板也可以埋设尼龙绳；梁、叠合梁可以埋设预埋螺母、较重的构件埋设钢筋吊环、钢丝绳吊环（图 3-19）等。

图 3-19　叠合梁（左图）和墙板（右图）钢丝绳索吊环

C. 柱子、墙板、楼梯板的安装节点为专门设置的安装节点。柱子、楼梯板一般为预埋螺母；墙板有预埋螺母（图 3-20）、预埋吊钉（图 3-21）和钢丝绳吊环等。

图 3-20　H 形墙板预埋螺母吊点

图 3-21　预埋吊钉

把以上对各类吊点的讨论汇总到表 3-3 中。

2）不同的产品吊点的设置：

①柱子吊点。

A. 安装吊点和翻转吊点。柱子安装吊点和翻转吊点共用，设在柱子顶部。断面大的柱子一般设置 4 个（图 3-22）吊点，也可设置 3 个吊点。断面小的柱子可设置 2 个或者 1 个吊点。沈阳南科大厦边长 1300mm 的柱子设置了 3 个吊点；边长 700mm 的柱子设置了 2 个吊点。

表 3-3　PC 构件吊点一览表

构件类型	构件细分	工作状态				吊点方式
		脱模	翻转	吊运	安装	
柱	模台制作的柱子	△	○	△	○	内埋螺母
	立模制作的柱子	○	无翻转	○	○	内埋螺母
	柱梁一体化构件	△	○	○	○	内埋螺母
梁	梁	○	无翻转	○	○	内埋螺母、钢索吊环、钢筋吊环
	叠合梁	○	无翻转	○	○	内埋螺母、钢索吊环、钢筋吊环
楼板	有桁架筋叠合楼板	○	无翻转	○	○	桁架筋
	无桁架筋叠合楼板	○	无翻转	○	○	预埋钢筋吊环、内埋螺母
	有架立筋预应力叠合楼板	○	无翻转	○	○	架立筋
	无架立筋预应力叠合楼板	○	无翻转	○	○	钢筋吊环、内埋螺母
	预应力空心板	○	无翻转	○	○	内埋螺母
墙板	有翻转台翻转的墙板	○	○	○	○	内埋螺母、吊钉
	无翻转台翻转的墙板	△	◇	○	○	内埋螺母、吊钉
楼梯板	模台生产	△	◇	△	○	内埋螺母、钢筋吊环
	立模生产	△	○	△	○	内埋螺母、钢筋吊环
阳台板、空调板等	叠合阳台板、空调板	○	无翻转	○	○	内埋螺母、软带捆绑（小型构件）
	全预制阳台板、空调板	△	◇	○	○	内埋螺母、软带捆绑（小型构件）
飘窗	整体式飘窗	○	◇	○	○	内埋螺母

注：○为安装节点；△为脱模节点；◇为翻转节点；其他栏中标注表明共用。

图 3-22　PC 柱子安装吊点

柱子安装过程计算简图为受拉构件；柱子从平放到立起来的翻转过程中，计算简图相当于两端支撑的简支梁（图 3-23）。

B. 脱模和吊运吊点。除了要求四面光洁的清水混凝土柱子是立模制作外，绝大多数柱子都是在模台上“躺着”制作，存放、运输也是平放，柱子脱模和吊运共用吊点，设置在柱子侧面，采用内埋式螺母，便于封堵，痕迹小。

柱子脱模吊点的数量和间距根据柱子断面尺寸和长度通过计算确定。由于脱模时混凝土强度较低，吊点可以适当多设置，不仅对防止混凝土裂缝有利，也会减弱吊点处的应力集中。

两个或两组吊点时（图 3-24 a、b），柱子脱模和吊运按带悬臂的简支梁计算；多个吊点时（图 3-24 c），可按带悬臂的多跨连系梁计算。

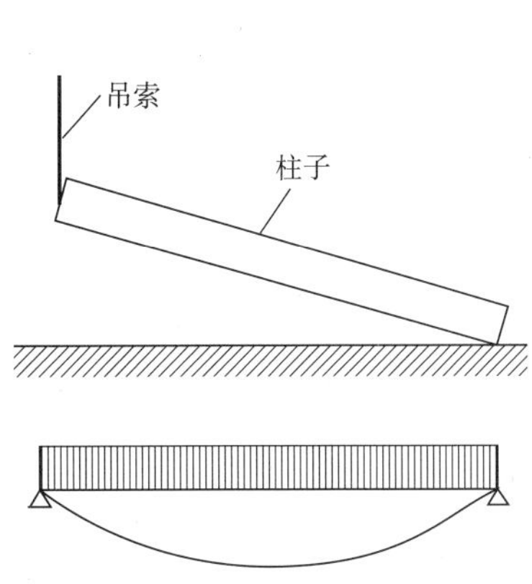

图 3-23　柱子安装、翻转计算简图

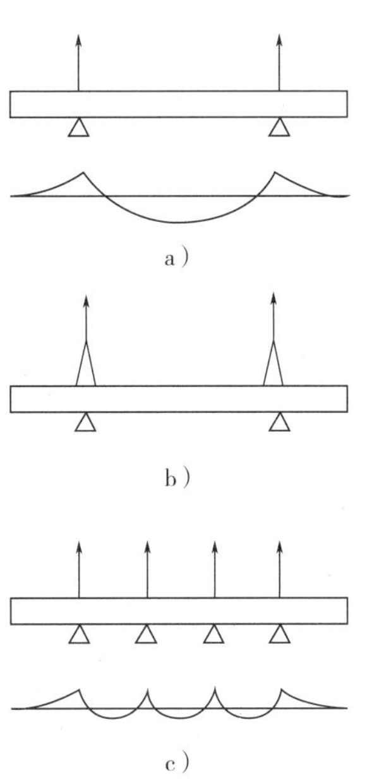

图 3-24　柱脱模和吊运吊点位置及计算简图
a）2 吊点　b）2 组吊点　c）4 吊点

②梁吊点。梁不用翻转，安装吊点、脱模吊点与吊运吊点为共用吊点（图 3-25）。梁吊点数量和间距根据梁断面尺寸和长度，通过计算确定。与柱子脱模时的情况一样，梁的吊点也宜适当多设置。

边缘吊点距梁端距离应根据梁的高度和负弯矩筋配置情况经过验算确定，且不宜大于梁长的 1/4。

梁只有两个（或两组）吊点时，按照带悬臂的简支梁计算；多个吊点时，按带悬臂的多跨连系梁计算。位置与计算简图与柱脱模吊点相同（图 3-24）。

梁的平面形状或断面形状为非规则形状（图 3-26），吊点位置应通过重心平衡计算确定。

图 3-25　梁的吊点布置

③楼板与叠合阳台板、空调板吊点。楼板不用翻转，安装吊点、脱模吊点与吊运吊点为共用吊点。楼板吊点数量和间距根据板的厚度、长度和宽度通过计算确定。

国家 PC 叠合板标准图集，跨度在 3.9m 以下、宽 2.4m 以下的板，设置 4 个吊点；跨度为 4.2～6.0m、宽 2.4m 以下的板，设置 6 个吊点。

图 3-18 为日本的叠合板，是 10 个吊点。

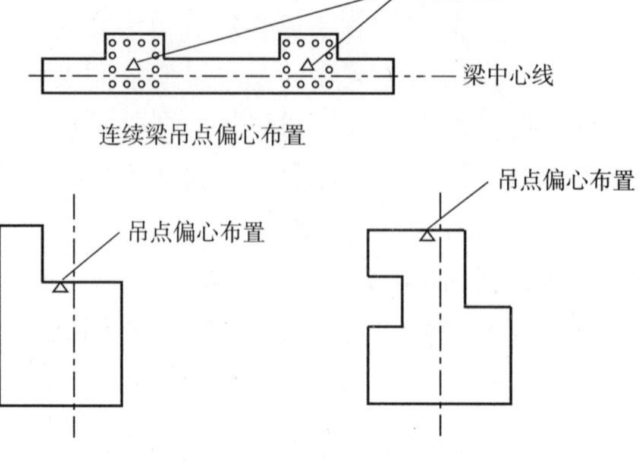

图 3-26　异形梁吊点偏心布置

边缘吊点距板的端部不宜过大。长度小于 3.9m 的板，悬臂段不大于 600mm；长度为 4.2～6m 的板，悬臂段不大于 900mm。

4 个吊点的楼板可按简支板计算；6 个以上吊点的楼板计算可按无梁板，用等代梁经验系数法转换为连续梁计算。

有桁架筋的叠合楼板和有架立筋的预应力叠合楼板，用桁架筋作为吊点。国家标准图集在吊点两侧横担 2 根长 280mm 的 HRB335 级钢筋；垂直于桁架筋。

日本叠合板吊点一般采用多点吊装，吊点处不用另外设置加强筋。

④墙板吊点。

A. 有翻转台翻转的墙板。有翻转台翻转的墙板，脱模、翻转、吊运、安装吊点共用，可在墙板上边设立吊点，也可以在墙板侧边设立吊点。一般设置 2 个，也可以设置两组，以减小吊点部位的应力集中（图 3-27）。

B. 无翻转台翻转的墙板（非立模）和整体飘窗。无翻转平台的墙板，脱模、翻转和安装节点都需要设置。

脱模节点在板的背面，设置 4 个（图 3-28）；安装节点与吊运节点共用，与有翻转台的墙板的安装节点一样；翻转节点则需要在墙板底边设置，对应安装节点的位置。

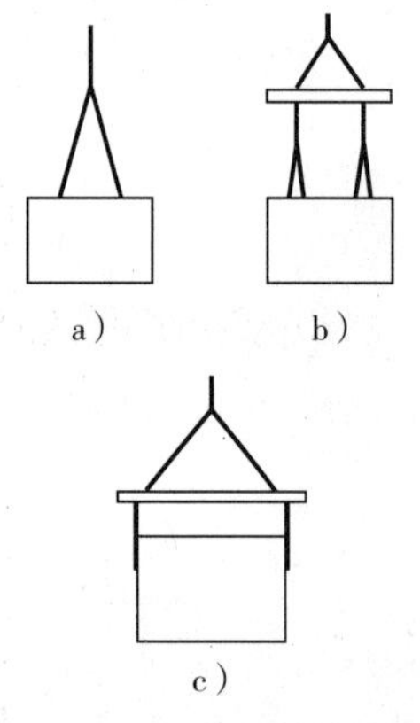

图 3-27　墙板吊点布置

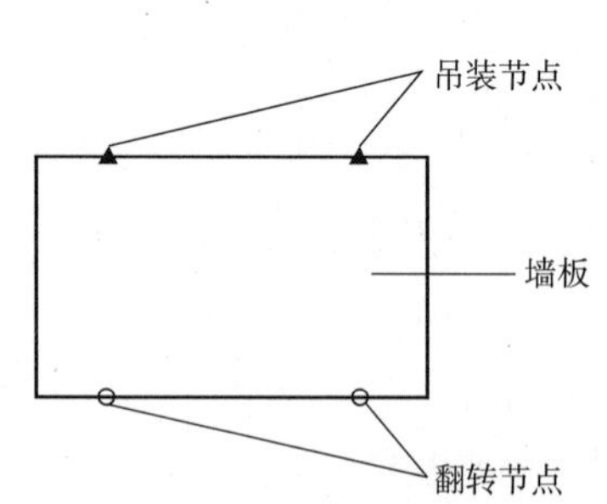

图 3-28　墙板脱模节点位置

C. 避免墙板偏心。异形墙板、门窗位置偏心的墙板和夹芯保温板等，需要根据重心计算布置安装节点（图 3-29）。

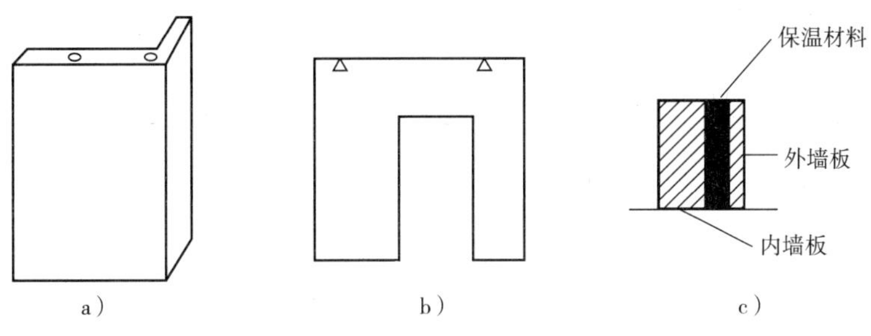

图 3-29　不规则墙板吊点布置

a）L 形板　b）门窗偏心板　c）夹芯保温板

D. 计算简图。墙板在竖直吊运和安装环节因截面很大，不需要验算。

需要翻转和水平吊运的墙板按 4 点简支板计算。

⑤楼梯板、全预制阳台板、空调板吊点。楼梯吊点是 PC 构件中最复杂多变的。脱模、翻转、吊运和安装节点共用较少。

A. 平模制作的楼梯板、全预制阳台板、空调板。平模制作的楼梯一般是反打，阶梯面朝下，脱模吊点在楼梯板的背面。

楼梯在修补、存放过程一般是楼梯面朝上，需要 180°翻转，翻转吊点设在楼梯板侧边，可兼作吊运吊点。

安装吊点有两种情况：

a）如果楼梯两侧有吊钩作业空间，安装吊点可以设置在楼梯两个侧边。

b）如果楼梯两侧没有吊钩作业空间，安装吊点须设置在表面（图 3-30）。

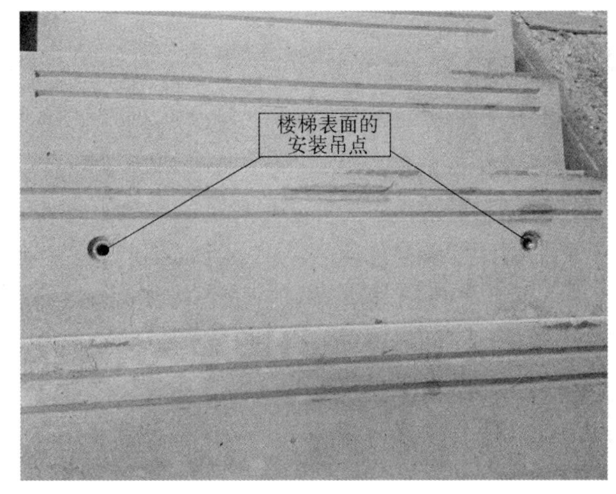

图 3-30　设置在楼梯表面的安装吊点

c）全预制阳台板、空调板安装吊点设置在表面。

B. 立模制作的楼梯板。立模制作的楼梯脱模吊点在楼梯板侧边，可兼作翻转吊点和吊运吊点。

安装吊点同平模制作的楼梯一样，依据楼梯两侧是否有吊钩作业空间确定。

C. 楼梯吊点可采用预埋螺母，也可采用吊环。国家标准图中楼梯侧边的吊点设计为预埋钢筋吊环。

D. 非板式楼梯的重心。带梁楼梯和带平台板的折板楼梯在吊点布置时需要进行重心计算，根据重心布置吊点。

E. 楼梯板吊点布置计算简图。楼梯水平吊装计算简图为 4 点支撑板。

⑥软带吊具的吊点。小型板式构件可以用软带捆绑翻转、吊运和安装，设计图样须给出软带捆绑的位置和说明。曾经有过 PC 墙板工程因工地捆绑吊运位置不当而导致墙板断裂的例子（图 3-31）。

（2）如何设计吊架、吊索和其他吊具

1）吊具有绳索挂钩、“一”字形吊装架和平面框架吊装架三种类型，应针对不同构件，使用相应的吊具。

2）吊索与吊具设计应遵循重心平衡的原则，保证构件脱模、翻转和吊运作业中不偏心。

3）吊索长度的实际设置应保证吊索与水平夹角小于45°，以60°为宜；且保证各根吊索长度与角度一致，不出现偏心受力情况。

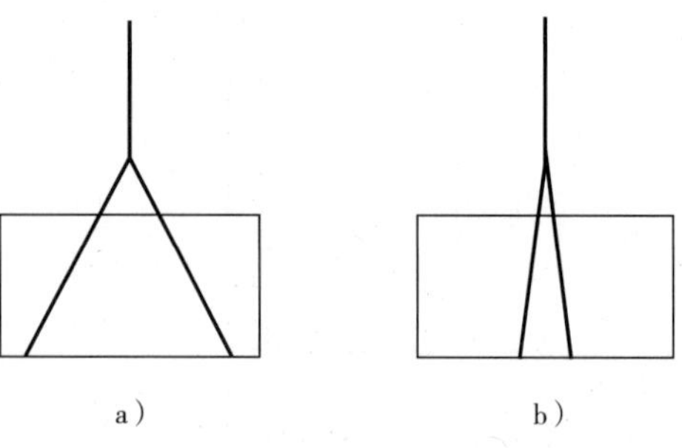

图3-31　软带捆绑位置靠里导致墙板断裂示意
a）正确　b）错误

4）当采用具有一定刚度的分配梁多吊点，如采用钢丝绳滑轮组多吊点，则每个吊点的受力相同。

5）工厂常用吊索和吊具应当标识可起重重量，避免超负荷起吊。吊索与吊具应定期进行完好性检查。存放应采取防锈措施。

（3）如何检验

1）吊点设计与脱模力复核验算是必需的，应根据复核验算结果调整吊点数量和起吊装置，并最终达到安全可靠的目标。在进行吊点结构验算时，不同工作状态混凝土强度等级的取值不一样：

①脱模和翻转吊点验算：取脱模时混凝土达到的强度，或按C15混凝土计算。

②吊运和安装吊点验算：取设计混凝土强度等级的70%计算。

2）对于有些PC板来讲，可能不是强度问题，而是刚度问题，是构件变不变形的问题，那么可以采用实际构件进行试吊装，通过试验来检验方法是否可行。

46. 如何进行构件厂内运输与装卸工艺设计？

PC构件脱模后要运到质检维修或表面处理区，维修后再运到堆场存放，出货时有装卸、运输等环节，在这些环节作业中，必须保证安全和PC构件完好无损。

（1）PC构件厂内运输方式

PC构件脱模后，需运到质检修补区进行质检、修补或表面处理，之后，再运到存放区。PC厂内运输方式是由工厂工艺设计确定。

1）车间桥式起重机范围内的短距离运输，可用桥式起重机直接运输。

2）车间桥式起重机与室外龙门式起重机可以衔接时，用桥式起重机与龙门式起重机运输。

3）厂内运输目的地在车间龙门式起重机范围外或运输距离较长，或车间桥式起重机与室外龙门式起重机作业范围不对接，可用短途摆渡车运输。短途摆渡车可以是轨道拖车，也可以是拖挂汽车。

（2）PC构件吊运作业要点

吊运作业是指构件在车间、场地间用桥式起重机、龙门式起重机、小型构件用叉车进行的短距离吊运，其作业要点是：

1）吊运线路应事先设计，吊运路线应避开工人作业区域，吊运路线设计桥式起重机驾驶员应当参加，确定后应当向驾驶员交底。

2）吊索吊具与构件要拧固结实。

3）吊运速度应当控制，避免构件大幅度摆动。

4）吊运路线下禁止工人作业。

5）吊运高度要高于设备和人员。

6）吊运过程中要有指挥人员。

7）龙门式起重机要打开警报器。

（3）摆渡车运输

摆渡车运输的要求：

1）各种构件摆渡车运输都要事先设计装车方案。

2）按照设计要求的支撑位置加垫方或垫块，垫方和垫块的材质符合设计要求。

3）构件在摆渡车上要有防止滑动、倾倒的临时固定措施。

4）根据车辆载重量计算运输构件的数量。

5）对构件棱角进行保护。

6）墙板在靠放架上运输时，靠放架与摆渡车之间应当用封车带绑牢固。

（4）叉车运输

有些构件也适合采用叉车运输方式，因叉车功能齐全，能装卸、堆垛和短距离搬运。

（5）其他方式

有条件的工厂也可以采用塔式起重机、汽车式起重机来短驳、搬运和装卸，可最大化利用有限堆场（图 3-32）。

图 3-32　塔式起重机驳运

总之，厂内运输和装卸工艺要根据实际情况，合理选择和组合运输、装卸的方式，做到流程合理（尽量减少二次搬运），方便预制构件运输和装卸，力求简单，保证作业上安全、技术上可行、经济上合理。

47. 形成粗糙面有哪些工艺方法？

预制构件与后浇混凝土的结合面或叠合面应按设计要求制成粗糙面。可按以下两种情况分别处理：

（1）已经成型的混凝土构件

对混凝土已经成型的构件通常采用人工凿毛或机械凿毛的方法。

（2）成型过程中的混凝土构件

对混凝土成型过程中的构件可采用表面拉毛处理和化学水洗露石形成粗糙面的方法。

1）采用拉毛处理方法时应在混凝土达到初凝状态前完成，粗糙面的凹凸度差值不宜小于4mm。拉毛操作时间应根据混凝土配合比、气温以及空气湿度等因素综合把控，过早拉毛会导致粗糙度降低，过晚会导致拉毛困难甚至影响混凝土表面强度，如图3-33所示。

2）采用化学缓凝剂方法时应根据设计要求选择适宜缓凝深度的缓凝剂，使用时应将缓凝剂均匀涂刷模板表面或新浇混凝土表面，待构件养护结束后用高压水冲洗混凝土表面，最后确认粗糙面深度是否满足要求。如无法满足设计要求，可通过调整缓凝剂品种解决，如图3-34所示。

图3-33　人工拉毛面

图3-34　化学水洗面

48. 如何设计构件存放方案？

根据设计要求的支承点位置和存放层数制订存放方案，编制构件存放的平面布置图，存放区应按构件型号、类别进行分区，集中存放。成品应按合格、待修和不合格区分类存放，并标识。具体需满足以下要求：

1）存放场地应平整，进出道路应畅通，排水良好，地基坚实满足承载力要求，防止因地面不均匀下沉而使构件不稳倾倒。

2）构件应按产品品质、规格型号、检验状态、吊装顺序分类存放，先吊装的构件应存放在外侧或上层，要避免二次搬运，预埋吊件应朝上，并将有标识的一面朝向通道一侧。

3）构件的存放高度，应考虑存放处地面的承压力和构件的总重量以及构件的刚度及稳定性的要求。一般柱子不应超过2层，梁不超过3层、楼板不超过6层。

4）构件存放要保持平稳，底部应放置垫木或垫块。垫木或垫块厚度应高于吊环高度，构件之间的支点要在同一条垂直线上，且厚度要相等。存放构件的垫木或垫块，应能承受上部构件的重量（图3-35）。垫木和垫块的具体要求有：

①预制柱、梁等细长构件宜平放且用两条垫木支撑，垫木规格在100mm×100mm～300mm×300mm，根据构件重量选用（图3-36）。

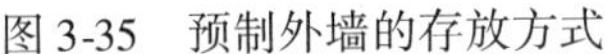

图 3-35　预制外墙的存放方式

图 3-36　莲藕梁的存放方式

②木板一般用于叠合楼板，板厚为 20mm，板的宽度 150～200mm（图 3-37）。木板方向应垂直于桁架筋。

③混凝土垫块用于墙板等板式构件，为 100mm 或 150mm 立方体。

④隔垫软垫有橡胶、硅胶或塑料等材质，用在垫方与垫块上面，为 100mm 或 150mm 立方体。与装饰面层接触的软垫应使用白色，以防止污染。

5）对侧向刚度差、重心较高、支承面较窄的构件，如预制内外墙板、挂板宜采用插放或靠放，插放即采用存放架立式存放（图 3-38、图 3-39），存放架应有足够的刚度，并应支垫稳固，薄弱构件、构件薄弱部位和门窗洞口应采取防止变形开裂的临时加固措施。如采用靠放架立放的构件，必须对称靠放和吊运，其倾斜角度应保持大于 80°，构件上部宜用木块隔开。靠放架宜用金属材料制作，使用前要认真检查和验收，靠放架的高度应为构件的三分之二以上。

图 3-37　叠合楼板码放

图 3-38　墙板立式存放防止倾倒的支架

6）预制楼板、阳台板、楼梯构件宜平放，吊环向上，标志向外，堆垛高度应根据构件与垫木的承载能力及堆垛的稳定性确定，不宜超过 6 层；各层垫木的位置应在一条垂直线上。对于特殊和不规则形状构件的存放，应制订存放方案并严格执行。

7）支承垫木宜置于吊点下方，一般垫木间距：$0.2L-0.6L-0.2L$，L 为构件长。支承垫木上下应在同一垂直线上。特殊情况要特殊处理，当梁板过长时，应增加支撑垫木，降低变形可能。

图 3-39　支撑高度可调式构件插放架

8）有些构件采用多点支垫时，一定要避免边缘支垫低于中间支垫，导致形成过长的悬臂，形成较大的负弯矩产生裂缝。

9）连接止水条、高低口、墙体转角等薄弱部位，应采用定型保护垫块或专用式套件做加强保护，图 3-40 为工厂内预先粘贴好止水条的构件。

10）其他要求：

①梁柱一体三维构件存放应当设置防止倾倒的专用支架。

②楼梯可采用叠层存放。

③带飘窗的墙体应设有支架立式存放。

④阳台板、L 形构件、挑檐板、曲面板等特殊构件宜采用单独平放的方式存放（图 3-41、图 3-42），有些异形构件也具备叠放的条件，如何存放要视具体情况而定。

图 3-40　工厂内预先粘贴的止水条

图 3-41　异形构件的存放

⑤预应力构件存放应根据构件起拱值的大小和存放时间采取相应措施。

⑥构件标识要写在容易看到的位置，如通道侧，位置低的构件在构件上表面标识。

⑦装饰化一体构件要采取防止污染的措施。

⑧留出钢筋超出构件的长度或宽度时，在钢筋上做好标识，以免伤人（图 3-43）。

图 3-42　L 形构件的存放方式

图 3-43　伸出钢筋的危险标识

⑨冬季制作构件，不宜将脱模后的构件直接运至室外，宜尽可能在车间内阴干几天后再运至室外。

如果设计单位未出具支承点位置图样和存放层数参数，应联系设计单位出具。设计单位不能出具的，由工厂编制存放方案，交由设计单位审核、认可。

49. 如何制订半成品和成品构件的保护措施？

1）制订半成品和成品构件的保护措施，有以下关键环节：

①预制件应按类型分别摆放，成品之间应有足够的空间，防止产品相互碰撞造成损坏。

②预制外墙板面砖、石材、涂刷表面可采用贴膜或用其他专业材料保护。

③预制构件暴露在空气中的预埋铁件应镀锌或涂刷防锈漆，防止产生锈蚀。预埋螺栓孔应采用海绵棒进行填塞。

④构件支撑的位置和方法，应根据其受力情况确定，但不得超过构件承载力或引起构件损伤；预制构件与刚性搁置点之间应设置柔性垫片，且垫片表面应有防止污染构件的措施。

⑤预制构件存放处 2m 内不应进行电焊、气焊作业，以免污染产品。

⑥混凝土构件厂内起吊、运输时，混凝土强度必须符合设计要求；当设计无专门要求时，对非预应力构件不应低于 15MPa，对预应力构件不应低于混凝土设计强度等级值的 75%，且不应小于 30MPa。

⑦外墙门框、窗框和带外饰装饰材料的表面宜采用塑料贴膜或者其他防护措施；预制墙板门窗洞口线角宜用槽型木框保护。

⑧预制楼梯踏步口宜铺设木条或其他覆盖形式保护。

⑨清水混凝土预制构件成品应建立严格有效的保护制度，明确保护内容和职责，制订专项防护措施方案，全过程进行防尘、防油、防污染、防破损。

⑩直接作为外装饰效果的清水混凝土构件，边角宜采用倒角或圆弧角，棱角部分应做好保护，可采用角型塑料条进行保护。

⑪预制构件在驳运、存放、出厂运输过程中起吊和摆放时，需轻起慢放，避免损坏成品。

2）预制构件成品保护应符合下列规定：

①预制构件成品外露保温板应采取防止开裂措施，外露钢筋应采取防弯折措施，外露预埋件和连接件等外露金属件应按不同环境类别进行防护或防锈。

②宜采取保证吊装前预埋螺栓孔清洁的措施。

③钢筋连接套筒、预埋孔洞应采取防止堵塞的临时封堵措施。

④露骨料粗糙面冲洗完成后应对灌浆套筒的灌浆孔和出浆孔进行透光检查，并清理灌浆套筒内杂物。

⑤冬期生产和存放的预制构件的非贯穿孔洞应采取措施防止雨雪进入发生冻胀损坏。

3）预制构件在运输过程中应做好安全和成品保护，并应符合下列规定：

①应根据预制构件种类采取可靠的固定措施。

②对于超高、超宽、形状特殊的大型预制构件的运输和存放应制订专门的质量安全保证措施。

③运输时宜采取如下防护措施：

A. 设置柔性垫片避免预制构件边角部位或索链接触处混凝土损伤。

B. 用塑料薄膜包裹垫块避免预制构件外观污染。

C. 墙板门窗框、装饰表面和棱角采用塑料贴膜、塑料U形保护框或其他措施防护。

D. 竖向薄壁构件设置临时防护支架。

E. 装箱运输时，箱内四周采用木材或柔性垫片填实，支撑牢固。

④应根据构件特点采用不同的运输方式，托架、靠放架、插放架应进行专门设计，进行强度、稳定性和刚度验算：

A. 外墙板宜采用立式运输，外饰面层应朝外，梁、板、楼梯、阳台宜采用水平运输。

B. 采用靠放架立式运输时，构件与地面倾斜角度宜大于80°，构件应对称靠放，每侧不大于2层，构件层间上部采用木垫块隔离。

C. 采用插放架直立运输时，应采取防止构件倾倒措施，构件之间应设置隔离垫块。

D. 水平运输时，预制梁、柱构件叠放不宜超过3层，板类构件叠放不宜超过6层。

⑤构件运输时应绑扎牢固，防止移动或倾倒，搬运托架、车厢板和预制混凝土构件间应放入柔性材料，构件边角或者索链接触部位的混凝土应采用柔性垫衬材料保护；运输细长、异形等易倾覆构件时，行车应平稳，并应采取临时固定措施。

笔者在日本注意到，日本很多装饰一体化非常漂亮的构件（如清水混凝土、面砖反打、石材反打构件）保护很弱或者不做保护，构件从工厂运输到现场吊装作业等一系列环节均未出现问题；而笔者在我国实际经历的工程，构件保护得非常严实，结果却出现了很多问题。

保护的太严实使人对构件失去了一个具体的概念，也使人过于相信和依赖保护，无意中发生更多的损坏，这种过度保护的方式既浪费人力、物力又使人增加了依赖性。因此，保护事实上是一个需要认真考虑的环节，不是保护的措施越加码越好，而是在关键环节做很适宜的保护，避免过度保护适得其反。

50. 吊装、运输敞口、L 形和其他异形构件时如何设置临时加固措施？是否需埋置预埋件？

一些敞口构件、L 形构件和其他异形构件在脱模、吊装、运输过程中易被拉裂，需设置临时加固措施。

图 3-44 是一个 V 形墙板临时拉结杆的例子，用两根角钢将构件两翼拉结，以避免构件内转角部位在运输过程中拉裂。安装就位前再将拉结角钢卸除。

图 3-44　V 形 PC 墙板临时拉结图

需要设置临时拉结杆的构件包括断面面积较小且翼缘长度较长的 L 形折板、开洞较大的墙板）V 形构件、半圆形构件、槽形构件等（图 3-45）。

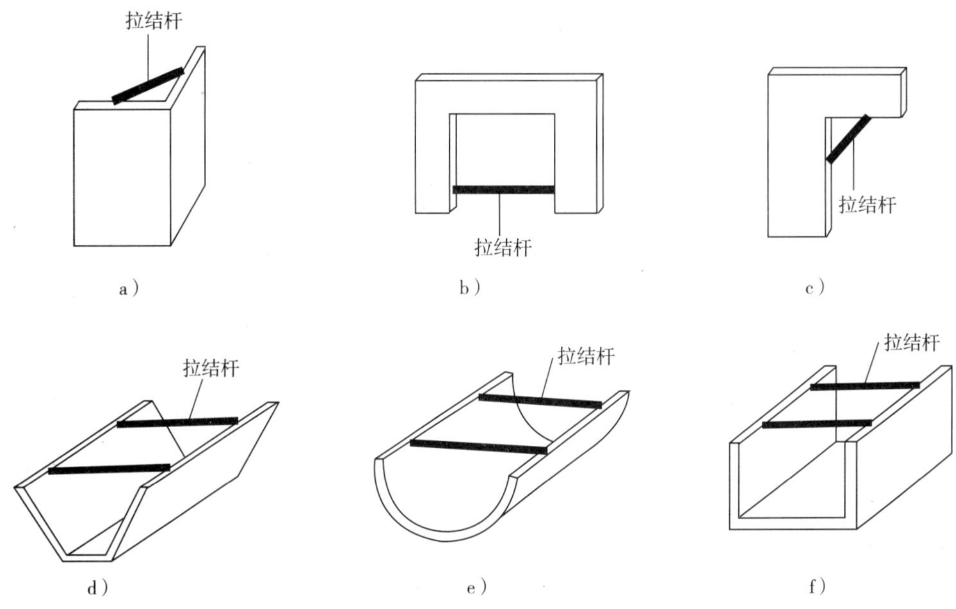

图 3-45　需要临时拉结的 PC 构件

a）L 形折板　b）开口大的墙板　c）平面 L 形板　d）V 形板　e）半圆柱　f）槽型板

临时拉结杆可以用角钢、槽钢，也可以用钢筋。

采用专用的运输车辆是保证构件运输成品质量和安全性的一个重要措施（图3-46）。

图3-46 PC墙板专用运输车

 51. 冬季制作构件须采取什么措施？

1）要做好原材料的保护措施，防止雨雪冰冻。

2）混凝土拌合物采用热水拌制，水温控制在40～70℃。

3）也可以采用骨料加热的方式，骨料要使用干燥的气体加热。

4）构件制作场所要做好保温工作，室温宜在10℃以上，最低不能低于5℃，门窗等通透的部位要做好冷风的阻隔。

5）构件浇筑后应在20min内完成覆盖，在收水抹面时，可采用折叠式临时暖棚保温，防止热量散失。

6）冬季蒸养工艺的降温过程，宜控制降温坡度尽可能平缓一些，每小时降温幅度不应大于10℃，使构件表面温度平缓地过渡到室温，尽可能地减少温差引起的温度裂缝。

7）冬季制作，构件脱模后不宜马上放置到寒冷的室外，宜在车间内多放置几天，待构件适当阴干后，再运至室外。

8）室外堆场存放的PC构件有条件的应尽可能覆盖一下，防止雨雪后温度下降构件被冻裂。至少要把孔、洞、眼等用东西塞填上，防止冻胀把混凝土胀裂。

 52. 如何制订技术档案形式与归档程序？

装配式建筑部件中的很多工程检验项目从工地转移至工厂，所以在工地形成的一些技术档案的部分也要移到工厂，包括构件隐蔽工程验收记录、构件工序检查资料等。

(1) 技术档案内容

预制构件的资料应与产品生产同步形成、收集和整理，归档资料宜包括以下内容：

1）预制混凝土构件加工合同。

2）预制混凝土构件加工图样、设计文件、设计洽商、变更或交底文件。

3）生产方案和质量计划等文件。

4）原材料质量证明文件、复试试验记录和试验报告。

5）混凝土试配资料。

6）混凝土配合比通知单。

7）混凝土开盘鉴定。

8）混凝土强度报告。

9）钢筋检验资料、钢筋接头的试验报告。

10）模具检验资料。

11）预应力施工记录。

12）混凝土浇筑记录。

13）混凝土养护记录。

14）构件检验记录。

15）构件性能检测报告。

16）构件出厂合格证。

17）质量事故分析和处理资料。

18）其他与预制混凝土构件生产和质量有关的重要文件资料。

19）灌浆套筒抗拉强度试验报告。

20）保温拉结件的试验验证报告。

21）浆锚搭接成孔的试验验证报告。

22）驻厂监理的检查记录。

23）隐蔽工程验收记录，包括以下内容：

①钢筋安装隐蔽工程验收。

A. 纵向受力钢筋品种、规格、数量。

B. 钢筋连接方式：机械连接、接头位置、接头数量符合设计及规范要求。

C. 钢筋间隔件布置状态和钢筋保护层厚度。

D. 箍筋钢筋品种、规格、数量、间距等。

E. 构件加强筋的规格、品种、数量等。

②预埋件、灌浆套筒、机电预埋、混凝土保护层厚度等隐蔽工程验收。

A. 构件吊装用、外挂体系承载用预埋件锚固钢筋品种、规格、数量。

B. 灌浆套筒连接钢筋的品种、规格、数量，半灌浆套筒的外露螺纹等。

C. 机电预埋管线的规格、品种和安装状态。

D. 钢筋间隔件布置状态和混凝土保护层厚度。

E. 其他预埋部品的隐蔽验收等。

③门窗框预埋隐蔽工程验收。

A. 门窗框外观及规格、型号。

B. 门窗框锚固件安装。

C. 门窗框尺寸位置、翘曲变形检验。

D. 避雷针的埋设、连接检验记录等。

④夹芯保温外墙板隐蔽工程验收。

A. 保温材料的厚度、外观破损程度、切割和拼接状况。

B. 保温拉结件的品种、规格、数量。

C. 保温拉结件的锚固长度和安装状态。

D. 内、外叶墙板之间的构造钢筋。

E. 上层混凝土的钢筋保护层厚度等。

⑤反打面砖和反打石材等装饰面层构件的隐蔽工程验收。

A. 反打面砖的铺贴状态检验。

B. 反打面砖与混凝土结合面的清理状态检验。

C. 反打石材界面剂的厚度、拉结件的安装状态检验。

D. 反打石材背面板材缝的封闭状态检验等。

（2）技术档案形式

技术档案包括纸质文档和电子文档两种形式。

1）纸质文档要求：构件隐蔽工程验收资料和工序检查资料应由相关工序负责人验收签字，采用电子签名的应有电子签名内部流程审批文件和签名复核流程，相关流程审批资料需提前存档。

2）电子文档要求：预制构件的所有生产环节均在工厂内完成，使用电子照片、视频的方式记录构件隐蔽工程关键环节，如钢筋入模后不同角度的照片、吊装用埋件的照片等，能清晰而直观地呈现构件成型前作业状态，隐蔽作业环节质量可追溯，这对企业的自身保护非常有利，如图 3-47 所示。

图 3-47　浇筑前隐蔽工程检查

（3）技术档案归档程序

1）生产企业应建立完善的技术资料管理体系，编制技术资料应归档的内容、形式和流程，确定档案保管场所、设备，并指派相关技术资料管理负责人。

2）技术资料的收集由预制构件生产企业各部门分别收集和保管。

3）技术资料档案宜根据类型进行汇编、标识和存档。应做到分类清晰，标识明确，查找方便，便于阅读，妥善保存。

4）技术资料的使用应经过相关管理负责人的同意。

5）技术资料的保管期限应符合表 3-4 的规定，超过保管期限的技术资料方可销毁处理。

表 3-4　技术资料管理表

质量记录的分类	质量记录名	保管期限	负　责　人
原材料和部品	合格供应商名录	下回更新为止	
	台账、检测报告	资料产生起 20 年	
试验检测结果	原材料、部品、混凝土配合比计算书）混凝土检测结果	资料产生起 20 年	
检查装置和试验装置的年检和制造设备的检查记录	检测设备证书	工程结束后 5 年	
	日常自查表（制造设备）		
	定期检查评分表（制造设备）		
	设备年检报告（制造设备）		
其他记录	质量手册修改记录	下次修订为止	
	文件收发文记录		
	图样收发记录	制作完成后 3 年	
制造过程内检查	平台检查表	资料产生起 3 年	
	模板检查表	资料产生起 5 年	
	配筋检查表	资料产生起 20 年	
	浇捣前检查表	资料产生起 20 年	
	蒸养温度记录	资料产生起 3 年	
	产品检查表	资料产生起 20 年	
	装箱前检查表	资料产生起 5 年	
关于不合格品（包括废板）的内容确认、处置和更正处置的原因调查和调查结果的记录	《质量整改报告》 《质量整改会议记录》	资料产生起 5 年	

注：本表出自上海市建筑建材业市场管理总站《装配式建筑预制混凝土构件生产技术导则》附录 C：技术资料管理表范例。

（4）资料及交付

1）上述第（1）节技术档案内容中 1）~18）项是《装标》第 9. 9. 1 条规定宜归到档案馆的资料。

2）交付给业主的预制构件产品质量证明文件，应包括以下内容：

①出厂合格证，《装标》中提供了预制构件出厂合格证（范本），见表 3-5。

②混凝土强度检验报告。

③钢筋套筒等其他构件钢筋连接类型的工艺检验报告。

④合同要求的其他质量证明文件。

表 3-5　预制构件出厂合格证（范本）

预制混凝土构件出厂合格证				资料编号		
工程名称及使用部位				合格证编号		
构件名称			型号规格		供应数量	
制造厂家				企业等级证		
标准图号或设计图样号				混凝土设计强度等级		
混凝土浇筑日期	至			构件出厂日期		
性能检验评定结果	混凝土抗压强度			主筋		
	试验编号	达到设计强度（%）		试验编号	力学性能	工艺性能
	外观			面层装饰材料		
	质量状况	规格尺寸		试验编号		试验结论
	保温材料			保温连接件		
	试验编号	试验结论		试验编号		试验结论
	钢筋连接套筒			结构性能		
	试验编号	试验结论		试验编号		试验结论
备注						结论：
供应单位技术负责人			填表人			供应单位名称（盖章）
填表日期：						

注：本表出自《装配式混凝土建筑技术标准》（GB/T 51231）条文说明第 9. 9. 2 条表 5。

53. 如何设计和植入构件编码标识系统？

目前，采用书写和印刷的方式在构件表面写上规格、型号是常规的构件标识方法。采用这种常规方式，在构件运输到工地后，现场工人可直接、简捷地识别和定位构件位置，便于现场施工，所以说这种书写和印刷构件信息的方式还是必不可少的，但为了更进一步地详细记录构件信息还可以采用构件编码标识系统。

构件编码标识系统是一种无线射频 RFID（Radio Frequency Identification 的缩写，简称 RFID 芯片）识别通信技术，可通过无线电信号识别特定目标并读写相关数据，而无须识别系统与特定目标之间建立机械或光学接触，可制成芯片预埋在预制构件中，详细记录构件从设计、生产、施工过程中的全部信息。市场上常见的芯片一般使用寿命在 5 ~ 10 年。

（1）芯片信息的录入

采用 RFID 芯片，可通过编码转换软件记录每一块构件的设计参数和生产过程信息，并将这些信息储存到芯片内。基于构件制作和施工，芯片录入的基本信息需包含（不限于）：

1）工程名称与用户单位。

2）构件规格、型号（包括楼号、楼层、构件名称、体积和重量等）。

3）混凝土强度等级。

4）生产单位。

5）生产日期。

6）检验员与检验合格状态。

7）生产班组等。

（2）芯片的埋设

芯片录入各项信息后，将芯片浅埋在构件成型表面，埋设位置宜建立统一规则，便于后期识别读取，如图 3-48、图 3-49 所示。埋设方法如下：

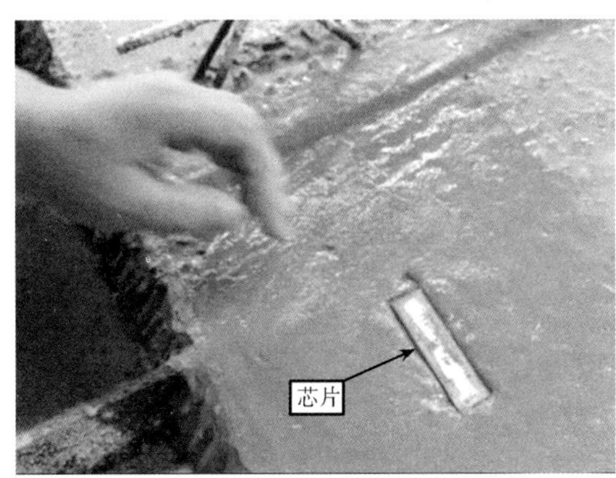

图 3-48　芯片埋设示意

图 3-49　手持 PDA 扫描芯片示意

1）竖向构件收水抹面时，将芯片埋置在构件浇筑面中心距楼面 60 ~ 80cm 高处，带窗构件则埋置在距窗洞下边 20 ~ 40cm 中心处，并做好标记。脱模前将打印好的信息表粘贴于标记处，便于查找芯片埋设位置。

2）水平构件一般放置在构件底部中心处，将芯片粘贴固定在平台上，与混凝土整体浇筑。

3）芯片埋深以贴近混凝土表面为宜，埋深不应超过 2cm，具体以芯片供应厂家提供数据实测为准。

（3）实现信息共享、质量追溯和监控

预制构件生产企业信息化生产系统宜与管理部门网络平台对接，可在管理平台上实现信息查询与质量追溯。

将来在预埋 RFID 芯片的基础上，增加振动传感器或位移传感器等装置，当构件发生变形、错位、甚至可能发生断裂时，可以第一时间提取出现问题的构件所在区域、楼层、位置等信息，并及时采取补救措施，实时进行质量监控。

但提取信息不能过分依赖芯片，工程整个过程信息的跟踪完全是通过建立工程档案（含电子档案）来实现的，每个构件的质量跟踪信息通过建立隐蔽工程档案来记录，现场所能融入的信息在工程档案中都有。

（4）芯片的采购

芯片采购宜建立统一的原料、生产、存储、物流编码规则，便于后期管理和维护。

综上所述，芯片能详细记录构件从设计开始到施工结束的全部信息，然而其信息的承载同样能通过其他渠道来实现，去现场提取信息的必要性和可能性都不大，而且芯片在埋设精度、使用寿命等方面仍存在较大的局限性，几年后的芯片难免出现“失忆”“失联”等问题，无法实现“与建筑同寿命”。因此，不能对芯片过于依赖。

将来芯片逐步发展，攻克“与建筑同寿命”的难题，并集成应变检测和受力性能检测的功能，这也不失为一个好用途，但还有一段很长的路要走。

54. PC构件制作须编制哪些操作规程、岗位标准？如何进行培训？

（1）操作规程

PC构件制作环节须编制的操作规程如下：

1）原材料进厂检验操作规程。

2）模具、预埋件、灌浆套筒、铝窗、面砖、石材等材料进厂检验操作规程。

3）钢筋加工操作规程。

4）反打面砖、石材套件制作的操作规程。

5）模台清理和模具组装工序操作规程。

6）脱模剂喷涂操作规程。

7）混凝土搅拌操作规程。

8）钢筋骨架入模操作规程。

9）浇筑前质量检验操作规程。

10）混凝土浇捣操作规程。

11）蒸汽养护操作规程。

12）构件脱模起吊操作规程。

13）构件装卸、驳运操作规程。

14）构件清理及修补操作规程。

15）混凝土成品存放、搬运操作规程。

16）混凝土计量设备操作规程。

17）原材料日常检验操作规程。

18）混凝土性能检验操作规程。

19）品质检查操作规程。

20）瓷砖套件制作检查操作规程。

21）石材涂刷界面剂和植入石材连接件的操作规程。

22）瓷砖铺设、石材模具内铺设操作规程。

23）企业内各种工具、设备（包括特种设备）的操作规格等。

（2）岗位标准

PC 构件厂须编制的岗位标准如下：

1）各岗位质量员的岗位标准。

2）各岗位技术员的岗位标准。

3）拼模工的岗位标准。

4）混凝土搅拌的岗位标准。

5）钢筋工的岗位标准。

6）混凝土浇捣工的岗位标准。

7）蒸养工人的岗位标准。

8）行车工的岗位标准。

9）装卸、驳运工种的岗位标准。

10）外场辅助工的岗位标准。

11）修补工的岗位标准。

12）试验室各类试验员的岗位标准。

13）面砖套件和石材制作工种的岗位标准。

14）铺设面砖套件和石材工种的岗位标准。

15）企业其他管理和职能部门的岗位标准等，此项不一一列举。

（3）如何进行培训

各作业人员上岗前应先接受“上岗前培训”和“作业前培训”，培训完成并考核通过后方能正式进入生产作业环节。

1）上岗前培训，对各岗位人员进行岗位标准培训。

2）作业前培训，对各工种人员进行操作规程培训，培训工作应秉持循序渐进原则。

3）培训工作应有书面的技术培训资料。

4）将操作流程和常见问题用视频的方式进行培训。将熟练工规范的操作流程演示和常见问题发生的过程录制成小格式视频，利用微信等手段发放给受培训人员，方便受培训人员随时查看，通过直观的视频感受加深受培训人员对岗位标准和操作规程的理解与认知。

5）培训后要有书面的培训记录，经受培训人签字后及时归档。

6）对于不识图样的工人，还要进行常用的图样标识方法等简单的培训。

第 4 章　PC 构件材料与配件

55. PC 构件主要材料与配件有哪些？

PC 构件制作用到的主要材料与配件可以分为五类，分别是连接材料、结构主材、辅助材料、模具材料和装饰材料。

（1）连接材料

PC 装配式建筑的核心技术就是连接，连接材料在装配式建筑的所有材料里是第一重要的材料，主要包括灌浆套筒、浆锚孔波纹管、夹芯保温构件拉结件和灌浆料等。

1）灌浆套筒是金属材质圆筒，用于钢筋连接。两根钢筋从套筒两端插入，套筒内注满水泥基灌浆料，通过灌浆料的传力作用实现钢筋对接。是 PC 建筑最主要的连接配件，用于纵向受力钢筋的连接，如图 4-1 所示。

2）金属波纹管是浆锚搭接连接方式用的材料，预埋于 PC 构件中，形成浆锚孔内壁，如图 4-2 所示。

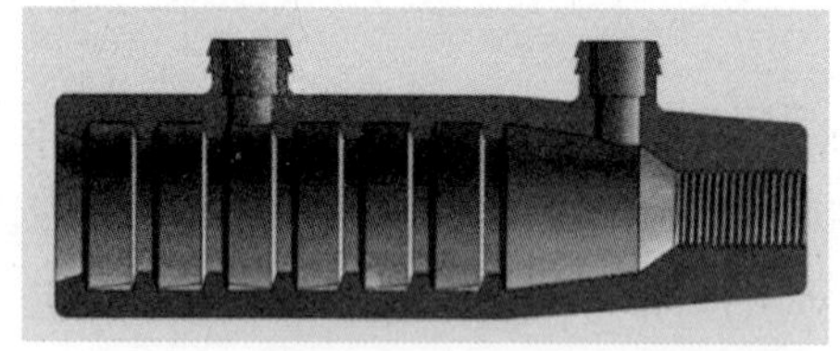

图 4-1　灌浆套筒（半螺纹半灌浆）

图 4-2　金属波纹管

3）夹芯保温构件拉结件是夹芯保温构件即“三明治”板的专用材料，用来连接该构件两层钢筋混凝土板（内叶板和外叶板），如图 4-3 所示。

4）灌浆料用于施工安装，但根据规范规定或客户要求，有时候需要在工厂进行连接试验，这时候就会用到灌浆料。

（2）结构主材

PC 构件的结构主材包括：

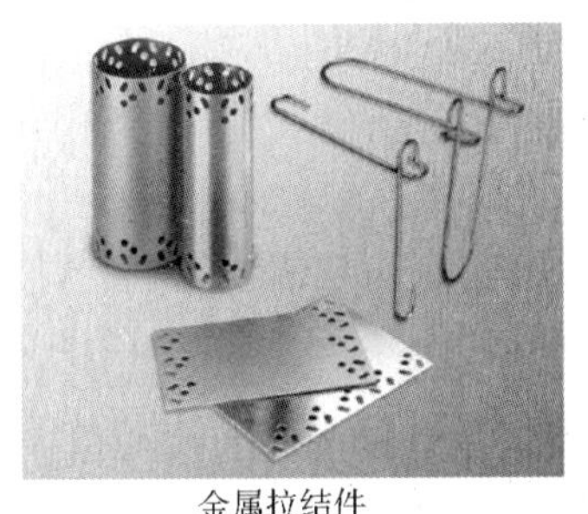
金属拉结件

非金属（树脂）拉结件

图 4-3　金属和非金属拉结件

1）混凝土。

2）混凝土原材料（水泥、骨料、外加剂等）。

3）钢筋。

4）钢板。

(3) 辅助材料

PC 建筑的辅助材料是指与预制构件有关的材料和配件，包括：

1）内埋式螺母。

2）内埋式螺栓。

3）吊钉。

4）螺栓。

(4) 模具材料

模具材料是制作 PC 构件模具所用的材料，主要包括：

1）钢材，包括钢板、型钢、定位销、堵孔塞、磁性边模等。

2）其他模具材料如铝材、混凝土、超高性能混凝土、GRC 等。

(5) 装饰材料

在预制外墙构件中，尤其是预制三明治外墙构件中，经常会用到一些装饰材料来实现装饰、保温、结构一体化。这些装饰材料种类繁多，主要有：

1）石材反打用到的石材。

2）反打装饰面砖。

3）GRC 装饰板。

4）超高性能混凝土装饰板。

5）表面涂料（乳胶漆、氟碳漆、真石漆等）。

56. 如何确保采购质量？

(1) 采购依据

由工厂技术部门根据图样要求、规范规定、用户要求，把所需要采购材料或配件的详细图样、品名、规格、型号、质量标准等，以书面的形式提交给采购员。

对于设计或者用户指定品牌或指定厂家的，也应明确标注出来。

（2）应如何选择供应厂家并保证采购质量

1）装配式构件一般都是涉及建筑安全的结构构件，所以在选择材料与配件供应厂家时一定要选择可信赖的厂家，不能到市场随意购买。

2）判断可信赖的厂家的依据，尤其是对于关键套筒、浆锚波纹管、拉结件等连接性重要材料时，应由采购员与本厂技术人员一起参与审核厂家的资格，针对供应商的成功案例、技术管理水平、价格、工期、付款条件等综合因素来确定。

3）有条件的工厂，可以由技术部门事先进行供应商的考察和筛选，然后提供采购员一个合格供应商名录，每个品类提供3～5家的合格供应商，然后再由采购员在这3～5家中进行比价、筛选。

4）对于某些特殊材料，如水泥、外加剂等，在大批量采购之前，应事先索要样品进行试验，试验合格后再进行常规采购。

5）对于有着稳定合作关系的长期供货商，也应该列出定期的或不定期的考察、复核的计划，以免失控。

6）加强材料验收环节的管理，材料到货后，应由技术部门、试验室、材料保管员等相关部门一起进行验收。验收时应根据验收的要求，对实物验收、试验验收、资料验收等各个环节严格把关。

7）针对采购材料的质量标准和验收标准，要对采购员、保管员、验收人员进行技术交底和培训，并留存培训记录以备查。

57. 如何进行灌浆套筒的验收、检验与保管？

（1）灌浆套筒的验收、检验

根据《装标》中9.2.17条文内容，灌浆套筒进厂检验应符合以下规定：

1）灌浆套筒进厂检验应符合现行行业标准《钢筋套筒灌浆连接应用技术规程》（JGJ 355）的规定，主要有以下要点：

①灌浆套筒进厂时，应抽取灌浆套筒检验尺寸偏差，检验结果应符合现行行业标准《钢筋连接用灌浆套筒》（JG/T 398）中规定，见表4-1。

表4-1 灌浆套筒尺寸偏差要求

序号	项目	灌浆套筒尺寸偏差					
		铸造灌浆套筒			机械加工灌浆套筒		
1	钢筋直径/mm	12～20	22～32	36～40	12～20	22～32	36～40
2	外观允许偏差/mm	±0.8	±1.0	±1.5	±0.6	±0.8	±0.8
3	壁厚允许偏差/mm	±0.8	±1.0	±1.2	±0.5	±0.6	±0.8
4	长度允许偏差/mm	±（0.01×L）			±2.0		
5	锚固段环形凸起部分的内径允许偏差/mm	±1.5			±1.0		
6	锚固段环形凸起部分的内径最小尺寸与钢筋公称直径差值/mm	≥10			≥10		
7	直螺纹精度	—			GB/T 197中6H级		

②灌浆套筒进厂时，还应抽取灌浆套筒检验外观质量、标识，检验结果应符合现行行业标准《钢筋连接用灌浆套筒》（JG/T 398）中规定。

A. 铸造灌浆套筒内外表面不应有影响使用性能的夹渣、冷隔、砂眼、缩孔、裂纹等质量缺陷。

B. 机械加工灌浆套筒表面不应有裂纹或影响接头性能的其他缺陷，端面和外表面的边棱处应无尖棱、毛刺。

C. 灌浆套筒外表面标识清晰。

D. 灌浆套筒表面不应有锈皮。

③灌浆套筒灌浆端最小内径与连接钢筋公称直径的差值不宜小于表 4-2 规定的数值，用于钢筋锚固的深度不宜小于插入钢筋公称直径的 8 倍。

表 4-2　灌浆套筒灌浆段最小内径尺寸要求

钢筋直径/mm	套筒灌浆段最小内径与连接钢筋公称直径差最小值/mm
12 ~ 25	10
28 ~ 40	15

④检查数量：同一批号、同一类型、同一规格的灌浆套筒，不超过 1000 个为一批，每批随机抽取 10 个灌浆套筒。检验方法：观察，尺量检查。

2）灌浆套筒进厂时，应抽取灌浆套筒并采用与之匹配的灌浆料制作对中连接接头试件，并进行抗拉强度检验，钢筋套筒灌浆连接接头的抗拉强度不应小于连接钢筋抗拉强度标准值，且破坏时应断于接头外钢筋。

检查数量：同一批号、同一类型、同一规格的灌浆套筒，不超过 1000 个为一批，每批随机抽取 3 个灌浆套筒制作对中连接接头试件。

检验方法：检查质量证明文件和抽样检验报告。

3）灌浆套筒进厂时要有有效的形式检验报告。

（2）灌浆套筒的保管

1）生产厂家提供的进货数量由仓库保管员进行清点核实数量，计量单位为个。

2）套筒要存放在仓库中，由仓库保管员统一保管，必免丢失。

3）注意防潮、防水。

58. 如何进行金属波纹管的验收、检验与保管？

（1）金属波纹管的验收、检验

根据《装标》中第 9. 2. 18 条内容，金属波纹管进厂检验应符合以下规定：

1）应全数检查外观质量，其外观应清洁，内外表面应无锈蚀、油污、附着物、孔洞，不应有不规则褶皱，咬口应无开裂、脱扣。

2）应进行径向刚度和抗渗漏性能检验，检查数量应按进场的批次和产品的抽样检验方案确定。

3）检验结果应符合现行行业标准《预应力混凝土用金属波纹管》（JG 225）的规定。

①镀锌金属波纹管的钢带厚度不宜小于0.3mm，波纹高度不应小于2.5mm。

②金属波纹管的内径尺寸偏差±0.5mm。

③金属波纹管的内径尺寸、长度及其偏差由供需双方确定。

④当采用镀锌钢带时，其双面镀锌层质量不宜小于60g/m^2。

4）材料进场时生产厂家要提供生产资质、产品材质报告与产品合格证，厂家要提供使用说明书。

（2）金属波纹管的保管

1）金属波纹管要存放在干燥、防潮的仓库中。

2）室外存放金属波纹管要堆放在枕木上，应用苫布覆盖。

3）堆放高度不宜超过3m。

59. 如何进行夹芯保温构件拉结件的验收、检验与保管？

拉结件是保证装配整体式夹芯保温剪力墙和夹芯保温外挂墙板内、外叶墙可靠连接的关键部件，拉结件质量的好坏直接影响内叶墙和外叶墙在混凝土中的连接锚固的可靠性，因此对拉结件的验收、检验极为重要。

（1）拉结件的验收、检验

根据《装标》中第9.2.16条内容，拉结件进厂检验应符合以下规定：

1）同一厂家、同一类别、同一规格产品，不超过10000件为一批。

2）按批抽取试样进行外观尺寸、材料性能、力学性能检验，检验结果应符合设计要求。

以下是材料厂家（南京斯贝尔公司）提供的拉结件材料力学性能（表4-3）和物理力学性能指标（表4-4）参数，供参考。

表4-3　拉结件材料力学性能指标

FRP材性指标	实际参数
拉伸强度≥700MPa	≥845MPa
拉伸模量≥42GPa	≥47.4GPa
剪切强度≥30MPa	≥41.8MPa

表4-4　拉结件材料物理力学性能指标

连接件类型	拔出承载力/kN	剪切承载力/kN
Ⅰ型	≥8.96	≥9.06
Ⅱ型	≥12.24	≥5.28
Ⅲ型	≥9.52	≥2.30

3）金属拉结件要检查镀锌是否完好。

（2）拉结件的保管

1）按类别、规格型号分别存放。

2）存放要有标识。

3）存放在干燥通风的仓库。

60. 如何验收、检验和保管水泥？

(1) 验收、检验水泥

根据《装标》中第 9.2.6 条内容，水泥进厂检验应符合以下规定：

1）同一厂家、同一品种、同一代号、同一强度等级且连续进厂的硅酸盐水泥，袋装水泥不超过 200t 为一批，散装水泥不超过 500t 为一批；按批抽取试样进行水泥强度、安定性和凝结时间检验，设计有其他要求时，尚应对相应的性能进行试验，检验结果应符合现行《通用硅酸盐水泥》（GB 175）的有关规定，见表 4-5 ~ 表 4-7。

①通用硅酸盐组分应符合表 4-5 规定。

表 4-5　通用硅酸盐组分

品　种	代号	组　分				
		熟料 + 石膏	粒化高炉矿渣	火山灰质混合材料	粉煤灰	石灰石
硅酸盐水泥	P · Ⅰ	100	—	—	—	—
	P · Ⅱ	≥95	≤5	—	—	—
		≥95	—	—	—	≤5
普通硅酸盐水泥	P · O	≥80 且 <95	>5 且≤20			—
矿渣硅酸盐水泥	P · S · A	≥50 且 <80	>20 且≤50	—	—	—
	P · S · B	≥30 且 <50	>50 且≤70	—	—	—
火山灰质硅酸盐水泥	P · P	≥60 且 <80	—	>20 且≤40	—	—
粉煤灰硅酸盐水泥	P · F	≥60 且 <80	—	—	>20 且≤40	—
复合硅酸盐水泥	P · C	≥50 且 <80	>20 且≤50			

②化学指标应符合表 4-6 规定。

表 4-6　化学指标

品　种	代号	不溶物（质量分数）	烧失量（质量分数）	三氧化硫（质量分数）	氧化镁（质量分数）	氯离子（质量分数）
硅酸盐水泥	P · Ⅰ	≤0.75	≤3.0			
	P · Ⅱ	≤1.50	≤3.5	≤3.5	≤5.0	
普通硅酸盐水泥	P · O	—	≤5.0			
矿渣硅酸盐水泥	P · S · A	—	—	≤4.0	≤6.0	≤0.06
	P · S · B	—	—		—	
火山灰质硅酸盐水泥	P · P	—	—			
粉煤灰硅酸盐水泥	P · F	—	—	≤3.5	≤6.0	
复合硅酸盐水泥	P · C	—	—			

③不同品种不同强度等级的通用硅酸盐水泥，其不同龄期强度应符合表4-7的规定。

表4-7　普通硅酸盐水泥不同龄期强度　　　　(单位：MPa)

品　种	强度等级	抗压强度		抗折强度	
		3d	28d	3d	28d
硅酸盐水泥	42.5	≥17.0	≥42.5	≥3.5	≥6.5
	42.5R	≥22.0		≥4.0	
	52.5	≥23.0	≥52.5	≥4.0	≥7.0
	52.5R	≥27.0		≥5.0	
	62.5	≥28.0	≥62.5	≥5.0	≥8.0
	62.5R	≥32.0		≥5.5	
普通硅酸盐水泥	42.5	≥17.0	≥42.5	≥3.5	≥6.5
	42.5R	≥22.0		≥4.0	
	52.5	≥23.0	≥52.5	≥4.0	≥7.0
	52.5R	≥27.0		≥5.0	
矿渣硅酸盐水泥 火山灰硅酸盐水泥 粉煤灰硅酸盐水泥 复合硅酸盐水泥	32.5	≥10.0	≥32.5	≥2.5	≥5.5
	32.5R	≥15.0		≥3.5	
	42.5	≥15.0	≥42.5	≥3.5	≥6.5
	42.5R	≥19.0		≥4.0	
	52.5	≥21.0	≥52.5	≥4.0	≥7.0
	52.5R	≥23.0		≥4.5	

2）同一厂家、同一强度等级、同白度且连续进厂的白色硅酸盐水泥，不超过50t为一批；按批抽取试样进行水泥强度、安定性和凝结时间检验，设计有其他要求时，尚应对相应的性能进行试验，检验结果应符合现行《白色硅酸盐水泥》（GB/T 2015）的有关主要规定：

①水泥中三氧化硫的含量不超过3.5%。

②初凝时间不早于45min，终凝时间应不迟于10h。

③水泥白度值应不低于87度。

④水泥强度等级按规定的抗压强度和抗折强度来划分，各强度等级应符合表4-8的规定。

表4-8　白水泥强度等级　　　　(单位：MPa)

强度等级	抗压强度		抗折强度	
	3d	28d	3d	28d
32.5	12.0	32.5	3.0	6.0
42.5	17.0	42.5	3.5	6.5
52.5	22.0	52.5	4.0	7.0

3）水泥进场应有产品合格证，出场检验报告。

4）入库水泥应按品种、强度等级、出场日期分别存放，并树立标识牌，要做到先到先用，并防止混掺使用。

（2）保管水泥

1）散装水泥应存放在水泥仓内，仓外要挂有标识，标明进库日期、品种、强度等级、生产厂家、存放数量等。

2）袋装水泥要存放在库房里，应垫起离地约 30cm，堆放高度一般不超过 10 袋，临时露天暂存水泥也应用防雨篷布盖严，底板要垫高，并采取防潮措施。

3）保管日期不能超过 90d，存放超过 90d 的水泥要经重新测定强度合格后，方可按测定值调整配合比后使用。

4）散装水泥仓储存水泥要有标识，防止水泥来料往水泥仓卸货卸错。

61. 如何验收、检验和保管钢材？

（1）验收、检验钢材

根据《装标》中第 9. 2. 2 条内容，钢筋进厂检验应符合以下规定：

1）钢筋进场时，应全数检查外观质量，并应按国家现行有关标准的规定，抽取试件做屈服强度、抗拉强度、伸长率、弯曲性能和重量偏差检验，检验结果应符合相关标准的规定，检查数量应按进场批次和产品的抽样检验方案确定。

2）成型钢筋进厂检验应符合《装标》中第 9. 2. 3 条规定：

①同一厂家、同一类型且同一钢筋来源的成型钢筋，不超过 30t 为一批，每批中每种钢筋牌号、规格均应至少抽取 1 个钢筋试件，总数不应少于 3 个，进行屈服强度、抗拉强度、伸长率、外观质量、尺寸偏差和重量偏差检验，检验结果应符合国家现行有关标准的规定。

②对由热轧钢筋组成的成型钢筋，当有企业或监理单位的代表驻厂监督加工过程并能提供原材料力学性能检验报告时，可仅进行重量偏差检验。

③钢筋网片及钢筋骨架尺寸允许偏差应符合《装标》中第 9. 4. 3-1 条的规定，见表 4-9。

表 4-9　焊接钢筋成品尺寸允许偏差

项　　目		允许偏差/mm	检 验 方 法
钢筋网片	长、宽	±5	钢尺检查
	网眼尺寸	±10	钢尺量连续三档，取最大值
	对角线	≤5	钢尺检查
	端头不齐	≤5	钢尺检查
钢筋骨架	长	0，-5	钢尺检查
	宽	±5	钢尺检查
	高（厚）	±5	钢尺检查
	主筋间距	±10	钢尺量两端、中间各一点，取最大值
	主筋排距	±5	钢尺量两端、中间各一点，取最大值

（续）

项目			允许偏差/mm	检验方法
钢筋骨架	箍筋间距		±10	钢尺量连续三档，取最大值
	弯起点位置		15	钢尺检查
	端头不齐		5	钢尺检查
	保护层	柱、梁	±5	钢尺检查
		板、墙	±3	钢尺检查

④成型钢筋（如钢筋桁架）的尺寸允许偏差应符合《装标》中第9.4.3-2条的规定，见表4-10。

表4-10　钢筋桁架尺寸允许偏差

项次	检验项目	允许偏差/mm
1	长度	总长度的±0.3%且≤±10
2	宽度	+1，-3
3	高度	±5
4	扭曲	≤5

3）《装标》中第9.2.4条规定，预应力筋进厂时，应全数检查外观质量，并应按国家现行有关标准的规定，抽取试件做抗拉强度、伸长率检验，检验结果应符合相关标准的规定，检查数量应按进场批次和产品的抽样检验方案确定。

（2）钢材的保管

1）钢材要存放在防雨、干燥环境中。

2）要有专用的钢材储存架。

3）钢材要按品种、规格、分别堆放。

4）钢筋存放要挂有标牌、标明进厂日期、型号、规格、生产厂家、数量。

62. 如何进行混凝土掺合料的验收、检验与保管？

（1）混凝土掺合料的验收、检验

根据《装标》中第9.2.7条内容，掺合料进厂检验应符合以下规定：

1）同一厂家、同一品种、同一技术指标的矿物掺合料，粉煤灰和粒化高炉矿渣粉不超过200t为一批，硅灰不超过30t为一批。

2）按批抽取试样进行细度（比表面积）、需水量比（流动度比）和烧失量（活性指数）试验；设计有其他要求时，尚应对相应的性能进行试验；检验结果应分别符合现行《用于水泥和混凝土中的粉煤灰》（GB/T 1596）、《用于水泥和混凝土中的粒化高炉矿渣粉》（GB/T 18046）和《砂浆和混凝土用硅灰》（GB/T 27690）的有关规定。

3）计量单位为t，要进行检斤称重。

4）散装材料可存入桶仓里，并标有明确的标识牌，标明进场时间、品种、型号、厂家、存放数量等。

（2）混凝土掺合料的保管

1）袋装材料要存放在厂房内，注意防潮防水。

2）标有明确的标识牌，标明进场时间、品种、型号、厂家、存放数量等，要对材料进行苫盖。

63. 如何进行外加剂的验收、检验与保管？

（1）外加剂的验收、检验

根据《装标》中第 9. 2. 8 条内容，外加剂进厂检验应符合以下规定：

1）同一厂家、同一品种的减水剂，掺量大于 1%（含 1%）的产品不超过 100t 为一批，掺量小于 1% 的产品不超过 50t 为一批。

2）按批抽取试样进行减水率、1d 抗压强度比、固体含量、含水率、pH 值和密度试验。

3）检验结果应符合国家现行标准《混凝土外加剂》（GB 8076）、《混凝土外加剂应用技术规范》（GB 50119）和《聚羧酸系高性能减水剂》（JG/T 223）的有关规定。

（2）外加剂的保管

1）进场时仓库保管员要对材料的生产厂家、品种、生产日期进行核对，核对无误后进行检斤称重，计量单位为 t。

2）仓库保管员要对材料进行取样，并交由试验室人员。

3）外加剂存放要按型号、产地分别存放在完好的罐槽内，并保证雨水等不会混进罐中。

4）大多数液体外加剂有防冻要求，冬季必须在 5℃以上环境存放。

5）外加剂存放要挂有标识牌，标明名称、型号、产地、数量、进厂日期。

64. 如何进行骨料的验收、检验与保管？

（1）骨料的验收、检验

根据《装标》中第 9. 2. 9 条内容，骨料进厂检验应符合以下规定：

1）同一厂家（产地）且同一规格的骨料，不超过 $400m^3$ 或 600t 为一批。

2）天然细骨料按批抽取试样进行颗粒级配、细度模数含泥量和泥块含量试验；机制砂和混合砂应进行石粉含量（含亚甲蓝）试验；再生细骨料还应进行微粉含量、再生胶砂需水量比和表观密度试验。

3）天然粗骨料按批抽取试样进行颗粒级配、含泥量、泥块含量和针片状颗粒含量试验，压碎指标可根据工程需要进行检验；再生粗骨料应增加微粉含量、吸水率、压碎指标和表观密度试验。

4）检验结果应符合国家现行标准《普通混凝土用砂、石质量及检验方法标准》（JGJ 52）、

《混凝土用再生粗骨料》（GB/T 25177）和《混凝土和砂浆用再生细骨料》（GB/T 25176）的有关规定。

5）骨料的坚固性、有害物质含量和氯离子含量等其他指标可在选择骨料时根据需要进行检验，一般厂家要提供型式检验报告列出全套的检测结果。

6）骨料按体积验收数量，计量单位为 m^3或转换成 t，材料进场需检斤称重，经过试验室实测骨料密度，来计算该骨料实际的立方米数量。

7）供货单位应提供砂或石的产品合格证或质量检验报告。

（2）骨料的保管

1）骨料存放要按品种、规格分别堆放，每堆要挂有标识牌，标明规格、产地、存放数量。

2）骨料存储应具有防混料和防雨等措施。

3）骨料存储应当有骨料仓或者专用的厂棚，不宜露天存放，防止对环境造成污染。

65. 如何进行构件制作用水和养护用水的检验？

根据《装标》中第 9.2.11 条内容，制作用水检验应符合以下规定：混凝土拌制及养护用水应符合现行行业标准《混凝土用水标准》（JGJ 63）的有关规定，并应符合下列规定：

1）采用饮用水时，可不检验。

2）采用中水、搅拌站清洗水或回收水时，应对其成分进行检验，同一水源每年至少检验一次。

3）混凝土拌合用水按水源可分为饮用水、地表水、地下水、海水以及经适当处理或处置后的工业废水。

4）符合要求的生活饮用水，可拌制各种混凝土。

5）地表水和地下水首次使用前，应按当地标准进行检测。

6）海水可用于拌制素混凝土，但不得用于拌制钢筋混凝土和预应力混凝土。有饰面要求的混凝土不应用海水拌制。

7）工业废水经检验合格后可用于拌制混凝土，否则必须予以处理，合格后方能使用。

8）产品养护用水，水中不能有油渍和污垢，避免污染产品表面。

66. 如何进行内掺颜料的验收、检验与保管？

在制作装饰一体化 PC 构件时，可能会用到彩色混凝土，需要在混凝土中掺入颜料。混凝土所用颜料进厂验收、检验应符合现行行业标准《混凝土和砂浆用颜料及其试验方法》（JC/T 539）的规定。

（1）颜料的验收、检验

1）颜料的验收应符合表 4-11 的规定。

表4-11　颜料质量规定

序　号	检验项目	技术要求	对应材料	检验方法
1	结块	不允许，可让步接收	色粉/色母	目测
2	杂质	不允许含有任何包括纸张、木块、砂子等非塑胶粒子杂质	色粉/色母	目测
3	颜色	与标样对比无色差，同批次颜色一致	色粉/色母/色浆	目测
4	杂色粒子	不存在杂色粒子	色母	目测
5	水分	手摸物料无潮湿感	色粉/色母	手感
		合格值：水分≤0.20% 让步接收值： 0.20%<水分≤0.30% 拒收值：水分>0.30%		烘箱105℃烘干30min
6	沉淀物	色浆分散均匀，用力振荡1h后无发现明显沉淀或上浮现象	色浆	目测

2）出厂检验项目：有粉末颜料105℃挥发物、水溶物、三氧化硫等检验。由厂家提供检验报告。

3）型式检验项目：要求对规范规定的所有技术要求全部进行检验。由厂家提供型式检验报告。

4）检验批量：生产厂根据产量5000kg为一批。

5）彩色混凝土颜料掺量不仅要考虑色彩需要，还要考虑颜料对强度等力学物理性能的影响。颜料配合比应当做力学物理性能的比较试验。

6）颜料掺量不宜超过6%。

7）材料进场时仓库保管员要按照工厂提料型号认真检验内掺颜料的标识与标牌，生产日期、产地等。

(2) 颜料的保管

1）颜料储存应当在通风、干燥处，防止受潮。严禁与酸碱物品接触。

2）不同型号、不同厂家、不同颜色的颜料要分开存放。

67. 如何进行水泥用钢纤维和有机纤维的验收、检验与保管?

(1) 水泥用钢纤维和有机纤维的验收、检验

根据《装标》中第9.2.12条内容，钢纤维、有机纤维进厂检验应符合以下规定：

1）用于同一工程的相同品种且相同规格的钢纤维，不超过20t为一批，按批抽取试样进行抗拉强度、弯折性能、尺寸偏差和杂质含量试验。

2）用于同一工程的相同品种且相同规格的合成纤维，不超过50t为一批，按批抽取试样进行纤维抗拉强度、初始模量、断裂伸长率、耐碱性能、分散性相对误差和混凝土抗压强度比试验，增韧纤维还应进行韧性指数和抗冲击次数比试验。

3）检验结果应符合现行行业标准《纤维混凝土应用技术规程》（JGJ/T 221）的有关规定。

4）材料进厂时要对照产品的产地与标牌，是否与提料单提出的材料相符。

（2）水泥用钢纤维和有机纤维的保管

1）保管员要对进货品种进行取样，交由试验室进行检验。

2）材料要保存在厂房内，防止材料受潮。

68. 如何进行夹芯保温构件所用保温材料的验收、检验与保管？

预制构件中常用的保温材料有挤塑聚苯板、硬泡聚氨酯板、真空绝热板等。需要严格按照标准规定取样进行检测。

当使用标准或规范无规定的保温材料时，应有充足的技术依据，并应在使用前进行试验验证。

（1）保温材料的验收、检验

根据《装标》中第 9.2.14 条内容，保温材料进厂检验应符合以下规定：

1）同一厂家、同一类别、同一规格，不超过 5000m^2 为一批。

2）按抽取试样进行热导率、密度、压缩强度、吸水率和燃烧性能试验。

3）检验结果应符合设计要求和国家现行相关标准的有关规定。

4）保温材料按体积验收数量，计量单位为 m^3，由仓库保管员进行清点核算，生产厂家要提供产品数量、型号、生产日期等。

（2）保温材料的保管

1）保温材料要存放在防火区域中，存放处配置灭火器。

2）存放时应注意防水和防潮。

3）按类别、规格、型号分开存放。

69. 如何进行外加工预埋件的验收、检验与保管？

（1）外加工预埋件的验收、检验

根据《装标》中第 9.2.14 条内容，预埋件进厂检验应符合以下规定：

1）同一厂家、同一类别、同一规格预埋吊件，不超过 10000 件为一批。

2）按批抽取试样进行外观尺寸、材料性能、抗拉拔性能等试验。

3）检验结果应符合设计要求。

4）依据图样及技术要求参数检验预埋件。

5）表面不应出现锈皮及肉眼可见的锈蚀麻坑、油污及其他损伤，焊接良好，不得有咬肉、夹渣。

6）镀锌和防锈蚀的预埋件应有包装，防止磕碰破坏了防锈层。

（2）外加工预埋件的保管

1）要存放在防水、通风、干燥的环境中。

2）按类别、规格、型号分开存放。

3）存放要有标识。

70. 如何进行预应力钢筋锚具、夹具、连接器的检验？

（1）预应力钢筋锚具、夹具、连接器的验收、检验

根据《装标》中第 9.2.14 条内容，预应力锚具、夹具、连接器进厂检验应符合以下规定：

1）同一厂家、同一型号、同一规格且同一批号的锚具不超过 2000 套为一批，夹具和连接器不超过 500 套为一批。

2）每批随机抽取 2% 的锚具（夹具或连接器）且不少于 10 套进行外观质量和尺寸偏差检验，每批随机抽取 3% 的锚具（夹具或连接器）且不少于 5 套对有硬度要求的零件进行硬度检验，经上述两项检验合格后，应从同批锚具中随机抽取 6 套锚具（夹具或连接器）组成 3 个预应力锚具组装件，进行静载锚固性能试验。

3）对于锚具用量较少的一般工程，如锚具供应商提供了有效的锚具静载锚固性能试验合格的证明文件，可仅进行外观检查和硬度检验。

4）检验结果应符合现行行业标准《预应力筋用锚具、夹具和连接器应用技术规程》（JGJ 85）的有关规定。

（2）预应力钢筋锚具、夹具、连接器的保管

1）要存放在防水、通风、干燥的环境中。

2）按类别、规格、型号分开存放。

3）存放要有标识。

71. 如何选择脱模剂？如何验收、检验与保管？

因为预制构件是在工厂车间里生产，空气流动较少，脱模剂挥发的气体需要很长的时间才能扩散出去，因此脱模剂应选择对人身体无害的环保型产品。

脱模剂的使用效果与预制构件生产工艺、生产季节、涂刷方式有很大关系，为获得最佳效果，应经过试验确定选择合适的脱模剂。

（1）如何选择脱模剂

在混凝土模板内表面上涂刷脱模剂的目的在于减少混凝土与模板的粘结力而易于脱离，不致因混凝土初期强度过低而在脱模时受到损坏，保持混凝土表面光洁，同时可保护模板，防止其变形或锈蚀，便于清理和减少修理费用，为此，脱模剂须满足下列要求：

1）良好的脱模性能。

2）涂敷方便、成模快、拆模后易清洗。

3）不影响混凝土表面装饰效果，混凝土表面不留浸渍印痕、反黄变色。

4）不污染钢筋、对混凝土无害。

5）保护模板、延长模板使用寿命。

6）具有较好的稳定性。

7）具有较好的耐水性和耐候性。

脱模剂的种类通常有水性脱模剂和油性脱模剂两种。水溶性脱模剂操作安全，无油雾，对环境污染小，对人体健康损害小，且使用方便，逐步发展成油性脱模剂的代替品。使用后不影响产品的二次加工，如粘结、彩涂等加工工序。油性脱模剂成本高，易产生油雾，加工现场空气污浊程度高，对操作工人的健康产生危害，使用后影响构件的二次加工。

根据脱模剂的特点和实际要求，PC 工厂宜采用水性脱模剂，降低材料成本，提高构件质量。

（2）脱模剂的验收、检验与保管

根据《装标》中第 9.2.13 条内容，脱模剂进厂检验应符合以下规定：

1）脱模剂应无毒、无刺激性气味，不应影响混凝土性能和预制构件表面装饰效果。

2）脱模剂应按照使用品种，选用前及正常使用后每年进行一次匀质性和施工性能试验。

3）检验结果应符合现行行业标准《混凝土制品用脱模剂》（JC/T 949）的主要规定：

①脱模剂的匀质性指标应符合表 4-12 的要求。

表 4-12　脱模剂匀质性指标

检验项目		指　标
匀质性	密度	液体产品应在生产厂控制值的 ±0.02g/mL
	黏度	液体产品应在生产厂控制值的 ±2s 以内
	pH 值	产品应在生产厂控制值的 ±1 以内
	固体含量	（1）液体产品应在生产厂控制值的相对量的 6% 以内 （2）固体产品应在生产厂控制值的相对量的 10% 以内
	稳定性	产品稀释至使用浓度的稀释液无分层离析，能保持均匀状态

②脱模剂的施工性能指标应符合表 4-13 的要求。

表 4-13　脱模剂的施工性能指标

检验项目		指　标
施工性能	干燥成膜时间	10～50min
	脱模性能	顺利脱模，保持棱角完整无损，表面光滑；混凝土粘附量不大于 $5g/m^2$
	耐水性能	按试验规定水中浸泡后不出现溶解、粘手现象
	对钢模具锈蚀作用	对钢模具无锈蚀危害
	极限使用温度	顺利脱模，保持棱角完整无损，表面光滑；混凝土粘附量不大于 $5g/m^2$

注：*脱模剂在室内使用时，耐水性能可不检验。

4）验收时要对照采购单，核对品名、厂家、规格、型号、生产日期、说明书等。

5）运输、储存过程中防止暴晒、雨淋、冰冻。

6）存放在专用仓库或固定的场所，妥善保管，方便识别、检查、取用等。

7）在规定的使用期限内使用。超过使用期应做试验检查，合格后方能使用。

72. 如何选择钢筋间隔件？如何检验？

常用钢筋保护层间隔件（保护层垫块），按材质分有水泥、塑料和金属三种材质，PC 构件保护层间隔件的选用、检验应注意以下要点：

（1）钢筋间隔件的选用

选用原则如下：

1）水泥砂浆间隔件强度较低，不宜选用。

2）混凝土间隔件的强度应当比构件混凝土强度等级提高一级，且不应低于 C30。

3）不得使用断裂、破碎的混凝土间隔件。

4）塑料间隔件不得采用聚氯乙烯类塑料或二级以下再生塑料制作。

5）塑料间隔件可作为表层间隔件，但环形塑料间隔件不宜用于梁、板底部。

6）不得使用老化断裂或缺损的塑料间隔件。

7）金属间隔件可作为内部间隔件，不应用作表层间隔件。

（2）钢筋间隔件的检验

钢筋间隔件应符合现行行业标准《混凝土结构用钢筋间隔件应用技术规程》（JGJ/T 219）规定：

1）工厂生产的间隔件应做承载力抽样检查，间隔件承载力应符合要求。

2）检查数量：同一类型的，工厂生产的每批量宜为 0.1%，且不应少于 5 件。

3）检查方法：现场检验报告。工厂生产的还应检查产品合格证和出厂检验报告。

4）水泥基类钢筋间隔件应符合现行有关标准规定，检查砂浆或混凝土试块强度。

5）检查外观、形状、尺寸，偏差符合规程要求。

6）由技术人员、质检员、保管员一同检验验收。

73. 如何对反打石材进行排版？如何进行石材、挂钩、隔离剂的验收、检验与保管？

（1）石材排版

1）石材排版应根据建筑立面拆分图来进行。

2）应根据石材的大小、图案、颜色进行排版。

3）石材排版宜由专业的设计院或石材厂家进行，在日本石材排版是由石材加工厂完成的。

（2）石材、挂钩、隔离剂的验收、检验

1）验收依据要根据图样设计要求。

2）石材要符合现行有关标准的要求，常用石材厚度25～30mm。

3）石材除了考虑安全性的要求外，还要考虑装饰效果。

4）石材采购尽可能减少色差。

5）安全挂钩材质、形状、直径要符合图样设计要求；应采用不锈钢材质，直径不小于4mm，如图4-4和图4-5所示。

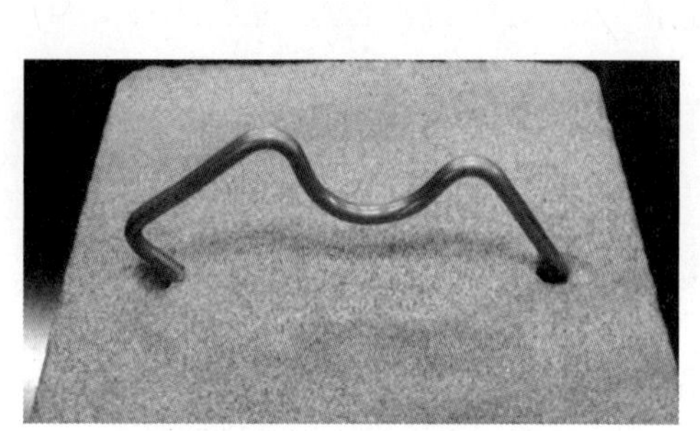

图4-4　安装中的反打石材挂钩图

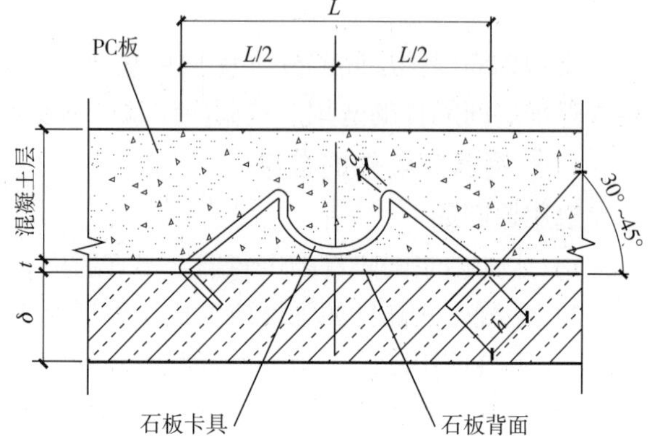

图4-5　反打石材挂钩尺寸

6）反打石材工艺须在石材背面涂刷一层隔离剂，该隔离剂是低黏度的，具有耐温差，抗污染，附着力强，抗渗透，耐酸碱等特点。用在反打石材工艺的一个目的是防止泛碱，避免混凝土中的“碱”析出石材表面；一个目的是防水，还有一个目的是减弱石材与混凝土因温度变形不同而产生的应力。(目前还没有国家和行业标准对其进行规范)

(3) 石材、挂钩、隔离剂的保管

1）石材、挂钩、隔离剂要存放在室内，石材板材直立码放时，应光面相对，倾斜度不应大于15°，底面与层面用无污染的弹性材料支撑。

2）挂钩、隔离剂储存要通风干燥，防潮、防水、防火。

3）材料根据规格型号分类存放，并做好标识。

4）堆放高度不宜过高，防止破损。

74. 如何排版反打瓷砖？如何对特殊尺寸进行订制？如何验收、检验与保管？

(1) 瓷砖的排版与特殊尺寸订制

外墙瓷砖反打工艺如图4-6所示，日本PC建筑应用非常多。反打瓷砖与其他外墙装饰面砖没有区别。日本的做法是在瓷砖订货时将瓷砖布置详图给瓷砖厂，瓷砖厂按照布置图供货，特殊构件订制。

图4-7所示瓷砖反打的PC板，瓷砖就是供货商按照设计要求配置的，转角瓷砖等异形砖是特殊订制的。

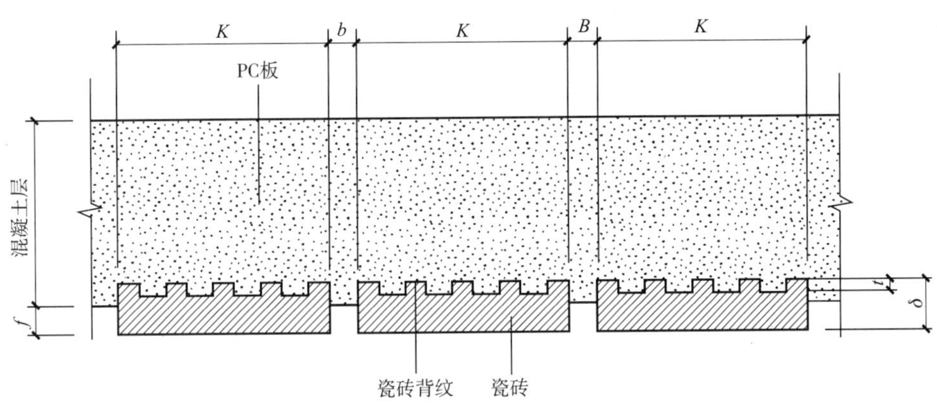

图 4-6　PC 构件瓷砖反打工艺图

δ—瓷砖厚度　K—瓷砖宽度　b—瓷砖间隙　t—瓷砖背纹深度　f—瓷砖外露深度

（2）反打瓷砖的验收、检验与保管

1）根据图样设计要求，符合国家现行相关标准。

2）各类瓷砖的外观尺寸、表面质量、物理性能、化学性能要符合相关规定。让厂家提供型式检验报告，必要时进行复检。

3）外包装箱上要求有详细的标识，包含制造厂家、生产产地、质量标志、砖的型号、规格、尺寸、生产日期等。

图 4-7　PC 构件瓷砖反打工艺实例

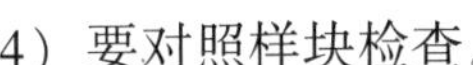

4）要对照样块检查。

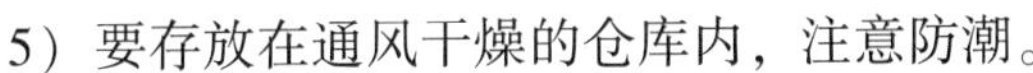

5）要存放在通风干燥的仓库内，注意防潮。

6）瓷砖可以码垛存放，但不宜超过 3 层。

7）按照规格型号分类存放，做好标识。

75. 如何进行防雷引下线的验收、检验与保管？

防雷引下线一般埋置在外墙 PC 构件中，通常用 25mm × 4mm 镀锌扁钢或镀锌绞线等制成。日本用 10 ~ 15mm 直径的铜线。防雷引下线应满足《建筑物防雷设计规范》（GB 50057）中的要求。

（1）防雷引下线的检验、验收

防雷引下线的验收检验要符合以下要求：

1）材质要符合设计要求。

2）规格、型号、外观、尺寸符合设计要求。

3）材料进场要求材质检验报告。

4）外层有防锈镀锌要求的，要确保镀锌层符合现行规范要求。

（2）防雷引下线的保管

1）材料要存放在通风干燥的仓库中。

2）要有明显的标识。

76. 如何对埋置在 PC 构件中的水电管线和埋设物进行验收、检验与保管？

当 PC 构件中需要埋设水电管线时，对进厂水电管线材料的验收、检验和保管应符合以下要求：

1）材料应符合国家现行相关标准。

2）进厂材料要有合格证、检验报告等质量证明文件。

3）要对材料的外观质量、材质、尺寸、壁厚等指标进行验收。

4）有工艺特殊要求的要符合工艺设计要求。

5）要符合图样设计要求。

6）水电管线储存保管要通风干燥，防火、防暴晒。

7）水电管线要有标识，按规格、型号、尺寸分类存放。

77. 如何选择、验收 PC 墙板一体化用的窗户？如何保管？

PC 墙板一体化用窗户窗框（图 4-8）与传统后安装的窗框（图 4-9）不同，由于操作工艺不同，窗框比传统窗框厚度要厚一些，考虑要有一部分埋设在混凝土中。因此在选择、验收和保管时应注意以下要求：

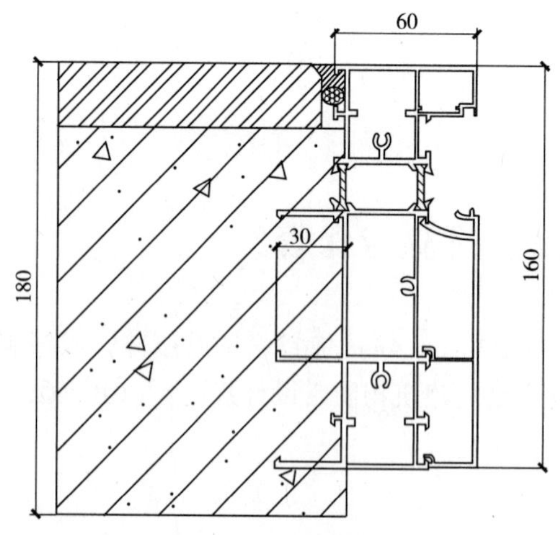

图 4-8　一体化窗框断面图

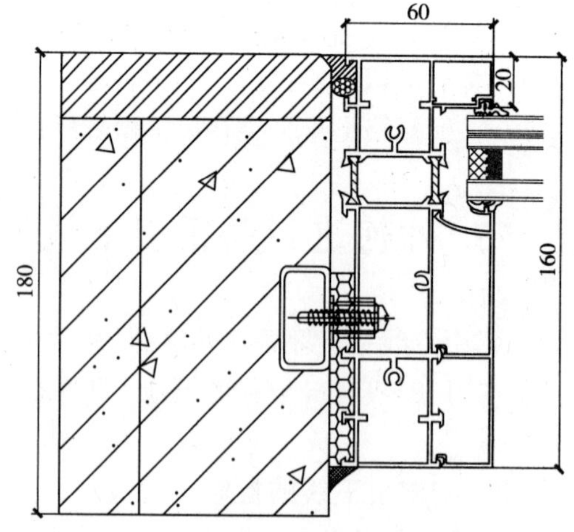

图 4-9　传统后安装窗框断面图

1）根据图样设计要求进行窗户的采购。

2）加工完成的窗户材质、外观质量、尺寸偏差、力学性能、物理性能等应符合现行相关标准规定。

3）材料进厂时要有合格证、使用说明书、型式检验报告等相关质量证明文件。

4）厂家材料进场时保管员与质检员需对窗户的材质、数量、尺寸进行逐套检查。

5）窗户应放置在清洁、平整的地方，且应避免日晒雨淋。不要直接接触地面，下部应放置垫木，且均应立方，与地面夹角不应小于70°，要有防倾倒措施。

6）放置窗户不得与腐蚀物质接触。

7）每一套窗户都要有单独的包装和防护，并且有标识。

78. 如何协调材料供货与生产进度的顺畅对接？

PC 构件生产用的材料、配件及工具，及时到货是保障工期的重要环节。PC 工厂生产部、采购部、质量部、财务部等相关部门与材料供货商之间，以及工厂平行部门之间及时沟通、协调、信息共享等，确保原材料、配件及工具与生产进度顺畅对接，应做到以下要点：

1）生产部编制详细的生产计划。

2）采购部了解每种材料的采购周期和到货时间。

3）生产部和采购部就生产计划相互交底，一起协商制订详细的材料到厂计划。

4）采购部门与材料供应商订立的供货合同上要明确供货时间（供货时间要考虑运输时间及到厂检验时间）。

5）财务部要确保重要原材料的资金使用。

6）质量部门确保到厂的原材料及时检验入库。

7）仓库管理员要对日常应用的原材料库存情况及时向生产部门汇报。

8）对于关键性材料，应预留足够库存。

9）要有应对原材料不能及时供应的应急预案，例如：

①在别的原材料供应工厂临时采购。

②在公司其他分厂调拨原料应急。

③在同一个城市其他 PC 工厂暂借。

④必要时开专车去供货厂家取货。

⑤特殊时期分批供货，生产多少先发多少，不能等全部生产完再发货。

第 5 章 PC 构件模具的设计与制作

79. PC 构件模具有几种类型？用什么材质？

模具对装配式混凝土结构构件质量、生产周期和成本影响很大，是预制构件生产中非常重要的环节。

（1）模具分类

1）模具按生产工艺分类有：

①生产线流转模台与板边模。

②固定模台与构件模具。

③立模模具。

④预应力台模与边模。

2）按材质分类。模具可选用的材质有：钢材、铝材、混凝土、超高性能混凝土、GRC、玻璃钢、塑料、硅胶、橡胶、木材、聚苯乙烯、石膏模具和以上材质的组合。

3）按构件类别分类。模具按构件类别分类有：柱、梁、柱梁组合、柱板组合、梁板组合、楼板、剪力墙外墙板、剪力墙内墙板、内隔墙板、外墙挂板、转角墙板、楼梯、阳台、飘窗、空调台、挑檐板等。

4）按构件是否出筋分类。模具按构件是否出筋分类有：不出筋模具，即封闭模具；出筋模具，即半封闭模具。

出筋模具包括：一面出筋、两面出筋、三面出筋、四面出筋和五面出筋模具。

5）按构件是否有装饰面层分类。模具按构件是否有装饰面层分类：无装饰面层模具、有装饰面层模具。有装饰面层模具包括反打石材、反打墙砖和水泥基装饰面层一体化模具。

6）按模具周转次数分类。按模具周转次数分类有：长期模具（永久性，如模台等）、正常周转次数模具（50～200 次）、较少周转次数模具（2～50 次）、一次性模具。

（2）模具材质的适用范围

不同材质模具适用范围见表 5-1。

表 5-1 不同材质模具适用范围

模具材质	流水线工艺		固定模台工艺					立模工艺		预应力工艺		表面质感	优、劣分析
	流转模台	板边模	固定模台	板边模	柱模	梁模	异形构件	板面	边模	模台	边模		
钢材	△	△	△	△	△	△	△	△	△	△	△		不变形、周转次数多、精度高；成本高、加工周期长、重量重

（续）

模具材质	流水线工艺		固定模台工艺					立 模 工 艺		预应力工艺		表面质感	优、劣分析
	流转模台	板边模	固定模台	板边模	柱模	梁模	异形构件	板面	边模	模台	边模		
磁性边模		△											灵活、方便组模脱模、适应自动化；造价高、磁性易衰减
铝材		△		△	△	△		△	△		△		重量轻、表面精度高；加工周期长，易损坏
混凝土			△	△	△	△	△			△			价格便宜、制作方便；不适合复杂构件、重量重
超高性能混凝土			△	△	△	△	△			△			价格便宜、制作方便；不适合复杂构件、重量重
GRC			△	△	△	△	△			△			价格便宜、制作方便；不适合复杂构件、重量重
塑料									○				光洁度高、周转次数高；不易拼接、加工性差
玻璃钢							○		○			○	可实现比钢模复杂的造型、脱模容易价格便宜；周转次数低，承载力不够
硅胶、橡胶												○	可以实现丰富的质感及造型、易脱模；价格昂贵、周转次数低、易损坏
木材		○		○	○	○	○		○		○	○	加工快捷精度高；不能实现复杂造型和质感、周转次数低
聚苯乙烯												○	加工方便、脱模容易；周转次数低、易损坏
石膏												○	一次性使用

△正常周转次数；○较少或一次性周转次数。

80. 模具类型与 PC 构件类型是怎样的适用关系？如何选用？

（1）模具类型与 PC 构件类型的适用关系

模具类型与 PC 构件类型的适用关系见表 5-2。

表 5-2　模具类型与 PC 构件类型的适用关系

模具类型 \ 适用 PC 构件类型		流水线工艺		固定模台工艺					立模工艺		预应力工艺		优、劣分析	示意图号
		板类构件	墙板类构件	板类构件	墙板类构件	柱、梁及柱梁组合构件	阳台、楼梯、空调板、挑檐板等	异形构件	墙板类构件	柱、楼梯等构件	板类构件	梁类构件		
模台	钢制模台	△	△	△	△	△	△	△	△	△	△	△	不变形、周转次数多、精度高；成本高、加工周期长、重量重	图 5-1
	混凝土模台、超高性能混凝土模台			△	△	○							价格便宜、制作方便；不适合复杂构件、重量重	
	GRC 模台			△	△	○	○	○					价格便宜、制作方便；不适合复杂构件、重量重	
条式边模	钢制条式边模	△	△	△	△	△	△	△	△	△	△	△	不变形、周转次数多、精度高；成本高、加工周期长、重量重	图 5-6、图 5-7
	磁性条式边模		△	△	△								灵活、方便组模脱模、适应自动化；造价高、磁性易衰减	图 5-17、图 5-18
	铝制条式边模			△	△	△			△	△			重量轻、表面精度高；加工周期长，易损坏	图 5-5
	GRC 条式边模			△	△	○	○	○	○	○			价格便宜、制作方便；不适合复杂构件、重量重	
	木制条式边模			○	○	○	○	○	○	○			加工快捷精度高；不能实现复杂造型和质感、周转次数低	图 5-37

（续）

模具类型 ＼ 适用 PC 构件类型		流水线工艺		固定模台工艺					立模工艺		预应力工艺		优、劣分析	示意图号
		板类构件	墙板类构件	板类构件	墙板类构件	柱、梁及柱梁组合构件	阳台、楼梯、空调板、挑檐板等	异形构件	墙板类构件	柱、楼梯等构件	板类构件	梁类构件		
片式边模	钢制片式边模		△		△	△	△	△	△	△		△	不变形、周转次数多、精度高；成本高、加工周期长、重量重	图 5-3
	混凝土片式边模				○	○	○	○	○	○			价格便宜、制作方便；不适合复杂构件、重量重	图 5-32
	组合片式边模（GRC 和超高性能混凝土等组合）				○	○	○	○	○	○		○	价格便宜、制作方便；不适合复杂构件、重量重	图 5-23
	木材片式边模			△	○	○	○	○	○	○			加工快捷精度高；不能实现复杂造型和质感、周转次数低	图 5-32、图 5-37
块式边模	钢制块式边模				△	△	△	△		○		△	不变形、周转次数多、精度高；成本高、加工周期长、重量重	图 5-28
	木材块式边模					○		○		○			加工快捷精度高；不能实现复杂造型和质感、周转次数低	
立式边模	钢制立式边模				△	△	△		△	△			不变形、周转次数多、精度高；成本高、加工周期长、重量重	图 5-20
	铝制立式边模					△	△		△	△			重量轻、表面精度高；加工周期长，易损坏	

（续）

适用PC构件类型 / 模具类型		流水线工艺		固定模台工艺					立模工艺		预应力工艺		优、劣分析	示意图号
		板类构件	墙板类构件	板类构件	墙板类构件	柱、梁及柱梁组合构件	阳台、楼梯、空调板、挑檐板等	异形构件	墙板类构件	柱、楼梯等构件	板类构件	梁类构件		
衬模	塑料、硅胶、橡胶类衬模		○		○	○	○	○	○	○			可以实现丰富的质感及造型、易脱模；价格昂贵、周转次数低、易损坏	图5-40
非规则形状衬模	聚丙乙烯衬模		○		○	○	○	○	○	○			加工方便、脱模容易；周转次数低、易损坏	
	玻璃钢衬模		○		○	○	○	○	○	○			可实现比钢模复杂的造型、脱模容易价格便宜；周转次数低，承载力不够	

△正常周转次数；○较少或一次性周转次数。

（2）选用适合的模具

PC工厂可参照表5-2，先根据生产工艺确定模具类型，在保证构件质量的原则下考虑模具的经济性，再结合预制构件自身特点选用合适的模具。例如：有些构件造型复杂、数量少，宜选择周转次数少、价格便宜、制作方便的模具，像木材、玻璃钢、聚苯乙烯、水泥基等材质制作的模具就具有较高的适用性。

81. 模具设计的依据、要求与内容是什么？

（1）模具设计的依据

1）模具设计的依据应根据国家和行业标准，关于装配式建筑模具设计标准在《装规》第11.2.2节、《装标》第9.3.2节和《预制混凝土构件钢模板》（JG/T 3032）中都有规定，这些规定都将会在后续叙述有所介绍。

2）合同文件规定的技术、质量要求。

3）设计单位设计的构件设计图样。

4）制作企业的工艺设计要求和企业标准。

5）生产工艺与构件、模具的适用关系。

(2) 模具设计的要求

模具设计要考虑确保构件质量、作业的便利性、经济性，合理选用模具材料，以标准化设计、组合式拼装、通用化使用为目标，尽可能减轻模具重量，方便人工组装、清扫。

1)《装规》中第 11.2.2 节有以下几项规定：

预制构件模具除应满足承载力、刚度和整体稳定性要求外，尚应符合下列规定：

①应满足预制构件质量、生产工艺、模具组装与拆卸、周转次数等要求。

②应满足预制构件预留孔洞、插筋、预埋件的安装定位要求。

③预应力构件的模具应根据设计要求预设反拱。

2)《装标》(GB/T 51231) 第 9.3.2 节有以下几项规定：

模具应具有足够的强度、刚度和整体稳固性，并应符合下列规定：

①模具应装拆方便，并应满足预制构件质量、生产工艺和周转次数等要求。

②结构造型复杂、外观有特殊要求的模具应制作样板，经检验合格后方可批量制作。

③模具各部件之间应连接牢固，接缝应紧密，附带的埋件或工装应定位准确，安装牢固。

④用作底模的台座、胎膜、地坪及铺设的底板应平整光洁，不得有下沉、裂缝、起砂和起鼓。

⑤模具应保持清洁，涂刷脱模剂、表面缓凝剂时应均匀、无漏刷、无堆积，且不得污染钢筋，不得影响预制构件外观效果。

⑥应定期检查侧模、预埋件和预留孔洞定位措施的有效性；应采取防止模具变形和锈蚀的措施；重新启用的模具应检验合格后方可使用。

⑦模具与平模台间的螺栓、定位销、磁盒等固定方式应可靠，防止混凝土振捣成型时造成模具偏移和漏浆。

3) 除了《装规》和《装标》的要求，模具还需要注意以下几个事项：

①形状与尺寸准确。

②考虑到模具在混凝土浇筑振捣过程中会有一定程度的胀模现象，因此模具尺寸一般比构件尺寸小 1～2mm。

③模具有足够的强度与刚度，不易损坏、变形、散架。

④设计出模具各片的连接方式，边模与固定平台的连接方式等。连接可靠，整体性好、不漏浆。

⑤构造简单，装拆方便。

⑥容易脱模，脱模时不损坏构件，模具内转角处应平滑，方便脱模。

⑦立模和较高的模具有可靠的稳定性。

⑧便于清理模具、涂刷脱模剂。

⑨便于安置钢筋、预埋件，便于混凝土入模。

⑩有预埋件、套筒准确定位的装置。

⑪当构件有穿孔时，有孔眼内模及其定位设置。

⑫出筋定位准确，不漏浆。

⑬给出模具定位线。以中心线定位，而不是以边线（界面）定位。制作模具时按照定位线放线，特别是固定套筒、孔眼、预埋件的辅助设施，需要以中心线定位控制误差。

⑭构件表面有质感要求时，模具的质感符合设计要求，清晰逼真。

⑮模具表面不吸水。

⑯较重模具应设置吊点，便于组装。

⑰周转次数多、成本低。

⑱模具分缝需考虑：接缝的痕迹对构件表面的艺术效果影响最小，利于脱模并防止构件损坏，组拆方便。

⑲模具设计应考虑所设计的模具应便于运输和吊运。

⑳对生产线、流水线和自动化生产线上的边模及其附加固定装置的高度应小于生产线允许的高度。

（3）模具设计的内容

模具构造应满足钢筋入模、混凝土浇捣、养护和便于脱模等要求，并应便于清理和隔离剂的涂刷。模具设计内容包括：

1）根据构件类型和设计要求，确定模具类型与材质。

2）确定模具分缝位置和连接方式。

3）进行脱模便利性设计。

4）设计计算模具强度与刚度，确定模具厚度、肋的设置。

5）对立式模具验算模具稳定性。

6）预埋件、套筒、金属波纹管、孔洞内模等定位构造设计，保证振捣混凝土时不移位。

7）大埋件（如承重埋件）的专项固定设计。

8）对出筋模具的出筋方式和避免漏浆进行设计。

9）外表面反打装饰层模具要考虑装饰层下铺设保护隔垫材料的厚度尺寸。

10）钢结构模具焊缝有定量要求，既要避免焊缝不足导致强度不够，又要避免焊缝过多导致变形。

11）有质感表面的模具选择表面质感模具材料，与衬托模具如何结合等。

12）钢结构模具边模加肋板宜采用与面板同样材质的钢板，8～10mm厚，宽度在80～100mm，设置间距应当小于400mm，与面板通过焊接连接在一起。

82. 模具制作有哪些基本要求？

（1）模具制作的基本条件

无论是模具专业厂家制作模具还是PC厂家自行制作模具，应当具备以下基本条件：

1）有经验的模具设计人员，特别是结构工程师。

2）金属模具应当有以下主要加工设备：

①激光裁板机。

②线切割机。

③剪板机。

④磨边机。

⑤冲床。

⑥台钻。

⑦摇臂钻。

⑧车床。

⑨焊机。

⑩组装平台。

3）有经验的技术工人队伍。

4）可靠的质量管理体系。

（2）模具制作的依据

模具制作须依据：

1）构件图样与构件允许误差。

2）模具设计要求书。

3）根据安装计划排定的构件生产计划对模具数量与交货期的要求。

（3）模具制作质量控制

1）预制构件图图样审查。

2）模具制作图设计完成后应当由构件厂签字确认。

3）对模具材质进行检查，如用什么钢板，水泥基材质强度等。

4）加工过程质量控制。

5）模具存放场地应平整坚实，并应设置排水措施。

6）模具的允许误差标准和模具固定预埋件、孔洞的允许误差标准应符合国家和地方标准的要求，详见本章第 93 问。

（4）模具包装与运输

模具出厂应当有防止运输中损坏的保护措施，特别是混凝土与模具的结合面，防止磕碰、划伤表面，可选择木方或者其他软质的包装材料进行隔垫，运输中模具应固定可靠，防止急刹车对模具造成损坏。

组装模具可以将各部分加工出来的部件，运到构件工厂进行组装。如果是独立模具如楼梯模具、飘窗模具等应当在模具加工厂组装好。

83. 固定模台工艺使用哪些模具？如何设计、制作？

（1）固定模台工艺模具的组成

固定模台工艺的模具包括固定模台、各种构件的边模和内模。固定模台作为构件的底模，边模为构件侧边和端部模具，内模为构件内的肋或飘窗的模具。

（2）固定模台工艺的设计与制作

PC 工厂根据固定模台工艺模具的组成关系分别进行设计与制作：

1）固定模台的设计与制作。固定模台由工字钢与钢板焊接而成（图 5-1），边模通过螺栓与固定模台连接，内模通过模具架与固定平台连接。

国内固定模台一般不经过研磨抛光，表面光洁度就是钢板出厂光洁度，平整度一般控制在 2m ±2mm 以内。

图 5-1　钢固定模台

固定模台常用规格为：4m × 9m；3. 5m × 12m；3m × 12m。

2）固定模台边模的设计与制作。固定模台的边模有柱、梁构件边模和板式构件边模。柱、梁构件边模高度较高，板式构件边模高度较低。

①柱、梁边模。柱子、梁模具由边模和固定模台组合而成（图 5-2、图 5-3），模台为底面模具，边模为构件侧边和端部模具。

柱梁边模一般用钢板制作，也有用钢板与型钢制作；没有出筋的边模也可用混凝土或超高性能混凝土制作。当边模高度较高时，宜用三角支架支撑边模。

图 5-2　梁的边模

图 5-3　带三角支架的梁的边模

②板式构件边模。板式构件边模可由钢板、型钢、铝合金型材（图 5-5）、混凝土等制作（图 5-4）。最常用的边模为钢结构边模（图 5-6、图 5-7）。

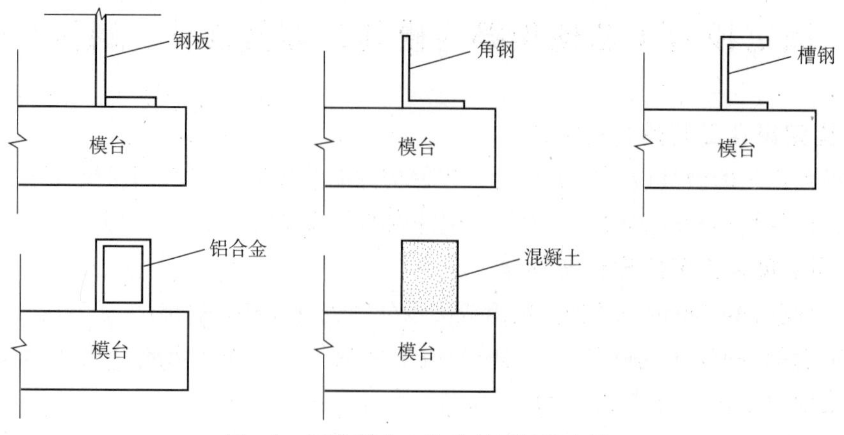

图 5-4　固定模台上各种材质的板边模

图5-5　铝制边模

图5-6　固定模台上板式构件的边模

3）边模与固定模台的连接设计与制作。边模与固定模台的连接固定方式为：

①在固定模台的钢板上钻孔（公称直径Φ10.3），采用M12的丝锥进行攻丝（螺距1.75mm）。钻孔攻丝作业结束后，将M12螺栓穿过边模的下肋板（模具制作时下肋板预留公称直径Φ16的螺栓孔）并紧固到固定模台上。

②校准和调整边模至图样位置，再在距紧固螺栓边约100mm位置钻公称直径Φ10.3的销钉孔，并敲入定位销钉。

③通过螺栓紧固、销钉定位的方式将边模准确地组装到固定模台上，如图5-8、图5-9所示。

图5-7　固定模台上瓷砖反打板式构件的边模

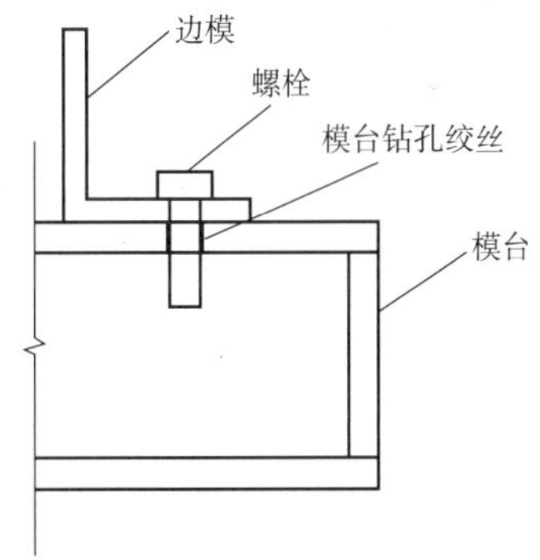

图5-8　边模固定方式

④边模下肋板螺栓孔与销钉孔的位置关系如图5-10所示。

4）固定模台的构件内模设计与制作。构件内模是指形成构件内部构造（如肋、整体飘窗板）的模具。构件内模在构件内不与模台连接，而是通过悬挂架固定，如图5-11所示。图5-12为整体飘窗模具，探出窗板的模具就是固定在悬挂架上的。

5）固定模台与边模孔眼的封堵方案。固定模台经反复钻孔、攻丝后，不用的孔眼可以用塑料堵孔塞进行封堵还原，塑料堵孔塞用不同的颜色来区分不同的直径大小，方便操作工人取用，如图5-13所示。

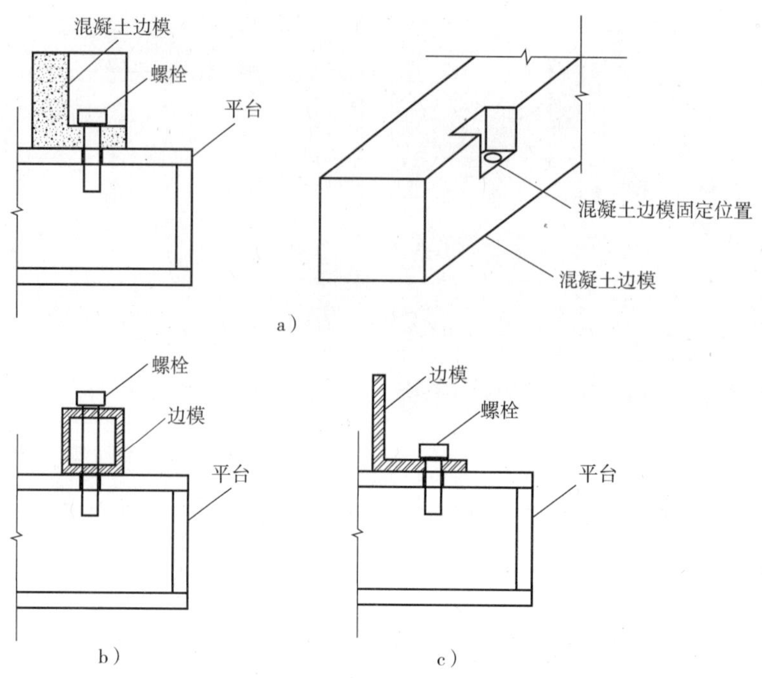

图 5-9　各种边模固定

a）混凝土边模固定　b）铝合金边模固定　c）钢板型钢固定

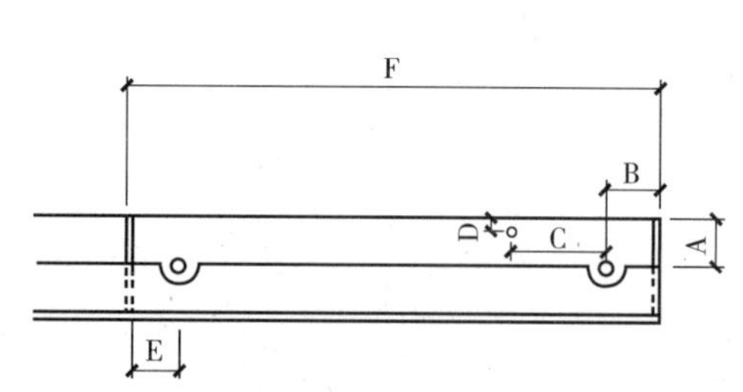

类　　别	项目	尺寸/mm
螺栓孔到边距离	A	50
螺栓孔到边距离	B	50
螺栓孔与销钉孔中心距	C	100
销钉孔到边距离	D	15
竖肋板到螺栓孔中心距	E	30
竖肋板间距	F	500

图 5-10　边模下肋板螺栓孔与销钉孔的位置关系

图 5-11　墙内模模具

图 5-12　飘窗模具

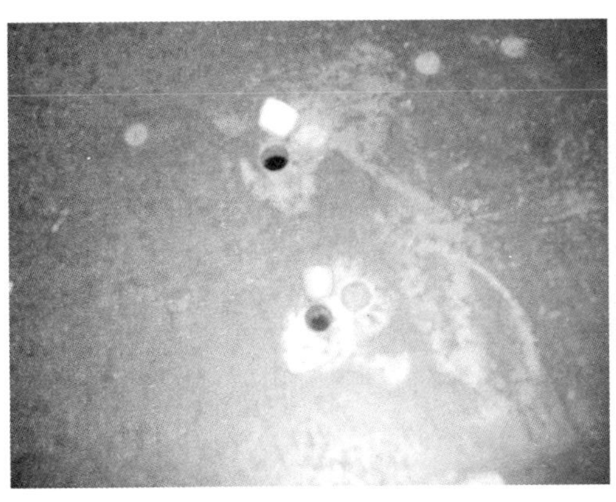

图 5-13　塑料堵孔塞

84. 流动模台工艺使用哪些模具？如何设计、制作？

（1）流动模台工艺模具的组成

流动模台工艺生产板式构件，其模具主要是流动模台和板的边模。

（2）流动模台的设计与制作

流动模台由 U 形钢、H 形钢或其他型钢和钢板焊接组成，焊缝设计应考虑模具在生产线上的振动。欧洲的模台表面经过研磨抛光处理，表面光洁度 RZ25μm，表面平整度 3m ± 1.5mm，模台涂油质类涂料防止生锈。流动模台如图 5-14、图 5-15 所示。

常用流动模台规格：4m × 9m；3.8m × 12m；3.5m × 12m。

图 5-14　流水线上的流转模台　　　　图 5-15　流动模台

（3）流动模台工艺边模及其固定方式的设计与制作

流动模台工艺除了模台外，主要模具为边模，自动化程度高的流动模台生产线边模采用磁性边模或磁力盒固定的边模；自动化程度低的流动模台生产线采用螺栓固定边模。

1）磁性边模。磁性边模适用于平面形状简单的矩形或矩形组合且不出筋的板式构件，如图 5-16 所示。

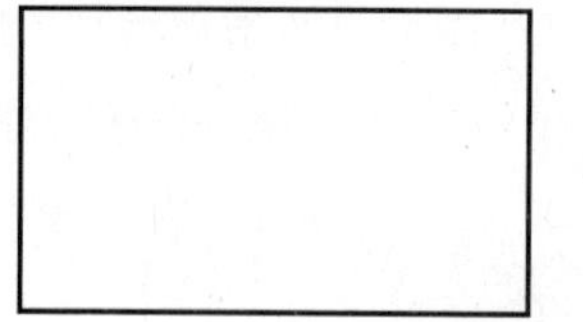
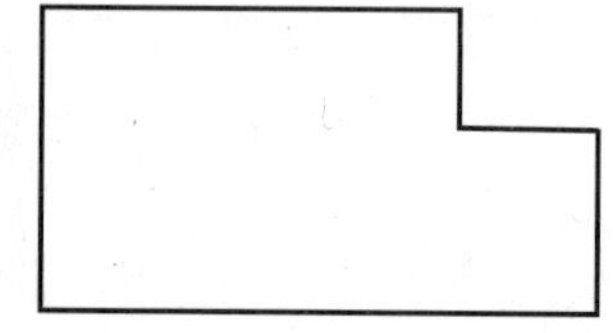

图 5-16　矩形（左图）或矩形组合（右图）且不出筋的板式构件

流动模台生产线上的磁性边模由 3mm 钢板制作，包含两个磁铁系统，每个磁铁系统内镶嵌磁块，充有 4 ~ 12kN 的磁力，通过磁块直接与模台吸合连接。

以叠合楼板为例，常用边模高度 $H = 60$mm、70mm 两种，常用边模长度有：500mm、750mm、1000mm、2000mm、3000mm、3300mm，如图 5-17、图 5-18 所示。

图 5-17　叠合板磁性边模

图 5-18　叠合板磁性边模

2）磁力盒固定的边模。采用磁力盒固定的边模，模具组装就位后开启磁力开关，通过磁力作用边模与底模紧密连接，如图 5-19 所示。

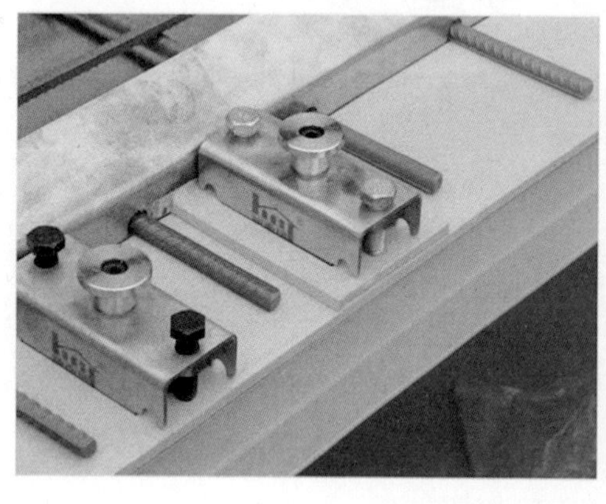

图 5-19　磁力盒固定边模

磁力盒固定方式的边模，在模具设计和制作时需注意：

①验算混凝土侧向压力后，选择合适的磁力盒规格和间距布置。

②磁力盒与边模造型相配套。

3）螺栓固定边模。在生产较为复杂的异形构件时，可将边模与流转模台用螺栓固定在一起，这与固定模台边模固定方法一样，详见本章第 83 问。

85. 自动生产线工艺使用哪些模具？如何设计、制作？

自动化生产线使用的模具包含了基于数据进行操作的流动模台和条形的磁性边模，详见本章第 84 问第 3 条。

目前，在世界范围内全自动生产线能够生产的有三种板式构件：不出筋的叠合楼板、不出筋的双面叠合剪力墙和不出筋的梁、柱、板一体化板式构件。

磁性边模非常适合全自动化作业，由自动控制的机械手组模，但对于边侧出筋较多且没有规律性的楼板与剪力墙板，磁性边模应用目前还有难度。一个解决思路是把磁性边模做成上下两层，接缝处各留出半圆孔为钢筋伸出。但对于出双层筋或 U 形筋的剪力墙，目前还没有解决思路。

86. 立模工艺使用哪些模具？如何设计、制作？

（1）立模工艺的模具组成

立模有独立立模和组合立模。一个立着浇筑柱子或一个侧立的楼梯板的模具属于独立立模，成组浇筑的墙板模具属于组合立模（见本书第 1 章第 8 问图 1-26、1-27）。

（2）立模工艺边模及其固定方式的设计与制作

组合立模的模板可以在轨道上平行移动，在安装钢筋、套筒、预埋件时，模板离开一定距离，需留出足够的作业空间，钢筋安装等工序结束后，模板移动到墙板宽度所要求的位置，然后再封堵侧模。

组合立模由专业厂家连同生产线一并设计和制造。

87. 独立模具如何设计、制作？

（1）独立模具的组成

独立模具是既不用固定模台也不用在流水线上进行构件制作，其特点是模具自身包括了 5 个面，一般由底边模、片式边模和封边模组成，具有安全可靠、易操作、易脱模的特性。

（2）独立模具的适用范围

1）具有特殊要求的构件，如要求立面具有一样光洁度的墙或者柱。

2）造型复杂，不易在固定模台上组装的模具。

（3）常用的独立模具及其固定方式的设计与制作

独立模具有的设计、制作的要求同固定模台工艺使用的模具，详见本章第 81、82、83 问。

1）立式柱。立式柱模具由四面墙立模和底面模组成，因柱模具较高，要求模具组模便利安全，具有可靠的稳定性和施工操作空间（图5-20）。

图5-20　柱立模活页连接

a）外面　b）打开　c）里面看细部　d）外面看细部

2）楼梯应用立模较多（图5-21、图5-22），自带底板模。楼梯立模一般为钢结构，也可以做成混凝土模具（图5-23）。

3）梁的U形模具。带有角度的梁可以将侧板与底板做成一体，形成U形。

4）带底板模的柱模具。

5）造型复杂构件的模具，如半圆柱、V形墙板等。图5-24为V形墙板独立模具。

6）剪力墙独立立模。

7）T形或L形立体墙立模（见彩页C-09：PC构件图示一览表图J2、图J3）。

将剪力墙同边缘构件一并预制成转角T形或L形立体墙构件，这种构件拆分方式是减少现浇混凝土的一个重要方式，也是改变装配式构件边缘部分连接方式的一种可能的路径之一。这种立体构件比较适合采用独立立式模具。

图 5-21　楼梯钢结构立模

图 5-22　翻转楼梯立模

图 5-23　楼梯混凝土立模

图 5-24　V 形墙板独立模具

8）对于楼梯、柱、楼梯等窄高形的独立模具，要考虑模具的稳定性，进行倾覆力矩的验算。

88. 预应力构件模具如何设计、制作？

预应力 PC 楼板在长线台座上制作，钢制台座为底模，钢制边模（图 5-25）通过螺栓与台座固定。板肋模具即内模也是钢制，用龙门架固定（见本书第 1 章第 14 问图 1-42）。

预应力楼板为定型产品，模具在工艺设计和生产线制作时就已经定型，构件制作过程不再需要进行模具设计。

图 5-25　预应力圆孔板边模

89. 常见模具有哪些基本构造？主要连接方式是怎样的？

常见模具有七种基本构造类型，包括以下类型：预埋件、铝窗、套筒、孔眼等定位构造，出筋模具构造，构件外轮廓的倒角和圆角构造，伸出钢筋的架立定位构造，脱模便利性构造，脱模的吊环与吊孔构造，模具拼缝处理构造。

主要使用定位钢板、定位孔、造型钢板（硅胶、橡胶等材质）和模具分割等部件，通过螺栓、销钉固定、定位或焊接、胶粘等连接方式来完成这些基本构造。

（1）预埋件、套筒、孔眼等定位构造和连接方式

1）套筒定位和连接。套筒定位是在柱子或墙板端部模具上设置专用套筒固定件（钢制或是橡胶材质），通过螺栓胀拉后将套筒连接固定（见本书第3章第43问图3-7、图3-8）。

2）预埋件在模板上固定和连接。预埋件或在模板上钻孔用螺栓连接固定，或用专用胶粘贴，如图5-26所示。

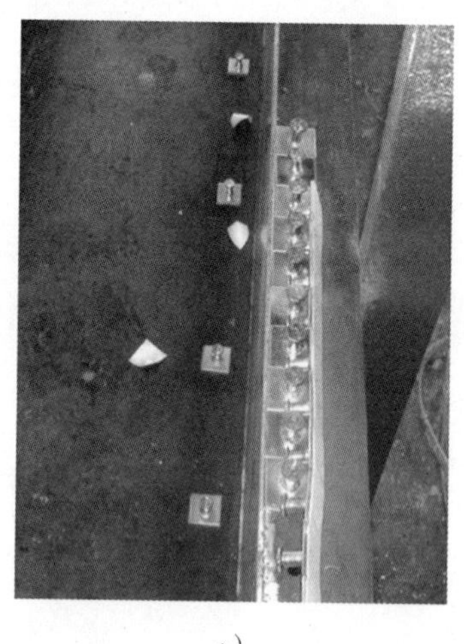

a）

b）

图5-26 预埋件在模板上固定

a）胶粘接 b）穿过螺栓固定

3）预埋件、预留孔位置允许误差。模具预埋件、预留孔位置允许误差标准见本章第93问表5-3。

4）水电预埋管件可采用本节内的定位、连接方式。

（2）出筋模具堵孔

出筋处模具需要封堵以避免漏浆。一种方法是将出筋部位附加一块钢板堵孔（图5-27），一种方法是如图5-28所示加橡胶圈。

1）附加钢板堵孔。附加钢板上预留出筋孔孔径的设置：当钢筋公称直径≤16mm时，预留出筋孔孔径一般宜比钢筋公称直径大3mm；当钢筋公称直径>16mm时，预留出筋孔孔径一般宜比钢筋公称直径大4mm。例如，Φ14钢筋的出筋孔孔径宜留设到Φ17；而Φ25钢筋的出筋孔孔径宜留设到Φ29。

图 5-27　模具出筋附加钢板

图 5-28　封堵出筋孔的橡胶圈

2）橡胶圈堵孔。橡胶圈上预留出筋孔孔径的设置：当钢筋公称直径≤16mm 时，预留出筋孔孔径一般宜比钢筋公称直径大 2mm；当钢筋公称直径＞16mm 时，预留出筋孔孔径一般宜比钢筋公称直径大 3mm。例如，Φ14 钢筋的出筋孔孔径宜留设到 Φ16；而 Φ25 钢筋的出筋孔孔径宜留设到 Φ28。

（3）构件外轮廓的倒角、圆角构造和连接方式

构件转角的倒角或圆角，可以用附加木制、钢制、硅胶三角条和弧形条实现，通过焊接、胶粘等方式来连接，如图 5-29 所示。

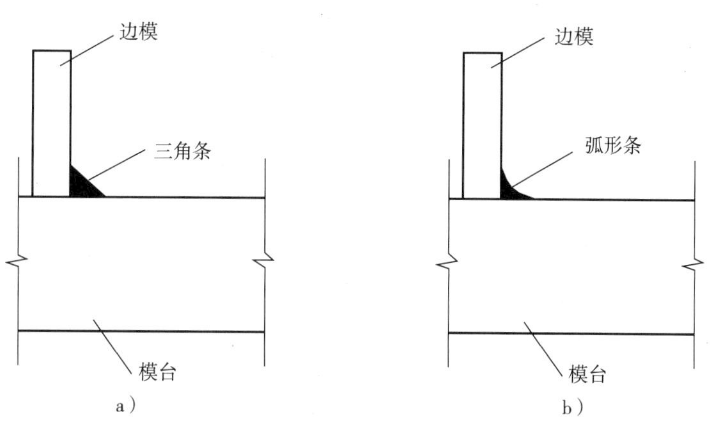

图 5-29　倒角和圆角模具
a）倒角　b）圆角

（4）伸出钢筋的架立

当梁柱构件伸出钢筋较长时，应设置架立设施，以避免伸出钢筋下垂影响其构件内钢筋的位置，如图 5-30 所示。

（5）脱模便利性构造

对有线条或造型的模具应考虑脱模便利性，顺利脱模的最小坡度为 1∶8。镂空构件模具坡度更大一些，以 1∶6 为宜。脱模锥度不小于 5°。

（6）模具吊环或吊孔

较重模具应设置吊环或吊孔，应根据模具重心计算布置，如图 5-31 所示。

图 5-30　钢筋架立

图 5-31　模具吊环

（7）模具拼缝处理

1）拼接处应用刮腻子等方式消除拼接痕迹打磨平整。

2）表面光洁，防止生锈。有生锈的地方应当用抛光机抛光。

3）其他材质模具如果是吸水材料，如木材应做防水处理。

（8）常见模具的构造与连接

1）钢模。钢模的基本构造和连接方式见本章第 83 问图 5-2、图 5-3。

2）混凝土模。混凝土边模与边模之间多采用螺杆对拉方式紧固，销钉进行定位；边模与模台之间通过 F 形夹紧固，也可以用螺栓来固定在模台上，如图 5-32 所示。

本章第 87 问中，图 5-23 是一个混凝土楼梯模。

3）硅胶模、橡胶模模具，如图 5-33、图 5-34 所示。

图 5-32　混凝土边模在模台上固定

图 5-33　聚氨酯造型外墙整体软模（橡胶类）

4）混凝土复合模具，如图 5-35 所示，图 5-36 是混凝土复合模具生产的异形构件。

图 5-34　聚氨酯造型外墙整体软模（橡胶类）

图 5-35　混凝土复合模具

5）木模造型模具，如图 5-37 所示。

图 5-36　混凝土复合模具生产的异形构件

图 5-37　木模造型模具

90. 如何设计和制作复杂 PC 构件的模具？

复杂 PC 构件的模具一般是指造型复杂或质感复杂的模具。

1）表面造型复杂或非线性曲面构件的模具可通过拼接方式组合而成，或通过钢结构与玻璃钢模具结合的方式，如图 5-38、图 5-39 所示。

2）镂空、各种质感的模具可以通过钢模具与聚苯乙烯模具、石膏模具、木材模具以及硅橡胶等模具的结合来完成（见本章第 91 问图 5-41）。

3）模具设计时应特别注意：

①复杂模具的重心与稳定性。

②构件脱模的便利性。

③利用三维设计软件将模具各拼接部分细部尺寸设计出来。

图 5-38　各种造型的复杂模具

图 5-39　曲面构件模具

 91. 如何设计和制作装饰一体化 PC 构件的模具？

常见的装饰一体化 PC 构件模具有四种饰面类型，清水、面砖、石材、GRC、艺术造型饰面（图 5-40）均为一次浇筑成型，也有一些构件在 PC 工厂内完成涂料装饰面后出厂。

1）装饰面是石材、瓷砖和陶板等饰面材料的，模具设计的厚度要考虑装饰层的厚度。

2）清水混凝土的构件垂直角容易磕碰，模具设计和制作时宜做成倒角或圆弧角。清水混凝土的面要考虑采用模具的面来保证。

3）使用硅胶模（或橡胶模，余同）作为饰面底模时，硅胶模宜固定在底模上。硅胶模尺寸宜比模具内净尺寸大 1 ~ 2mm，使硅胶模周边与侧模挤紧。

图 5-40　铺设装饰混凝土面层

4）设计复合镂空构件模具，制作时可预留操作手孔以便螺栓紧固，还可结合双面胶、玻璃胶等材料辅助粘接固定（如图 5-41 所示，图 5-42 是用此模具制作的镂空构件）。

图 5-41　镂空造型橡胶复合模具

图 5-42　上海轨交 17 号线东方绿洲站镂空板

92. 模具制作有哪些质量要点？

不合格的模具生产出的产品每个都是不合格的，模具质量是产品质量的前提。

（1）国家标准规定

关于模具质量要点《装标》第 9. 3. 2 条中规定了以下要点：

1）模具应具有足够的强度、刚度和整体稳固性。

2）模具要考虑装拆方便，并应满足预制构件质量、生产工艺和周转次数等要求。

3）模具各部件之间应连接牢固，接缝应紧密，附带的预埋件或工装应定位准确，安装要牢固。

4）用作底模的台座、胎膜、地坪及铺设的底板应平整光洁，不得有下沉、裂缝、生锈、起砂和起鼓现象。

5）结构造型复杂、外形有特殊要求的模具应制作样板，经检验合格后方可批量制作。

6）模具与平模台间的螺栓、定位销、磁盒等固定方式应可靠，防止混凝土振捣成型时造成模具偏移和漏浆。

（2）其他方面

除以上国家标准《装标》的规定外，模具的质量还要注意以下要点：

1）模具制作后必须经过严格的质量检查并确认合格后才能投入生产。

2）一个新模具的首个构件必须进行严格的检查，确认首件合格后才可以正式投入生产。

3）模具质量检查的内容包括：形状、质感、尺寸误差、平面平整度、边缘、转角、预埋件定位、孔眼定位、出筋定位等。还需要检验模具的刚度、组模后牢固程度、连接处密实情况等。

4）模具尺寸的允许误差应当是构件允许误差的一半。

5）模具各个面之间的角度符合设计要求。如端部必须与板面垂直等。

6）模具质量和首件检查都应当填表存档。

7）模具检查必须有准确的测量尺寸和角度的工具，应当在光线明亮的环境下检查。

8）模具检查应当在组对后检查。

9）模具首个构件制作后须进行首件检查。如果合格，继续生产；如果不合格，修改调整模具后再投入生产。

10）首件检查除了形状、尺寸、质感外，还应当看脱模的便利性等。

11）模具检查和首件检查记录应当存档，首件检查记录表见本章第 97 问表 5-5、表 5-6。

93. 模具尺寸误差的检验标准是什么？

模具到厂安装定位后的精度必须复测，试生产实物预制构件的各项检测指标均在标准的允许公差内，方可投入正常生产。

侧模和底模应具有足够的刚度、强度和稳定性，并符合构件精度要求，且模具尺寸误差的检验标准和检验方法应符合《装标》第 9. 3. 3 条中的规定，见表 5-3。

表 5-3　预制构件模具尺寸的允许误差和检验方法

项次	检验项目、内容		允许偏差/mm	检验方法
1	长度	≤6m	1，-2	用钢尺量平行构件高度方向，取其中偏差绝对值较大处
		>6m 且≤12m	2，-4	
		>12m	3，-5	
2	宽度、高（厚）度	墙板	1，-2	用钢尺测量两端或中部，取其中偏差绝对值较大处
3		其他构件	2，-4	
4	底模表面平整度		2	用 2m 靠尺和塞尺量
5	对角线差		3	用尺量对角线
6	侧向弯曲		L/1500 且≤5	拉线，用钢尺量测侧向弯曲最大处
7	翘曲		L/1500	对角线测量交点间距离值的两倍
8	组装缝隙		1	用塞片或塞尺量测，取最大值
9	端模与侧模高低差		1	用钢尺量

注：L 为模具与混凝土接触面中最长边的尺寸。

94. 如何对套筒、预埋件和出筋进行定位？

1）预埋件。紧贴模板表面的预埋附件，一般采用在模板上的相应位置上开孔后用螺栓精确牢固定位，如图 5-43、图 5-44 所示。不在模板表面的，一般采用工装架形式在相应的位置上定位固定，如图 5-45 所示。

图 5-43　紧贴模板面的预埋件定位 1

图 5-44　紧贴模板面的预埋件定位 2

图 5-45　不在模板面的埋件定位

2）对灌浆套筒和波纹管等孔形埋件，要借助专用的孔形埋件定位套销。灌浆套筒和波纹管等孔形埋件先和定位套销固定定位，定位套销再和模板螺栓固定。见本书第3章图3-7、图3-8、图3-9。

3）对外伸钢筋的位置控制，当梁柱构件伸出钢筋较长时，应设置定位架，以避免伸出钢筋下垂而造成钢筋的偏位。见本章第89问图5-30。

95. 套筒、孔洞模具、预埋件定位的检验标准是什么？

1）预埋件、连接用钢材和预留孔洞模具的数量、规格、位置、安装方式等应符合设计规定，固定措施应可靠。

2）预埋件应固定在模板或支架上，预留孔洞应采用孔洞模加以固定。

3）预埋件、预留孔和预留洞的允许偏差应符合本书第3章第43问表3-2的规定。

96. 与PC构件一体的窗框在模具上如何固定？

1）窗框在模具上的固定与连接如图5-46所示。

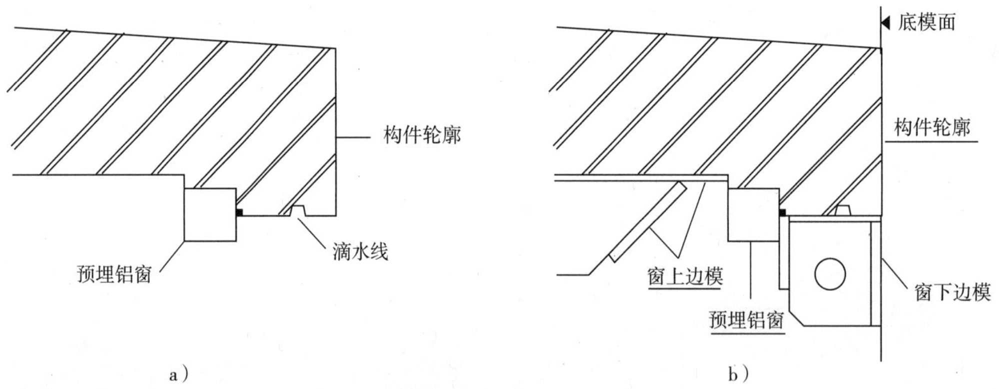

图5-46　窗框在模具上的固定与连接

a）铝窗局部示意　b）铝窗定位模具构造示意

2）窗框在模具上固定要点：

①铝窗型材厚度与模具留设高度相匹配，窗下边模高度一般比室外净尺寸小1~1.5mm。

②窗框预埋应设置防止损坏、变形、污染和漏浆措施。

③窗边一圈硅胶槽和滴水线可采用钢板铣边或模板上粘贴海绵条的方式实现。

3）门、窗框安装允许偏差和检验方法应符合《装标》第9.3.5条规定，见表5-4。

表 5-4　门窗框安装允许偏差和检验方法

项　　目		允许偏差/mm	检验方法
锚固脚片	中心线位置	5	钢尺检查
	外露长度	+5，0	钢尺检查
门窗框位置		2	钢尺检查
门窗框高、宽		±2	钢尺检查
门窗框对角线		±2	钢尺检查
门窗框的平整度		2	钢尺检查

97. 新模具制作的首个 PC 构件如何检验？

（1）新模具的组装检验

在新模具投入使用前，以及另外一个项目再次重复使用或模具整修、变更后，工厂应当组织相关人员对模具进行组装验收，填写《模具组装检验记录表》并拍照存档，见表 5-5。

表 5-5　模具组装检验记录表

工程名称：								
产品名称			产品规格				图样编号	
							图样编号	
模具编号			操作者				检查日期	
检查项目	检验部位	设计尺寸	允许误差	实际检测	判断结果		检查人	备注
主要尺寸	a				合格	不合格		
	b				合格	不合格		
	c				合格	不合格		
	d				合格	不合格		
	e				合格	不合格		
	f				合格	不合格		
	g				合格	不合格		
	h				合格	不合格		
	对角				合格	不合格		
	扭曲变形				合格	不合格		
	磺口				合格	不合格		
附图								

（续）

定模平整度					结论：		
埋件位置					结论：		
套管情况					结论：		
固定情况					结论：		
签字	操作者	班组长	质检员	使用者	生产主管	检查结果	
						合格	不合格

（2）新模具或模具整修、变更后首个PC构件的检验

在新模具或模具整修、变更后投入生产浇筑，工厂应当组织相关人员对构件进行首件检验，填写《首件检验记录表》并拍照存档（表5-6）。

表5-6　首件检验记录表

工程名称：								
产品名称		产品规格					图样编号	
							生产批号	
模具编号		操作者					检查日期	
检查项目	检验部位	设计尺寸	允许误差	实际检测	判断结果		检查人	备注
主要尺寸	*a*				合格	不合格		
	b				合格	不合格		
	c				合格	不合格		
	d				合格	不合格		
	e				合格	不合格		
	f				合格	不合格		
	g				合格	不合格		
	h				合格	不合格		
	对角				合格	不合格		
	扭曲变形				合格	不合格		
	其他				合格	不合格		

附图

表面瑕疵及边角棱情况				结论：	
埋件位置				结论：	
钢筋套筒设置情况				结论：	
保温层铺设情况				结论：	
检查结果					
签字	制作者	生产主管	质量主管	施工方	甲方

98. 如何进行模具标识？

所有模具都应当有标识，以方便制作构件时查找，避免出错。模具标识应当写在不同侧面的显眼位置上，如图 5-47 所示。模具标识内容包括：

1）项目名称。

2）构件名称与编号。

3）构件规格。

4）制作日期与制作厂家编号等。

5）模具生产厂家检验合格标识。

图 5-47　模具标识示意

99. 模具远距离运输需注意什么？什么情况下需要包装？

模具宜采用包装、捆扎成套运输，随车附带模具图样、质保资料和部件统计表，以防止零部件的遗失、掉落，也方便了模具进场验收。

（1）模具远距离运输注意要点：

1）建立模具运输方案，防止模具变形，避免安全隐患。

2）运输车辆宜采用有栏板的车辆。

3）模具分类有序码放，宜设置专用吊架。

4）运输车板上模具须设置合理的支点，并捆扎牢固、防止滑移。

5）立模或立面上较高的侧模应设置防倾覆措施。

6）钢模、混凝土边模、GRC 等模具类型面层均需设置软垫，防止表面损伤。

7）独立模具宜单独存放。

（2）什么情况下需要包装

有特殊饰面要求的模具，如清水混凝土构件模具应包装上路；采用玻璃钢、木模、硅胶模、石膏模等材质的模具，一旦受到污染将影响构件质量观感的模具应包装运输。

100. 如何保持模台完好？如何堵塞固定边模的孔洞？

保持模台的完好是保证构件表观质量的基本条件，一旦模台腐蚀受损后，将直接影响构件的表观质量。

（1）如何保持模台完好

根据构件的类型及生产工艺，选择流转模台或固定模台。

流动模台宜生产标准类型的构件，采用磁力边模固定，对工人操作交底，防止野蛮施工。不宜使用需螺栓、销钉紧固定位的模具。

固定模台须合理编排模具布局，宜将尺寸相近的新旧模具组装在平台的同一范围内，以尽可能地减少钻孔量。

生产过程中需注意：

1）投入使用时，模台与混凝土接触面上需均匀涂刷隔离剂。

2）防止物件跌落，损伤模台表面。

3）生产中及时清理散落在模台上的混凝土浆体。

4）蒸养过后，对于边模和模台结合处易生锈和漏浆部位及时清理，并涂刷清洁机油保养。

5）对于轻微的表面损伤可采用抛光处理，略为严重的凹凸处可采用砂轮磨光机进行处理。大面积的腐蚀和表面平整度达不到要求的可将模台送至专业厂家维修。

（2）固定边模处孔洞的堵塞处理

固定边模处孔洞可采用钢制、塑料堵孔塞进行封堵，还可以采用塞焊的方式封堵，封堵后进行抛光处理。

101. 如何维修、改用模具？

（1）日常模具的维修、改用

1）首先要建立健全日常模具的维护和保养制度。

2）模具的维修和改用应当由技术部设计并组织实施。

3）有专人负责模具的维修和改用。

4）厂房应有模具维修车间或模具维修场所。

5）维修和改用的模具应确保达到设计要求。

6）维修和改用好的模具应填写检查记录表，并拍照存档。

7）维修和改用后模具首件应当作首件检查记录，并填写检查记录表，拍照存档。

（2）标准化可重复使用的模具

标准化的模具配置，可重复利用的模具部件有：

1）边模的斜支撑部件。

2）窗模的角部部件。

3）浆锚搭接孔模具，灌浆套筒、机电预埋管件、套管的定位组件。

4）标准化高度的埋件定位架等。

（3）模具定期检修

1）模具应定期进行检修，检修合格方能再次投入使用。

2）模具经维修后仍不能满足使用功能和质量要求时应予以报废，并填写模具报废记录表。

检查频次：固定模台或流动模台每 6 个月应进行一次检修，钢或铝合金型材模具每 3 个月或每周转生产 60 次应进行一次检修，装饰造型衬模每 1 个月或每周转 20 次应进行一次检修。

 102. 如何存放、保管模具？

模具成本占 PC 总成本比重较大，应当很好地存放和保管。

1）模具应组装后存放，配件等应一同储存，并应当连接在一起，避免散落。

2）模具应设立保管卡，记录内容包括名称、规格、型号、项目、已经使用次数等，还应当有所在模具库的分区与编号。卡的内容应当输入计算机模具信息库，便于查找。

3）模具储存要有防止变形的措施。细长模具要防止塌腰变形。模具原则上不能码垛存放，以防止压坏。存放储存也不便于查找。

4）模具不宜在室外储存，如果模具库不够用，可以搭设棚厦，要防止日晒雨淋。

5）可重复使用的模具部件需妥善保管。

第 6 章　PC 构件混凝土配合比设计

103. 如何计算混凝土配置强度？

混凝土配合比设计是根据设计要求的强度等级确定各组成材料数量之间的比例关系，即确定水泥、水、砂、石、外加剂、混合料之间的比例关系，使实际配置强度满足设计要求。

PC 工厂实际生产时用的混凝土配置强度应高于设计强度，因为要考虑配置和制作环节的不稳定因素。混凝土配置强度根据《普通混凝土配合比设计规程》（JGJ 55）规定，应符合下列规定：

1）当混凝土的设计强度等级小于 C60 时，配制强度应按下式计算：

$$f_{cu,o} \geqslant f_{cu,k} + 1.645\sigma \quad (6\text{-}1)(《普通混凝土配合比设计规程》式 4.0.1\text{-}1)$$

式中　$f_{cu,o}$——混凝土配制强度（MPa）；

$f_{cu,k}$——混凝土立方体抗压强度标准值，这里取设计混凝土强度等级值（MPa）；

σ——混凝土强度标准差（MPa）。

2）当设计强度等级大于或等于 C60 时，配制强度应按下式计算：

$$f_{cu,o} \geqslant 1.15 f_{cu,k} \quad (6\text{-}2)(《普通混凝土配合比设计规程》式 4.0.1\text{-}2)$$

3）混凝土强度标准差 σ 应按照下列规定确定：

①当具有近 1 个月 ~3 个月的同一品种、同一强度等级混凝土的强度资料时，其混凝土强度标准差 σ 应按下式计算：

$$\sigma = \sqrt{\frac{\sum_{i=1}^{n} f_{cu,t}^{2} - n m_{fcu}^{2}}{n-1}} \quad (6\text{-}3)(《普通混凝土配合比设计规程》式 4.0.2)$$

式中　σ——混凝土强度标准差；

$f_{cu,i}$——第 i 组的试件强度（MPa）；

m_{fcu}——n 组试件的强度平均值（MPa）；

n——试件组数，n 值应大于或者等于 30。

对于强度等级不大于 C30 的混凝土：当 σ 计算值不小于 3.0MPa 时，应按式（6-3）计算结果取值；当 σ 计算值小于 3.0MPa 时，σ 应取 3.0MPa。

对于强度等级大于 C30 且小于 C60 的混凝土：当 σ 计算值不小于 4.0MPa 时，应按式（6-3）计算结果取值；当 σ 计算值小于 4.0MPa 时，σ 应取 4.0MPa。

②当没有近期的同一品种、同一强度等级混凝土强度资料时，其强度标准差 σ 可按

表 6-1 取值。

表 6-1　强度标准差 σ 取值表

混凝土强度等级	≤C20	C25 ~ C45	C50 ~ C55
σ/MPa	4.0	5.0	6.0

 104. PC 构件混凝土配合比设计有哪些要求?

PC 构件的混凝土是在工厂内使用，首先是不需要长距离运输，不需要较长的初凝时间，再者某些 PC 构件的制作工艺本身有自己的特点，对混凝土的要求也不一样。因此 PC 构件的混凝土配合比设计除了要保证强度、耐久性要求外，从制作工艺的特点出发，会跟工地用的商品混凝土有所不同，也与大面积现场现浇的混凝土有所不同。

(1) 国家标准规定

国家标准《装标》第 9.6.2 条规定混凝土工作性能指标应根据预制构件产品特点和生产工艺确定，混凝土配合比设计应符合国家现行标准《普通混凝土配合比设计规程》(JGJ 55) 和《混凝土结构工程施工规范》(GB 50666) 的有关规定，主要包括以下内容：

1) 配合比设计要满足混凝土配制强度及其他力学性能、拌合物性能、长期性能和耐久性能的设计要求。

2) 配合比设计应采用项目上实际使用的原材料；配合比设计所采用的细骨料含水率应小于 0.5%，粗骨料含水率应小于 0.2%。

3) 混凝土的最大水胶比应符合现行国家标准《混凝土结构设计规范》(GB 50010) 中 3.5.3 条的规定，见表 6-2。

表 6-2　结构混凝土材料的耐久性基本要求

环 境 等 级	最大水胶比	最低强度等级	最大氯离子含量 (%)	最大碱含量/(kg/m^3)
一	0.60C20		0.30	不限制
二 a	0.55C25		0.20	3.0
二 0.50	(0.55) C30	(C25)	0.15	
三 a0.45	(0.50) C35	(C30)	0.15	
B 三 b	(0.40) C40		0.10	

注：素混凝土构件的水胶比及最低强度等级的要求可适当放松。

4) 矿物掺合料在混凝土中的掺量应通过试验确定。

(2) 其他要求

除以上国家标准的规定外，还要注意以下要点：

1) 商品混凝土考虑运输距离和现场等待的时间，所以它的初凝时间是比较长的，而对于工厂生产，厂内自行搅拌混凝土不需要考虑较长的凝结时间，因为工艺不同，所以商品混凝土配方不宜用在 PC 构件生产中。

2）装配式建筑的混凝土与现浇混凝土不同的是，制作时有的钢筋、钢筋套筒、预埋件比较密集，这个时候混凝土就需要有更好的流动性，所以坍落度应当比大体积浇筑用的混凝土坍落度大一些。关于塌落度是根据构件的不同和环境条件的不同来控制。现给出几个不同地区对塌落度的要求，例如：日本东京构件厂要求 100mm ± 20mm；上海 100mm ± 20mm；沈阳 120mm ± 20mm。

3）混凝土坍落度大，同时也要控制混凝土抗离析性。

4）混凝土配合比设计时要考虑混凝土的保塑性，初凝时间要满足制作工艺的要求。

 105. 如何设计高强度等级混凝土配合比？

装配式建筑较多用于高层和超高层建筑，往往会用到高强度混凝土。国外高层或超高层建筑用高强度混凝土是希望通过提高混凝土强度等级，用高强度大直径钢筋来减少钢筋连接节点数量，从而减少套筒数量和灌浆料，降低成本，所以装配式建筑运用高强度混凝土会多一些。

目前国内一般把强度等级等于或高于 C60 的混凝土称为高强度混凝土，采用高于或不低于 42.5 级的水泥和优质骨料掺配，并以较低的水灰比配置成型。

国家行业标准《装规》4.1.2 条文要求“预制构件的混凝土强度等级不宜低于 C30；预应力混凝土预制构件的强度等级不宜低于 C40，且不应低于 C30；现浇混凝土的强度等级不应低于 C25”。PC 建筑混凝土强度等级的起点就比现浇混凝土建筑高了一个等级。日本目前 PC 建筑混凝土的强度等级最高已经用到 C100 以上。

混凝土强度等级高一些，对套筒在混凝土中的锚固有利；高强度等级混凝土与高强度钢筋的应用可以减少钢筋数量，避免钢筋配置过密、套筒间距过小影响混凝土浇筑，这对梁柱结构体系建筑比较重要；高强度等级混凝土和钢筋对提高整个建筑的结构质量和耐久性有利。因此高强度混凝土在设计配合比时应符合现行行业标准《普通混凝土配合比设计规程》（JGJ 55）中条文 7.3.1 的主要规定：

1）应选用质量稳定、宜用 52.5 级的水泥或不低于 42.5 级的硅酸盐水泥或普通硅酸盐水泥。

2）粗骨料应选用连续级配，最大粒径不宜大于 25mm，含泥量不应大于 0.5%，泥块含量不应大于 0.2%，针片状颗粒含量不宜大于 5%，且不应大于 8%。

3）细骨料的细度模数宜采用 2.6 ~ 3.0 的Ⅱ区中砂，含泥量应不大于 2.0%，泥块含量应不大于 0.5%。

4）宜采用减水率不小于 25% 的高效减水剂或缓凝高效减水剂。

5）并应掺用活性较好的矿物掺合料，如粉煤灰、矿粉、硅灰等。且宜复合使用矿物掺合料。

 106. 如何设计装饰混凝土配合比？

装饰混凝土是指具有装饰功能的水泥基材料，包括清水混凝土、彩色混凝土、彩色砂浆。装饰混凝土用于PC建筑表皮，包括直接裸露的柱梁构件、剪力墙外墙板、PC幕墙外墙刮板、夹芯保温构件的外叶板等。

（1）清水混凝土

清水混凝土其实就是原貌混凝土，表面不做任何饰面，忠实地反映模具的质感，模具光滑，它就光滑；模具是木质的，它就出现木纹质感；模具是粗糙的，它就是粗糙的。清水混凝土与结构混凝土的配制原则上没有区别。

（2）彩色混凝土和彩色砂浆

彩色混凝土和彩色砂浆一般用于PC构件表面装饰层，色彩靠颜料、彩色骨料和水泥实现，深颜色用普通水泥，浅颜色用白水泥，且白水泥的白度要稳定。彩色骨料包括彩色石子、花岗石彩砂、石英砂、白云石砂等。

装饰混凝土配合比设计的要点包括：

1）既要实现艺术要求色彩质感，又要保证强度。

2）装饰混凝土的强度与基层混凝土的强度不要差一个强度等级以上。

3）颜料掺量一般情况下不能超过6%。

4）水胶比不能过大。

107. 如何设计轻质或保温混凝土配合比？

轻质混凝土可以减轻构件重量和结构自重荷载。重量是PC拆分的制约因素。例如，开间较大或层高较高的墙板，常常由于重量太重，超出了工厂或工地起重能力而无法做成整间板，而采用轻质混凝土就可以做成整间板，轻质混凝土为PC建筑提供了便利性。

日本已经将轻质混凝土用于制作PC幕墙板，强度等级C30的轻质混凝土重力密度为$17kN/m^3$，比普通混凝土减轻重量25%～30%。

轻质混凝土的“轻”主要靠采用轻质骨料替代砂石实现。用于PC建筑的轻质混凝土的轻质骨料必须是憎水型的。目前国内已经有用憎水型的陶粒配置的轻质混凝土，强度等级C30的轻质混凝土重力密度为$17kN/m^3$，可用于PC建筑。

轻质混凝土有导热性能好的特点，用于外墙板或夹芯保温板的外叶墙，可以减薄保温层厚度。当保温层厚度较薄时，也可以用轻质混凝土取代EPS保温层。

轻质混凝土设计要点：

1）轻质混凝土由于骨料比较轻，所以坍落度和普通混凝土坍落度有所不同。

2）如果轻质混凝土流动性大，在浇筑振捣过程中导致骨料上浮，产生离析状态。

3）做配合比设计时，流动性要针对不同的轻骨料反复试验得出。

第7章　PC构件钢筋与预埋件加工

108. PC构件钢筋加工有哪些方式？有哪些基本要求？

（1）钢筋加工方式

钢筋加工有全自动加工、半自动加工和手工加工三种方式，关于加工设备在本书第1章第16问中已经介绍。

1）全自动加工方式。全自动加工方式可以将钢筋调直、剪切、成型、焊接等环节实现自动化，还可以自动焊接规则的网片和桁架筋，但全自动加工范围比较窄。

2）半自动加工方式。半自动化加工钢筋是指钢筋的调直、剪切、成型等环节实现了自动化，但组装成钢筋骨架仍然需要人工来完成。目前半自动化加工方式是钢筋加工工艺中应用最多的，半自动加工方式适合大部分预制构件所用的单根钢筋的加工。

3）手工加工方式。手工加工方式像大多数现浇工地加工钢筋一样，钢筋调直、剪切、成型等环节，通过独立的加工设备分别完成，然后由人工通过绑扎或焊接的方式进行钢筋骨架的组装。手工加工方式适合所有预制构件钢筋加工工艺。但是存在加工效率低、精度不高等缺点。

有些PC构件工厂钢筋加工设备比较齐全，能做到半自动化的加工。有些小型PC构件厂、市场范围窄的工厂以及建厂初期钢筋加工设备不齐，这时可以把钢筋网片、钢筋桁架筋以及箍筋外委给钢筋配送中心，然后再人工组装钢筋骨架。

（2）钢筋加工基本要求

1）钢筋的加工应符合现行国家标准及规范。

2）钢筋加工应按图样要求加工。

3）钢筋焊接网符合现行行业标准《钢筋焊接网混凝土结构技术规程》（JGJ 114）的规定。

①焊接网交叉点开焊数量不应超过整张焊接网交叉点总数的1%。且任一根钢筋上开焊点数不得超过该钢筋上交叉点总数的50%。焊接网表面最外边钢筋上的交叉点不应开焊。

②焊接网表面不得有影响使用的缺陷，有空缺的地方必须采用相应的钢筋补上。

③焊接网几何尺寸的允许偏差应符合要求，且在一张焊接网中纵横向钢筋的根数要符合设计要求。

4）钢筋加工前应将表面清理干净。表面有颗粒状、片状老锈或有损伤的钢筋不得使用。

5）钢筋加工宜在常温状态下进行，加工过程中不应对钢筋进行加热。钢筋应一次折弯到位。

6）钢筋宜采用机械设备进行调直，也可采用冷拉法调直。机械调直设备不应有延伸功能。当采用冷法调直 HPB300 光圆钢筋的冷拉率不宜大于 4%；HRB335、HRB400、HRB500、HRBF335、HRBF400、HRBF500 及 RRB400 带肋钢筋的冷拉率不大于 1%。钢筋调直过程中不应损伤带肋钢筋的横肋。调直后的钢筋应平直，不应有局部弯折。

7）钢筋弯折的弯弧内直径应符合《混凝土结构工程施工规范》（GB 50666）中的要求。

①光圆钢筋不应小于钢筋直径的 2.5 倍。

②335MPa 级、400MPa 级带肋钢筋不应小于钢筋直径的 4 倍。

③500MPa 级，当直径 28mm 以下时不应小于钢筋直径的 6 倍，当直径 28mm 以上时不应小于钢筋直径的 7 倍。

④箍筋弯折处尚不应小于纵向受力钢筋直径。

⑤纵向受力钢筋的弯折后平直段长度应符合设计要求。

⑥箍筋、拉筋的末端应按照设计要求做弯钩。

⑦钢筋弯折可采用专用设备一次弯折到位。对于弯折过度的钢筋，不得回弯。

8）外委钢筋加工，要有质检员对加工质量进行检查。

9）钢筋桁架尺寸允许偏差应符合国家标准《装标》中 9.4.3-2 的规定，见表 7-1。

表 7-1　钢筋桁架尺寸允许偏差

项　次	检验项目	允许偏差/mm
1	长度	总长度的 ±0.3% 且≤ ±10
2	宽度	+1，-3
3	高度	±5
4	扭曲	≤5

10）钢筋网片及钢筋骨架尺寸允许偏差应符合国家标准《装标》中 9.4.3-1 的规定，见表 7-2。

表 7-2　焊接钢筋成品尺寸允许偏差

项　目		允许偏差/mm	检验方法
钢筋网片	长、宽	±5	钢尺检查
	网眼尺寸	±10	钢尺量连续三档，取最大值
	对角线	≤5	钢尺检查
	端头不齐	≤5	钢尺检查
钢筋骨架	长	0，-5	钢尺检查
	宽	±5	钢尺检查
	高（厚）	±5	钢尺检查
	主筋间距	±10	钢尺量两端、中间各一点，取最大值
	主筋排距	±5	钢尺量两端、中间各一点，取最大值
	箍筋间距	±10	钢尺量连续三档，取最大值

（续）

项目			允许偏差/mm	检验方法
钢筋骨架	弯起点位置		15	钢尺检查
	端头不齐		5	钢尺检查
	保护层	柱、梁	±5	钢尺检查
		板、墙	±3	钢尺检查

11）采用半灌浆套筒连接钢筋时，钢筋螺纹加工操作人员要经过专业培训合格后上岗。

12）当外委加工的时候要提供图样及要求，应避免出错。

13）钢筋应平直，弯起点位置和方向符合设计要求；弯钩的角度、弯心直径和平直长度应符合设计或标准的要求。

14）钢筋的接头位置和搭接长度应符合设计或标准要求。

15）钢筋的绑扎应牢固并符合设计或标准要求。

16）预埋件的数量和位置应符合设计要求。

17）保护层厚度的控制要符合设计要求。

109. 自动化加工钢筋须注意哪些问题？

自动化加工钢筋须注意以下问题：

1）复核图样，检查钢筋图样有没有错、是否符合设计要求。

2）钢筋应符合设计图规范及甲方的要求，检查钢材的规格、型号、生产厂家。

3）自动化加工钢筋须注意加工过程的检验，发现不合格的产品应立即停止加工，找出问题的原因，直至加工出合格的产品才可以批量加工。

4）自动加工出来的钢筋网片有门窗洞口时，洞口的加强筋要人工绑扎好。

5）自动化加工钢筋的过程操作人员要随时抽查自检，防止机械有偏差。

6）钢筋连接处的焊接节点应平顺。

7）加工好的钢筋要做好标识。

110. 人工加工钢筋须注意哪些问题？

人工加工钢筋须注意以下问题：

1）钢筋加工前根据钢筋加工图进行技术交底，制订钢筋加工方案。

2）钢筋的品种和规格应符合设计图的规定。

3）正确、完整地绘制各种形状和规格的钢筋简图。

4）各种钢筋按设计图中配筋图的编号进行编号。

5）钢筋焊接前应除锈，钢筋端头要平整，不得有起弯。

6）受力钢筋焊接接头不宜位于构件的最大弯矩处，如水平构件的跨中和支座、竖直构件的底部等。

7）受力钢筋焊接接头不宜设置在梁端、柱端等箍筋加密区范围内。

8）受力钢筋焊接接头距钢筋折弯处不应小于钢筋直径的 10 倍。

9）钢筋加工首件要做首件检验，并将首件作为参照样品。

10）每天钢筋折弯机加工的第一个产品要检验尺寸。

11）人工组装钢筋骨架时要制作钢筋骨架的定型支架，图 7-1 所示为手工钢筋加工折弯机。

图 7-1 手工钢筋加工折弯机

 111. 人工加工钢筋如何进行读图、翻样、下料？

人工加工钢筋时，读图、翻样、下料要注意以下各点：

1）依据设计文件或标准图集进行技术交底和读图。

2）根据设计文件或标准图集中的配筋图，将所有钢筋进行翻样。

3）正确、完整地绘制各种形状和规格的钢筋简图。

4）制作钢筋加工模型，并按照设计文件将模型标识编号。

5）钢筋翻样后要及时填写钢筋“钢筋配料单”。“钢筋配料单”主要包括钢筋简图、钢筋品种、规格、下料长度、数量。

6）正确计算钢筋下料长度和钢筋数量（根数）。计算钢筋下料长度时应充分注意：

①钢筋保护层厚度。

②钢筋加工时的变形和弯心直径、弯钩长度。

③当钢筋长度不够，需要焊接和搭接时，应增加搭接长度。

④钢筋剪切时的锯口尺寸。

7）钢筋下料应合理组配避免钢筋头过长，切割剩下的钢筋应尽量充分利用，如用于制作庭院构件等。

 112. 如何加工异形钢筋？

异形钢筋多指三维形状钢筋，即立体的，如图 7-2 所示。制作时需要注意以下要求：

1）依据设计文件制作立体模板。

2）第一件下料尺寸尽可能比图样长点。

3）第一件加工完成后对照图样检查。

4）依据第一件样品下料。

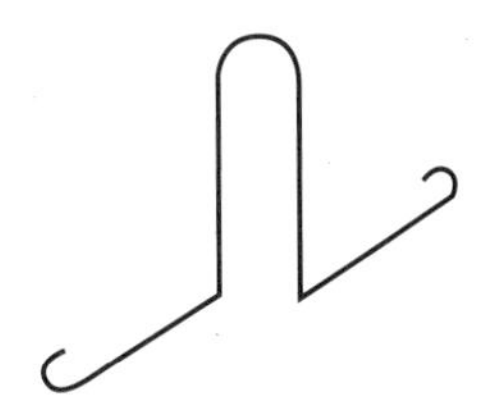

图 7-2 异形钢筋-安全钩

113. 钢筋连接有哪些方式？有什么要求？

PC构件内的钢筋连接方式包括与全灌浆套筒连接、与半灌浆半机械套筒连接、焊接连接和搭接。分别介绍如下：

（1）与全灌浆套筒连接

1）钢筋应插到套筒挡片位置。

2）套筒注浆孔及出浆孔要用泡沫棒填充，防止混凝土浆料进入。

3）钢筋端头要平齐。

4）插入钢筋时要注意保护好密封圈。

5）钢筋一旦窜出套筒，不能用大锤往里砸，防止把套筒限位片砸掉。

（2）与半灌浆半机械套筒连接

1）加工钢筋接头操作人员应经专业培训合格后上岗。钢筋接头的加工应经工艺检验合格后方可进行。

2）采用半灌浆套筒连接钢筋时，钢筋螺纹（图7-3）加工应符合以下要求：

①钢筋螺纹加工应选择与灌浆套筒螺纹参数配套的设备。

②钢筋无论是加工带螺纹的一端，还是待灌浆锚固连接的一端，都要保证端部平直。建议用无齿锯下料，钢筋须整根钢筋。

③螺纹牙形要饱满，牙顶宽度大于0.3P（P为钢筋螺纹螺距）的不完整螺纹累计长度不得超过两个螺纹周长。

④尺寸用螺纹环规检查，通端钢筋丝头应能顺利旋入，止端丝头旋入量不能超过3P。

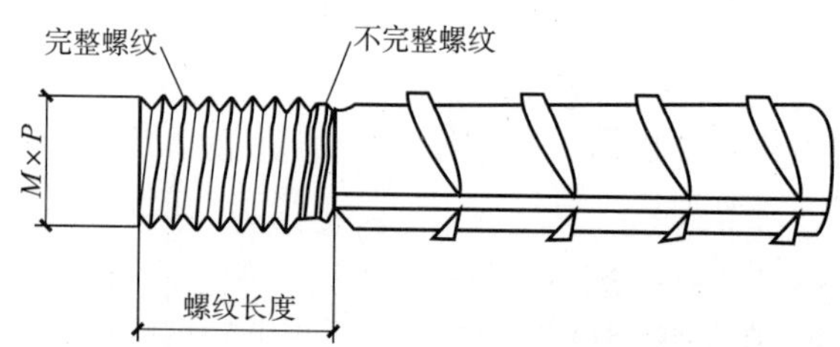

图7-3　钢筋螺纹示意（图片由北京思达建茂有限公司提供）

3）螺纹接头和半灌浆套筒连接接头应使用专用扭力扳手拧紧至规定扭力值。

（3）焊接连接

PC构件钢筋焊接主要有自动化焊接和人工焊接。

1）自动化焊接：

①要检验首件，合格后才能批量生产。

②焊接网交叉点开焊数量不应超过整张焊接网交叉点总数的1%。且任一根钢筋上开焊点数不得超过该钢筋上交叉点总数的50%。焊接网表面最外边钢筋上的交叉点不应开焊。

③钢筋桁架筋高度焊接要符合图样设计要求。

2）人工焊接：

①从事钢筋焊接施工的焊工应持有焊工证，并按照焊工证的规定范围上岗操作。

②按照图样要求的焊缝高度、焊接长度来焊接。

③钢筋焊接施工前，焊工应进行现场条件下的焊接工艺试验，经试验合格后方可进行焊接。焊接过程中钢筋牌号、直径发生变更，应再次进行工艺试验。

④细晶粒热轧钢筋及直径大于 28mm 的普通热轧钢筋，其焊接参数应经试验确定，余热处理钢筋不宜焊接连接。

⑤钢筋焊接中，焊工应及时自检。当发现焊接缺陷及异常现象时，应查找原因，并采取措施及时消除。

(4) 搭接连接

1）受力钢筋接头不宜位于构件最大弯矩处。

2）同一截面受力钢筋的接头百分率、钢筋的搭接长度及锚固长度等应符合设计要求或国家现行有关标准的规定。

3）搭接长度的末端距钢筋弯折处不得小于钢筋直径的 10 倍。

4）钢筋的绑扎搭接接头应在接头中心和两端用钢丝扎牢。

5）墙、柱、梁钢筋骨架中各竖向面钢筋网交叉点应全数绑扎。

(5) 其他要求

1）钢筋焊接和机械连接均应进行工艺检验，试验结果合格后方可进行预制构件生产。

2）钢筋焊接接头和机械连接接头应全数检查外观质量。

3）应符合现行行业标准《钢筋机械连接技术规程》（JGJ 107）、《钢筋焊接及验收规程》（JGJ 18）的有关规定，抽取钢筋机械连接接头、焊接接头试件做力学性能检验。

4）混凝土保护层厚度应满足设计要求。保护层垫块宜与钢筋骨架或网片绑扎牢固，按梅花装布置，间距满足构件限位及控制变形要求，钢筋扎丝甩扣应弯向构件内侧。

114. 钢筋锚固板加工有什么要求？

当预制构件设计中有锚固板要求，钢筋锚固板加工应符合下列要求：

1）锚固板原材料宜选用表 7-3 中的牌号，且应满足表中的力学性能要求。

表 7-3　锚固板原材料力学性能要求

锚固板原材料	牌　　号	抗拉强度 σ_s /（N/mm²）	屈服强度 σ_b /（N/mm²）	伸长率 δ（%）
球墨铸铁	QT 450-10	≥450	≥310	≥10
钢板	45	≥600	≥355	≥16
	Q345	450～630	≥325	≥19
锻钢	45	≥600	≥355	≥16
	Q235	370～500	≥225	≥22
铸钢	ZG 230-450	≥450	≥230	≥22
	ZG 270-500	≥500	≥270	≥18

注：本表来自行业标准《钢筋锚固板应用技术规程》（JGJ 256）中的规定。

2）当锚固板与钢筋采用焊接连接时，锚固板原材料尚应符合现行行业标准《钢筋焊接及验收规程》（JGJ 18）对连接件材料的可焊性要求。

115. 如何加工敷设局部加强筋？

墙板门窗洞口边以及脱模、吊装预埋件区域由于应力集中，为防止开裂，设计上往往有加强措施加强筋的设置。

（1）敷设加强筋的部位

1）开口转角处加强筋。PC墙板洞口转角处应设置加强筋（图7-4）。

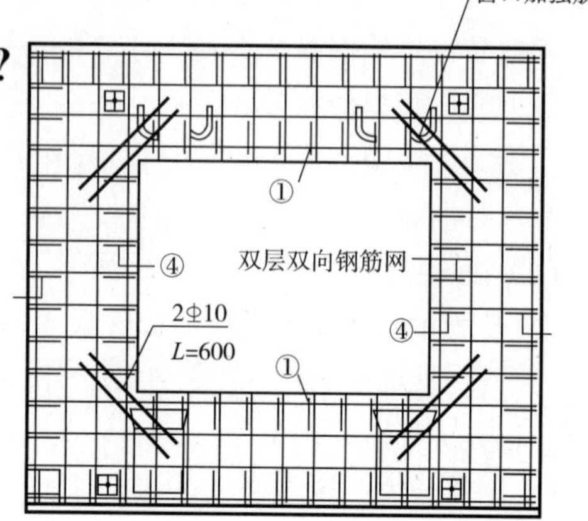

图7-4　PC外挂墙板开口转角处加强筋

2）L形墙板转角部位构造。平面为L形的转角PC墙板转角处的构造和加强筋（图7-5）。

3）肋板处加强筋。有些PC墙板，如宽度较大的板，设置了板肋，板肋构造如图7-6所示。

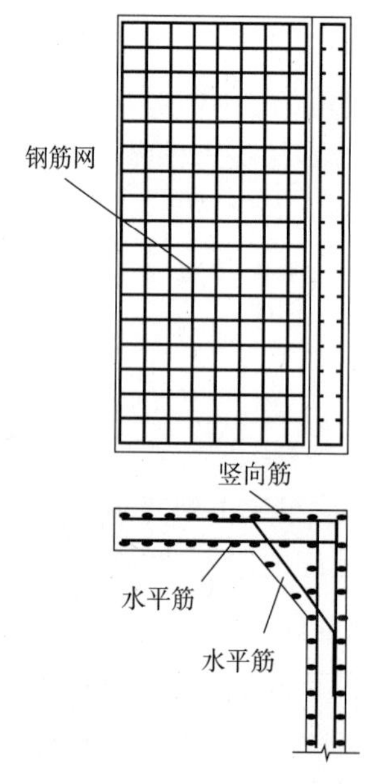

图7-5　L形墙板转角构造与加强筋

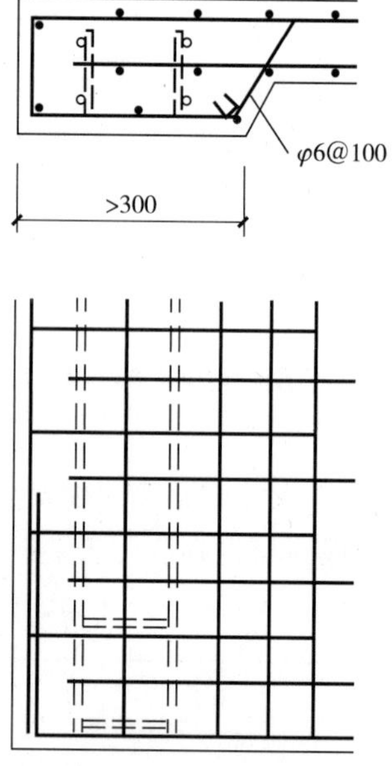

图7-6　肋板构造

4）边缘加强筋。PC外挂墙板周圈宜设置一圈加强筋（图7-7）。

5）吊点部位加强筋。PC构件吊点部位的加强筋具体根据设计定，叠合楼板一般在吊点位置有加强筋（图7-8）。

6）预埋件加强筋。PC墙板连接节点预埋件处加强筋如图7-9所示。

（2）作业要求

1）当人工加工钢筋时，加强筋一起绑扎。

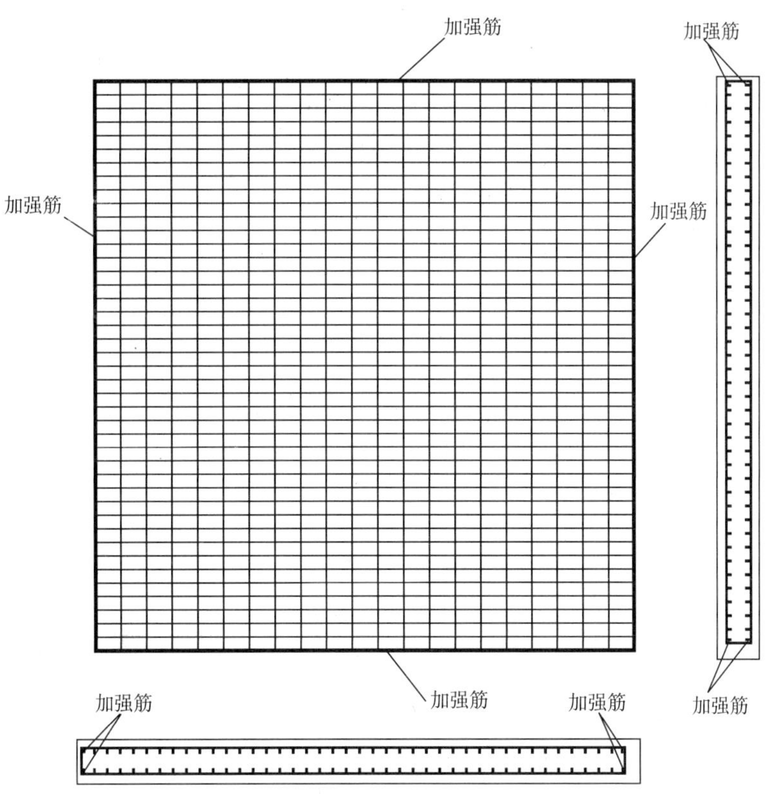

图 7-7　PC 外挂墙板边缘加强筋

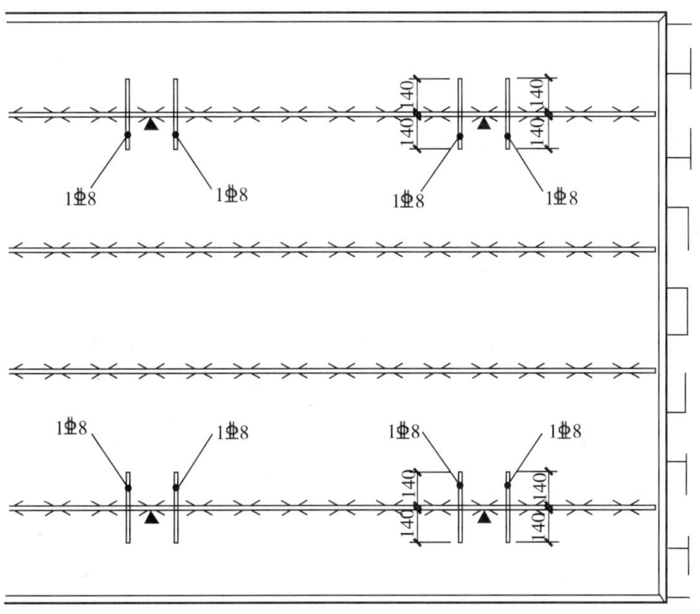

图 7-8　叠合楼板吊点部位的加强筋

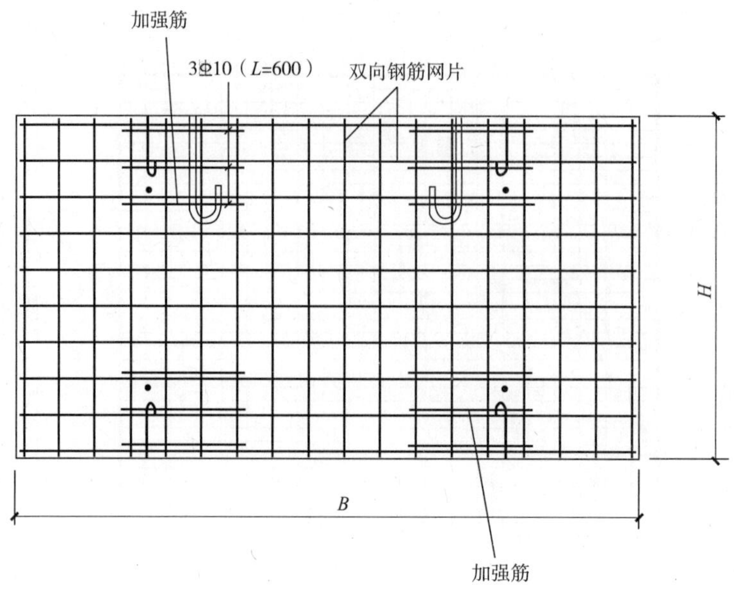

图 7-9 连接节点预埋件处加强筋

2）钢筋网片机械自动化加工出来对于门、窗洞口位置应人工附加加强筋，避免遗忘。

3）加强筋的绑扎要符合设计图样和国家标准规范要求。

4）叠合楼板吊点加强筋，应当在敷设部位的桁架筋上做好标识。

116. 如何检验钢筋加工？

钢筋在拉直、剪切、成型后应经过检验才能组装钢筋骨架，在加工检验中应注意以下要点：

1）根据图样要求检验钢筋的直径。

2）检查成型钢筋的形状。

3）检查成型钢筋的尺寸和局部的尺寸。

4）检查主筋机械连接接头。

5）检查箍筋弯折角度。

6）检查钢筋加工的螺纹长度。

7）检查折弯后的平直段长度。

117. 钢筋骨架制作须注意什么？验收标准如何？

（1）国家标准的有关规定

钢筋半成品、钢筋网片、钢筋骨架经检查合格方可入模，钢筋骨架应符合《装标》第 9.4.3 条规定：

1）钢筋表面不得有油污，不应严重锈蚀。

2）钢筋网片和钢筋骨架宜采用防止变形的专用吊架进行吊运。

3）混凝土保护层厚度应满足设计要求。保护层垫块应与钢筋骨架或网片绑扎牢固，按梅花状布置，间距满足钢筋限位及控制变形要求，钢筋扎丝甩扣应弯向构件内侧。

4）钢筋成品的允许偏差和检验方法应符合表 7-4 的要求。

表 7-4　钢筋成品的允许偏差和检验方法

<table>
<tr><th colspan="3">项　目</th><th>允许偏差/mm</th><th>检 验 方 法</th></tr>
<tr><td rowspan="4">钢筋网片</td><td colspan="2">长、宽</td><td>±5</td><td>钢尺检查</td></tr>
<tr><td colspan="2">网眼尺寸</td><td>±10</td><td>钢尺量连续三档，取最大值</td></tr>
<tr><td colspan="2">对角线</td><td>5</td><td>钢尺检查</td></tr>
<tr><td colspan="2">端头不齐</td><td>5</td><td>钢尺检查</td></tr>
<tr><td rowspan="10">钢筋骨架</td><td colspan="2">长</td><td>0，-5</td><td>钢尺检查</td></tr>
<tr><td colspan="2">宽</td><td>±5</td><td>钢尺检查</td></tr>
<tr><td colspan="2">高（厚）</td><td>±5</td><td>钢尺检查</td></tr>
<tr><td colspan="2">主筋间距</td><td>±10</td><td>钢尺量两端、中间各一点，取最大值</td></tr>
<tr><td colspan="2">主筋排距</td><td>±5</td><td>钢尺量两端、中间各一点，取最大值</td></tr>
<tr><td colspan="2">箍筋间距</td><td>±10</td><td>钢尺量连续三档，取最大值</td></tr>
<tr><td colspan="2">弯起点位置</td><td>15</td><td>钢尺检查</td></tr>
<tr><td colspan="2">端头不齐</td><td>5</td><td>钢尺检查</td></tr>
<tr><td rowspan="2">保护层</td><td>柱、梁</td><td>±5</td><td>钢尺检查</td></tr>
<tr><td>板、墙、</td><td>±3</td><td>钢尺检查</td></tr>
</table>

（2）其他要求

除以上国家规定外，钢筋骨架的制作还要注意以下要点：

1）骨架制作应采用专用的支架或模板。

2）加工好的骨架考虑吊装和运输要做临时加强措施，例如绑扎两道斜筋，增加骨架的稳定。

钢筋骨架的加工如图 7-10 所示；制作完成后的钢筋骨架如图 7-11 所示。

图 7-10　钢筋骨架的加工

图 7-11　制作完成后的钢筋骨架

118. 预埋件加工、防锈蚀有什么要求?

(1) 预埋件加工要求

1) 预埋件应按照图样要求加工。

2) 预埋件所用钢材物理及力学性能应符合设计要求。

3) 所用焊条性能应符合设计要求。

4) 当预埋件是本厂加工的应当由技术部进行技术交底，由质量部对生产过程进行质量控制和验收检查。

5) 外委加工的预埋件要在合同中约定材质要求、质量要求、技术要求及质量标准，抽验检查。因为有些预埋件生产量少，由小型工厂加工，如果没有质量要求和检验厂家容易以次充好。

(2) 防腐防锈处理

1) 对于裸露在外的预埋件一定要按照设计要求进行防锈处理。

2) 预埋件防锈处理应在预埋件所有焊接工艺完工后进行。不能先镀锌后焊接。

3) 防腐防锈要有设计要求，内容包含防锈镀锌工艺、材料、厚度等。

4) 预埋件在运输过程要注意保护，防止对镀锌层破坏。

防锈处理完成的成品预埋件如图 7-12 所示。

图 7-12　成品预埋件

119. 预埋件制作如何检验? 允许偏差是多少?

(1) 预埋件如何检验

1) 预埋件的制作应按照图样设计要求进行全数检验。

2) 无论外委加工的预埋件，还是自己加工的都应当由质检员进行检验，合格后使用。

3) 外加工的及外采购的需要厂家提供材质单及合格证，必要时要进行材质检验。

4) 预埋件检验要填写检验记录。

(2) 外观检查

1) 焊接而成的预埋件要对焊缝进行检查。

2) 有防腐要求的预埋件要对镀锌层进行检查。

(3) 允许偏差

预埋件加工允许偏差应符合《装标》中第 9. 4. 4 条规定，见表 7-5。

表 7-5　预埋件加工允许偏差

项　　次	项　　目		允许偏差/mm	检 验 方 法
1	预埋件锚板的边长		0，－5	用钢尺量测
2	预埋件锚板平整度		1	用钢尺和塞尺量测
3	锚筋	长度	10，－5	用钢尺量测
		间距偏差	±10	用钢尺量测

120. 钢筋骨架运输须注意什么？

加工好的钢筋骨架从钢筋加工区搬运到模具内有两种运输方式，一是通过运输车（图 7-13）或者是起重机搬运（图 7-14）钢筋；二是全自动化生产线由专用的机械手（图7-15）运输。

图 7-13　自制小车运输钢筋骨架

图 7-14　起重机运输钢筋骨架

在钢筋骨架运输的过程中须注意以下要点：

1）防止钢筋骨架的变形。

2）防止钢筋骨架错位，例如主筋、箍筋间距或排距变了。

3）防止起重机运输时把钢筋吊弯、抽出、散落等现象。

4）防止钢筋附属配件脱落，例如保护层垫块脱落、避雷扁铁脱落。

图 7-15　机械手运输钢筋

因此钢筋骨架和钢筋网片在运输过程中应避免应力集中，防止变形、脱落、散架等现象，需要采用多点吊运、专用吊架吊运、专用小车运输、专用机械手运输等。

第 8 章　PC 构件制作

121. 构件制作有哪些工序?

构件制作的主要工序为：模具就位组装→钢筋骨架就位→灌浆套筒、浆锚孔内模、波纹管安装就位→窗框、预埋件就位→隐蔽验收→混凝土浇筑→蒸汽养护→脱模起吊存放→脱模初检→修补→出厂检验→出厂运输（如图 8-1 所示）。

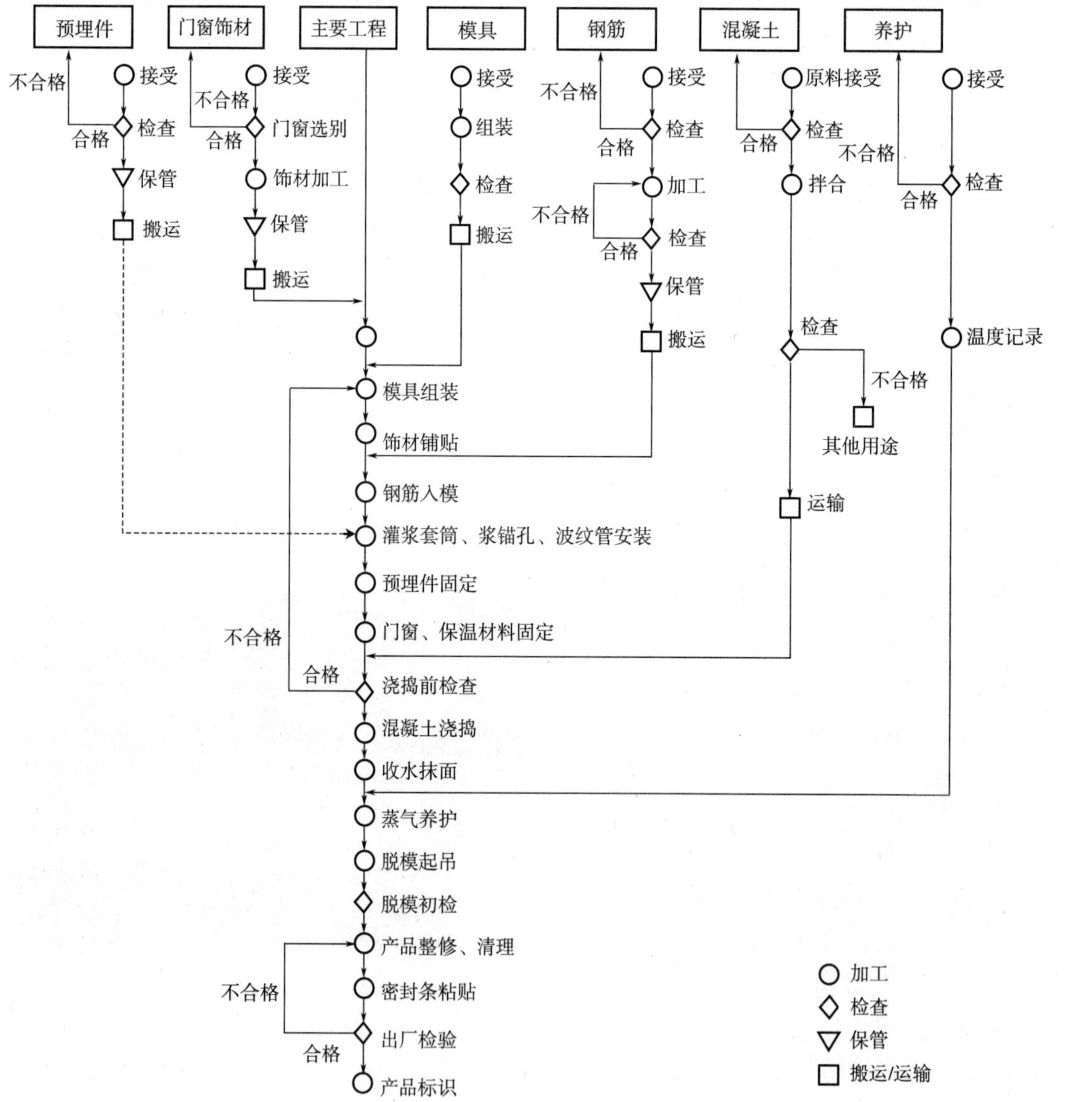

图 8-1　构件制作通用工艺流程图

122. 固定模台制作作业有什么特点和要点？

（1）固定模台制作作业的主要特点

固定模台制作作业具有适用范围广、通用性强的主要特点，可制作各种标准化构件、非标准化构件和异形构件。具体有柱、梁、叠合梁、后张法预应力梁、叠合楼板、剪力墙板、外挂墙板、楼梯、阳台板、飘窗、空调板和曲面造型构件等五十多种构件。固定模台的主要特点是：

1）模台和模具是固定不动的，作业人员和钢筋、混凝土等材料在各个模台间“流动”。

2）模台与台座或地面之间有可靠的支承与连接，不易下沉、变形和位移。

3）灌浆套筒安装、预埋件等附件安装、门窗框安装、构件浇筑、蒸养、脱模等工序就地作业。

4）混凝土浇筑多采用振捣棒插捣作业，浇筑面由人工抹平，对工人技能要求较高。

5）每个模台要配有蒸汽管道和独立覆盖，构件可按需逐件蒸养（成本高），蒸养作业较为分散和繁琐。

6）无自动翻转台，通过起重机进行构件的脱模和翻转（需要翻转的构件）。

7）对空间运输的组织要求较为严格，如钢筋骨架、混凝土等物料需运至不同位置，整个生产流程较为依赖搬运作业。

8）对各个作业环节的生产节奏和工序衔接要求不是太严格。

9）生产规模与模台数量成正比关系，需求的产量越高，模台数量就越多，相对应厂房面积也越大。

10）需留出作业通道和安全通道。

11）模台可用钢制模台，也可用钢筋混凝土或超高性能混凝土模台。

12）模台尺寸可根据项目需求进行调整或更换，常用模台尺寸有：预制墙板模台尺寸为 4m×9m，预制叠合楼板为 3m×12m，预制柱、梁构件为 3m×9m。

（2）固定模台制作作业要点

1）采取可靠的支承和连接措施防止模台下沉、变形和位移，具体方法有：

①可采用千斤顶校正方法防止模台下沉和变形：将固定模台局部顶升和降低，沿台座边垫入合适厚度的垫片，以逐一校正模台水平度，垫片支承点间距不宜大于 1m。

②防止模台位移的方法：通过长螺栓将模台与台座或地面加以固定和连接，可防止模台位移，需定期复检和调整。

2）模台的检查与维护：模台要定期检查、维护和修整，用作底模的模台应平整光洁，不得有下沉、裂缝、起砂和起鼓。

3）作业顺序：模具组装的顺序要和钢筋骨架、门窗框、灌浆套筒、预埋件等物料入模顺序相契合。

4）空间运输的组织：模具搬运安装、钢筋骨架入模、输送混凝土料斗的工序组织要细分而严密。

5）振捣作业：固定模台上生产的板式构件可采用附着式振捣器振捣，预制墙、柱、梁等构件要采用人工振捣，振捣上要进行更严格的控制。

6）混凝土浇筑后抹平作业：对伸出钢筋、埋件工装架、门窗洞口等模具边口的混凝土要采用靠尺或刮尺进行找平，并进行压光，要有确保平整度的措施。

7）养护作业：养护点较为分散，每个模台上要有专门的控温措施和设置。

8）养护作业：养护覆盖要紧密，避免能源浪费。

9）脱模作业：板式构件对起重设备和辅助设备的依赖性更高，更要预先做好准备。

10）起重荷载验算：构件制作前需验算起重机的荷载能力，以防止起重设备超限，验算时除构件自重，还应加上构件与模台接触面之间的吸附力，一般取 $1.5kN/m^2$。

11）运输和安全通道：运输通道要通畅、安全通道要求更高。

12）翻转作业：设置专门的场地用于构件翻转，采取可靠的措施确保构件在翻转过程中安全且不损坏。

13）车间布局：合理编排车间布局，各模台间需留有足够的安全距离，车间内设有专用的运输通道和安全通道，并随时保持畅通。

123. 流动模台制作作业有什么特点和要点？

（1）流动模台制作作业的主要特点

流动模台制作作业相比固定模台工艺适用范围较窄、通用性较低，可制作非预应力的叠合板、剪力墙板、内隔墙板、标准化的装饰保温一体化板等十多种构件。流动模台的主要特点是：

1）模台和模具流动，作业人员和供料在固定位置，集中养护构件。

2）有些环节实现了相对的自动化、机械化作业，例如：采用振动台定点自动振捣，模台可自动清理，可自动喷涂脱模剂和进行放线作业。

3）定点浇筑，可精确控制入模的混凝土用量。

4）有脱模倾斜台（不需要人工翻转）。

5）特别要求各个工序间的平衡，一个工序脱节就会对整个生产工序造成影响，对作业工序的平衡性、均衡性要求特别严，如钢筋入模的速度和混凝土入模的速度要匹配，一个环节卡壳将导致整个生产线受阻。

6）对人为作业的环节要求太严格。

（2）流动模台的作业要点

1）保持设备完好。检查设备的状态，保持设备在完好的状态，如清扫模具的设备状态不良将影响模具的清洁状态；自动喷洒脱模剂的设备状态不良，喷薄、喷厚将直接影响构件脱模和表观质量。

2）关注状态不良的设备，设备未做到位的环节要有人工辅助的检查和补救措施。

3）对节奏要详细安排，要求每一个作业的环节在同一时段内完成，各工序要紧密衔接配合。

4）流动性要因地制宜，需及时分析、判断和调整，如产品在变化，一个生产线上生产不同构件时，每种构件的生产节奏是不一样的。

5）集中养护，是以最后一个入养护窑的构件起始养护，养护池的温度与室内温度温差较大，特别在冬天，养护池内相对一直保持较高的温度，降温过程更要注意逐步降低，否则可能引起质量问题。

6）对各个环节容易出现卡壳、受阻的因素一定要有预案。

124. 全自动生产线制作作业有什么特点和要点？

尽管全自动生产线有效率非常高、质量保证好和大量节约劳动力的优势，但在全世界范围内，能实现全自动生产作业的构件非常少，只有叠合楼板（不出筋的）、双面叠合剪力墙或不出筋且表面装饰不复杂的板式构件（2～5 种构件），目前应用较少。

（1）全自动生产线制作作业的主要特点

1）完全自动控制，要检查系统完好性、各个环节的匹配性，作业工序要跟上。

2）对作业人员依赖性较少，对生产设备和自动控制系统依赖性较高。

3）对生产规模和产量要求高，要达到开启规模。

4）生产线流程顺畅。

5）全自动钢筋加工设备。

（2）全自动生产线制作作业的要点

1）自动化配套的设备要齐全。

2）要有一个专用的统领全局的设备控制系统，能将图样中的技术参数分配给每一台独立的设备。

3）构件制作图必须是生产线控制系统能识别的格式。

4）保持设备和自动控制系统完好性，确保物料供应系统完好性。

5）设备要做好调试并保持完好，长期不用的设备要试运行后才能投入生产。

6）新构件要先试生产，无问题后再大量投产。

7）各环节作业均衡，以使流水线以匀速运行。

8）对各作业环节配置相应的检查人员，及时对钢筋加工和混凝土成型状态进行检查和复核。

9）有局部加强筋时要人工辅助敷设（见本书第 7 章第 115 问）。

125. 立模制作作业有什么特点和要点？

立模制作作业主要有两种方式，一种是独立的立模方式，如立模生产的柱、楼梯、T 字形的墙板等，这种生产作业方式与固定模台作业方式相近；另一种是在生产线上的集合式立模方式，主要生产内隔墙，其生产作业方式与流动模台方式相近。下面根据这两种不同的作业方式分开论述。

（1）独立立模

1）独立立模制作作业的主要特点：

①模具是固定不动的，作业人员和钢筋、混凝土等材料在各个立模间“流动”。

②模具要确保自身的稳定性、安全性，竖高构件要有防止倾覆的措施。

③对钢筋骨架的成型质量要求较高。

④混凝土保护层控制较难。

⑤灌浆套筒安装、预埋件等附件安装、门窗框安装、构件浇筑、蒸养、脱模等工序就地作业。

⑥混凝土浇筑多采用振捣棒插捣作业，插捣深度较深，浇筑面抹面收口较少，对工人技能要求较高。

⑦每个立模要配有蒸汽管道和独立覆盖，构件可按需逐件蒸养（成本高），蒸养作业较为分散和繁琐。

⑧构件成型状态与其工作状态一致，不需翻转，通过起重机进行构件的脱模。

⑨对空间运输的组织要求较为严格，如钢筋骨架、混凝土等物料需运至不同位置，整个生产流程较为依赖搬运作业。

⑩对各个作业环节的生产节奏和工序衔接要求不是太严格。

⑪生产规模与立模数量成正比关系，需求的产量越高，立模数量就越多，相对应厂房面积也越大。

⑫需留出作业通道和安全通道。

2）独立立模制作作业的要点：

①采取可靠的措施防止模台倾覆、下沉、变形和位移。

②立模的底模和边模要定期检查、维护和修整，模具面层应平整光洁，不得有下沉、裂缝、起砂和起鼓的现象。

③作业顺序：模具组装的顺序和钢筋骨架、门窗框、灌浆套筒、预埋件等物料入模顺序要契合。

④钢筋作业：钢筋绑扎后，宜设置临时支撑和加固，防止钢筋骨架翻转起吊后变形。

⑤钢筋间隔件：通过模具吊架将钢筋骨架吊入，竖向间隔件宜采用水泥基类钢筋间隔件（并满足承载力要求），水平间隔件宜采用环形间隔件，竖向双层钢筋间宜设置内部间隔件，具体要求见本书第133问。

⑥空间运输的组织：模具搬运安装、钢筋骨架入模、输送混凝土料斗的工序组织要细分而严密。

⑦喷涂脱模剂：立模较高，脱模剂喷涂后，应用干净抹布擦净模具面层，防止残余脱模剂积流至模具边口，影响构件表观质量。

⑧振捣作业：预制墙、柱等构件要采用人工振捣，振捣上要进行更严格的控制。

⑨防漏浆措施：边模之间、边模与底模之间的合模位置应粘贴密封条以防止漏浆。

⑩养护作业：养护点较为分散，每个立模上要有专门的控温措施和设置。养护覆盖要紧密，避免能源浪费。

⑪运输和安全通道：运输通道要通畅、安全通道要求更高。

⑫车间布局：合理编排车间布局，各模台间需留有足够的安全距离，车间内设有专用的运输通道和安全通道，并随时保持畅通。

（2）集合式立模

1）集合式立模制作作业的主要特点。集合式立模作业可以制作造型简单、形状规则、钢筋较疏的混凝土预制构件。集合式立模一般采用并列式，模具由固定端模和两侧的移动模板组成，在固定端模和移动侧模板内壁之间是用来制作预制构件的空间。集合式立模的主要特点是：

①模台和模具流动，作业人员和供料在固定位置，集中养护构件。

②定点浇筑，可精确控制入模的混凝土用量。

③不需要翻转台。

④要求各个工序间的平衡，一个工序脱节就会对整个生产工序造成影响，对作业工序的平衡性、均衡性要求严，但不像流水线工艺那么严。

⑤对人为作业的环节要求较严格。

2）集合式立模的作业要点：

①保持设备完好。检查设备的状态，保持设备在完好的状态，如清扫模具的设备状态不良将影响模具的清洁状态；自动喷洒脱模剂的设备状态不良，喷薄、喷厚将直接影响构件脱模和表观质量。

②关注状态不良的设备，设备未做到位的环节要有人工辅助的检查和补救措施。

③对节奏要详细安排，要求每一个作业的环节在同一时段内完成，各工序要紧密衔接配合。

④流动性要因地制宜，需及时分析、判断和调整。

⑤集中养护，是以最后一个入养护窑的构件起始养护，养护池的温度与室内温度温差较大，特别在冬天，养护池内相对一直保持较高的温度，降温过程更要注意逐步降低，否则可能导致质量问题。

⑥对各个环节容易出现卡壳、受阻的因素一定要有预案。

126. 制作作业开始前须进行哪些准备？

PC 构件制作作业开始前，有三种情况：项目开始生产前的准备，运用“五新”情况下开始生产前要做的准备，每天生产开始前要做的准备。下面分别讨论：

（1）项目开始生产前的准备

1）检查生产计划和技术方案的落实情况。

2）对本项目全面的技术交底。

3）设备运行状态，特别是混凝土搅拌站、钢筋加工设备、驳运设备、起重设备、锅炉设备的完好状态。

4）构件堆场布局和分配情况。

5）模台使用情况、模台的平整度状态。

6）各项工器具完好状态，小五金的备货情况。

7）模具到厂情况，模具进场验收和首件验收、首件制作情况。

8）原材料、灌浆套筒、波纹管、预埋件附件、门窗框和生产用的辅助材料等备货情况。

9）装饰面层材料的备货与加工情况。

10）原、辅材料进厂检测情况。

11）配合比设计和试配情况。

12）灌浆套筒接头试验和质保资料完备情况。

13）劳动力配置情况。

14）各岗位操作规程及培训情况。

15）管理人员分工协作、职责分明的情况。

16）日常构件检查工具和专用检验台的准备情况。

17）生产图样、生产表格的准备情况。

18）埋设芯片的相关准备情况。

19）喷涂构件标识的准备情况。

20）起吊、脱模的工器具、吊梁、分配梁准备情况。

21）外场存放支承材料、构件修补材料、成品保护材料的准备情况。

22）出货运输车辆、靠放架、固定设施、运输路线的准备情况。

23）安全设施和劳保护具的准备情况。

24）各项应急预案的准备情况等。

（2）运用“五新”情况下开始生产前要做的准备

预制构件和部品生产中采用新技术、新工艺、新材料、新设备、新产品时，生产单位应制订专门的生产方案；必要时进行样品试验，经检验合格后方可实施。

1）设计文件规定的技术储备、材料储备、工艺改革的准备情况。

2）谨慎编制可能影响产品质量的应对方案。

3）对技术方案进行更新。

4）对人员进行系统的培训。

5）配套检测设备、能力和产品检验工具、检验方案，做好充分的准备。

6）做好样品制作、检验并报送建设、设计、施工和监理单位进行核准。

7）对配套设备、工器具做好充分的准备。

8）充分评估批量生产前的风险。

9）布置专人、专职研发或收集技术资料。

10）新的操作规程的制订与实施。

（3）每天生产开始前要做的准备

1）根据前一天的生产情况，调整和组织当日生产任务，并做好次日的生产计划。

2）总结前一天生产的情况，有针对性地开展班前交底会，通报生产进度、质量、安全情况。

3）详细的工序安排与衔接，如做好钢筋加工计划、预埋件等物料的供给计划。

4）每天不同构件生产的关键点。

5）每天对模具的修改或兼用信息的传达。

6）每天脱模的产品如何分类存放和堆垫。

7）每天的产品修补计划。

8）不同构件的成品保护准备。

9）每天的出货计划。

10）当天隐蔽工程验收，申请监理验收的通知计划。

11）录制隐蔽工程电子视频档案所配套工器具准备情况。

12）当天归档清单。

127. 如何进行模具组装、检查？有什么具体要求和标准？

PC 构件日常生产过程中，每天需对模具进行组装和检查，并总结前一天生产中模具存在的问题，并加以调整和修改。根据不同的工艺，主要有固定模台工艺组模和流水线工艺组模两种方式：

（1）固定模台工艺组模

1）模具组装前要清理干净，特别是边模与底模的连接部位、边模之间的连接部位、窗上下边模位置、模具阴角部位等。

2）模具清理干净后，要在每一块模板上均匀喷涂脱模剂，包括连接部位，喷涂脱模剂后，应用清洁抹布将模板擦干。

3）对于构件有粗糙面要求的模具面，如果采用缓凝剂方式，须涂刷缓凝剂。

4）在固定模台上组装模具，模具与模台连接应选用螺栓和定位销。

5）模具组装时，先敲入定位销进行定位，再紧固螺栓；拆模时，先放松螺栓，再拔出定位销。

6）模具组装要稳定牢固，严丝合缝。

7）应选择正确的模具进行拼装，在拼装部位粘贴密封条来防止漏浆。

8）组装模具应按照组装顺序，对于需要先安装钢筋骨架或其他辅配件的，待钢筋骨架等安装结束再组装下一道环节的模具，如图 8-2 所示。

图 8-2　固定模台模具组装

9）组装完成的模具应对照图样自检，然后由质检员复检。

10）混凝土振捣作业环节，及时复查因混凝土振捣器高频振动可能引起的螺栓松动，着重检查预制柱伸出主筋的定位架、剪力墙连接钢筋的定位架和预埋件附件等的位置，及时进行偏位纠正。

（2）流水线工艺组模

1）清理模具。

①自动流水线上有清理模具的清理设备，模台通过设备时，刮板降下来铲除残余混凝土，见本书第 1 章第 6 问图 1-10；另外一侧圆盘滚刷扫掉表面浮灰，如图 8-3 所示。

②对残余的大块的混凝土要提前清理掉，并分析原因提出整改措施。

③边模由边模清扫设备（图8-4）清洗干净，通过传送带将清扫干净的边模送进模具库，由机械手按照一定的规格储存备用。

图8-3　模台清扫设备

④人工清理模具需要用腻子刀或其他铲刀清理，如图8-5所示，需要注意清理模具要清理彻底，对残余的大块的混凝土要小心清理，防止损伤模台，并分析原因提出整改措施。

图8-4　边模清扫设备

图8-5　人工清理模台

2）放线。

①全自动放线是由机械手按照输入的图样信息，在模台上绘制出模具的边线，如图8-6所示。

②人工放线需要注意先放出控制线，从控制线引出边线。放线用的量具必须是经过验审合格的。

图8-6　机械手自动放线

3）组模。

①机械手组模。通过模具库机械手将模具库内的边模取出，由组模机械手将边模按照放好的边线逐个摆放，并按下磁力盒开关，通过磁力将边模与模台连接牢固，如图8-7所示。

②人工组模。人工组装一些复杂非标准的模具、机械手不方便的模具，如门窗洞口的木模等，如图8-8所示。

图 8-7　机械手自动组模

（3）组模的具体要求和检查标准

图 8-8　人工组模

无论采用哪种方式组装模具，模具的组装应符合下列要求：

1）模板的接缝应严密。

2）模具内不应有杂物、积水或冰雪等。

3）模板与混凝土的接触面应平整、清洁。

4）侧面较高、转角或 T 形的边模，应着重检查其垂直度。

5）组模前应检查模具各部件、部位是否洁净，脱模剂喷涂是否均匀。

6）构件脱模后，及时对构件进行检查，如存在模具问题，应首先对模具进行修整、改正。

7）模具组装完成后应参照本书第 5 章第 97 问对模具进行检查，检查标准见本书第 93 问表 5-3。

 128. 如何进行门窗框安装？

门窗框宜在浇筑混凝土前预先安装于模具中，门窗框的位置、预埋深度应符合设计要求。

（1）门窗框安装方法

门窗框安装时先将窗下边模固定于模台上，按开启方向将门窗安装在窗下边模上，然后安装窗上模并限位、固定，最后按要求安装锚固脚片（锚杆），图 8-9 是窗户与无保温层 PC 墙板一体化节点，图 8-10 是窗户与夹芯保温 PC 墙板一体化节点。

（2）门窗框安装要点

1）按照设计的要求，通过锚固脚片将门窗框牢固地和构件锚固在一起。

2）门窗框在构件制作、驳运、存放、安装过程中，应进行包裹或遮挡，避免污染、划

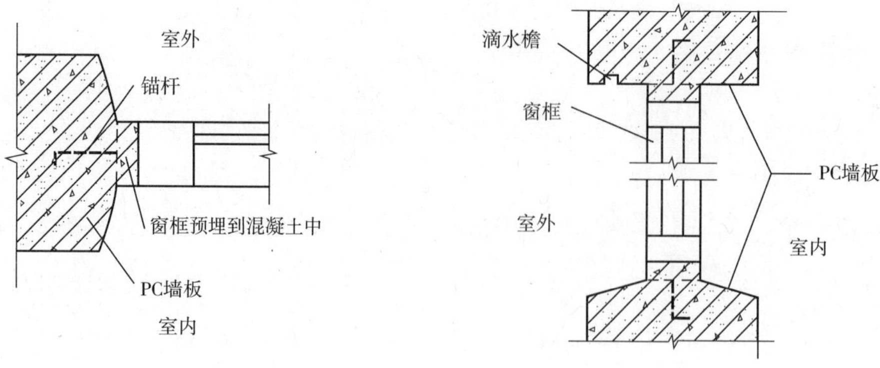

图 8-9 窗户与无保温层 PC 墙板一体化节点

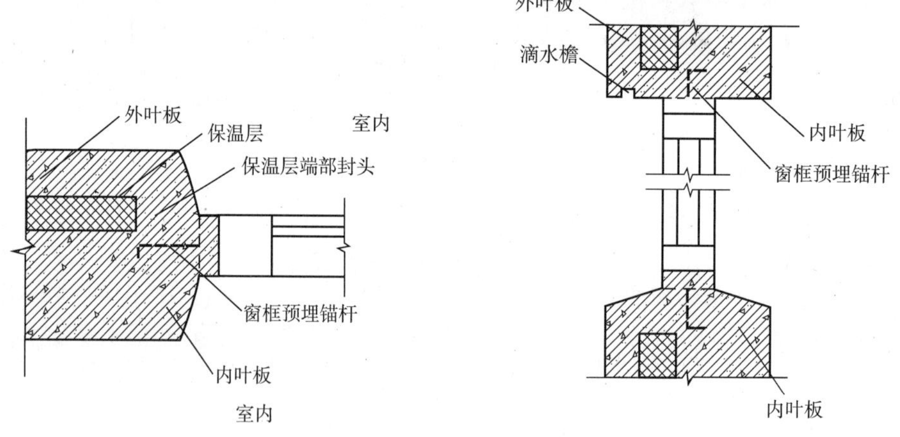

图 8-10 窗户与夹芯保温 PC 墙板一体化节点

伤和损坏门窗框。

3）门窗框安装位置应逐件检验，允许偏差应符合表 8-1 的规定。

表 8-1 门窗框安装允许偏差和检验方法

项目		允许偏差/mm	检验方法
锚固脚片	中心线位置	5	钢尺检查
	外露长度	+5，0	钢尺检查
门窗框位置		2	钢尺检查
门窗框高、宽		±2	钢尺检查
门窗框对角线		±2	钢尺检查
门窗框的平整度		2	靠尺检查

注：本表出自《装配式混凝土建筑技术标准》（GB/T 51231）表 9.3.5。

129. 如何进行模具清扫？

模具每次使用后，应清理干净，不得留有水泥浆和混凝土残渣。根据生产设备的不同，模具清理分为机械设备清理和人工清理两种形式。

(1) 机械设备清理

1）机械设备清理主要用于自动流水线上，流水线上专门配有清理模具的清理设备，模台通过设备时，刮板降下来铲除残余混凝土，另外一侧圆盘滚刷扫掉表面浮灰，见本书第 127 问图 8-3、图 8-4。边模有边模的清洁设备，边模清洗干净后，通过传送带将清扫干净的边模送进模具库，由机械手按照一定的规格储存备用，见本章第 127 问图 8-7。

2）国内的自动流水线清理设备模台清理并不是很干净，清理不到位的还需要人工辅助清理。

(2) 人工清理

模具需要用腻子刀或其他铲刀清理。模具要清理彻底，对残余的大块混凝土要小心清理，防止损伤模台，见本章第 127 问图 8-5。

130. 如何涂刷脱模剂、缓凝剂？

(1) 涂刷脱模剂

1）涂刷脱模剂的方法

预制混凝土构件在钢筋骨架入模前，应在模具表面均匀涂抹脱模剂。涂刷脱模剂有自动涂刷和人工涂刷两种方法：

①流水线上配有自动喷涂脱模剂设备，模台运转到该工位后，设备启动开始喷涂脱模剂，设备上有多个喷嘴保证模台每个地方都能均匀喷到，模台离开设备工作面设备自动关闭。喷涂设备上适用的脱模剂为水性或者油性，不适用蜡质的脱模剂，如图 8-11所示。

图 8-11　生产线自动喷涂脱模剂

②人工涂抹脱模剂要使用干净的抹布或海绵，涂抹均匀后模具表面不允许有明显的痕迹、不允许有堆积、不允许有漏涂等现象。

2）涂刷脱模剂的要点。不论采用哪种涂刷脱模剂的方法，均应按下列要求严格控制：

①应选用不影响构件结构性能和装饰工程施工的隔离剂。

②应选用对环境和构件表面没有污染的脱模剂。

③常用的脱模剂材质有水性和油性两种，构件制作宜采用水性材质的脱模剂。

④流水线上脱模剂喷涂设备，不适合采用蜡质的脱模剂；硅胶模具应采用专用的脱模剂。

⑤涂刷脱模剂前模具已清理干净。

⑥带有饰面的构件应在装饰材入模前涂刷脱模剂，模具与饰面的接触面不得涂刷脱

模剂。

⑦脱模剂喷涂后不要马上作业，应当等脱模剂成膜以后再进行下一道工序。

⑧脱模剂涂刷时应谨慎作业，防止污染到钢筋、埋件等部件而使混凝土性能受损。

（2）涂刷缓凝剂

1）当模具面需要形成粗糙面时，构件制作中常用的方法是：在模具面上涂刷缓凝剂，待成型构件脱模后，用压力水冲洗去除表面没有凝固的灰浆，露出骨料而形成“粗糙面”，通常也将这种方式称为“水洗面”，如图 8-12 所示。

图 8-12　水洗粗糙面

2）为达到较好的粗糙面效果，缓凝剂需结合混凝土配合比、气温以及空气湿度等因素适当调整。

131. 如何铺设、固定反打石材和瓷砖？

（1）石材铺设、固定

1）铺设、固定反打石材的方法

①石材入模铺设前，应根据板材排板图核对石材尺寸，提前在石材背面安装锚固卡钩和涂刷防泛碱处理剂（图 8-13），卡钩的使用部位、数量和方向按预制构件设计深化图样确定。

②外装饰石材底模之间应设置保护胶带（图 8-14）或橡胶垫（如图 8-15 中所示白色橡胶垫），有减轻混凝土落料的冲击力和防止饰面受污染的作用。

图 8-13　石材背面锚固卡钩

图 8-14　石材饰面铺设 1

③石材铺设、固定作业步骤：

A. 清理模具。

B. 在底模上绘制石材铺设控制线，按控制线校正石材铺贴位置。

C. 向石材四个角部板缝塞入同设计缝宽的硬质方形橡胶条（长 50mm），辅助石材定位和控制石材缝宽，防止石材移位。

D. 塞入 PE 棒，控制背面石材板缝封闭胶深度和防止胶污染石材外观面（图 8-16）。

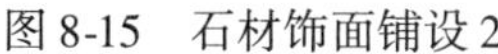
图 8-15　石材饰面铺设 2

图 8-16　塞入石材背面板缝 PE 棒

E. 检查和调整石材板缝，做到横平竖直。

F. 石材背面板缝打胶（图 8-17、图 8-18）。

图 8-17　石材背面板缝打胶封堵

图 8-18　石材背面板缝涂料封堵

G. 与石材交接的模具边口用玻璃胶进行封闭，刮除多余的玻璃胶。

H. 待背面石材板缝封闭胶凝固后，安装钢筋骨架和其他辅配件。

I. 浇捣前检查合格后进行混凝土浇筑。

2）铺设、固定反打石材的要点：

①外装饰石材图案、分割、色彩、尺寸应符合设计文件的有关要求。

②饰面石材宜选用材质较为致密的花岗石等材料，厚度宜大于 25mm。

③在模具中铺设石材前，应根据排板图要求提前将板材加工好。

④锚固卡钩宜选用不锈钢 304 及以上牌号，直径宜选用 4mm。

⑤石材与石材之间的接缝应当采用具有抗裂性、收缩小且不污染饰面表面的防水材料

嵌填石材之间的接缝。

⑥石材与模具之间，应当采用橡胶或聚乙烯薄膜等柔韧性的材料进行隔垫，防止模具划伤石材。

⑦石材锚固卡钩每平方米使用数量应根据项目选用的锚固卡钩形式、石材品种、石材厚度做相应的拉拔及抗剪试验后由设计确定。

⑧石材在铺设时应在石材间的缝隙中嵌入硬质橡胶进行定位，且橡胶厚度应与设计板缝一致，且石材背面板缝应做好封闭。

⑨石材铺设后表面应平整，接缝应顺直，接缝的宽度和深度应符合设计要求。

⑩竖直模具上石材铺设应当用钢丝将石材与模具连接，避免石材在浇筑时错位。

⑪石材需要调换时，应采用专用修补材料，并对接缝进行修整，保证与原来接缝的外观质量一致。

⑫外墙板石材允许偏差，上海市工程建设规范《装配整体式混凝土结构预制构件制作与质量检验规程》给出了规定，在这里供读者参考（见表8-2）。

表8-2　外墙板石材、面砖粘贴的允许偏差

项　　目	允许偏差/mm	检 验 方 法
表面平整度	2	2m靠尺和塞尺检查
阳角方正	2	角尺检查
上口平直	2	拉线，钢直尺检查
接缝平直	3	钢直尺和塞尺检查
接缝深度	1	
接缝宽度	1	钢直尺检查

注：本表出自《装配整体式混凝土结构预制构件制作与质量检验规程》（DGJ 08）表6.3.9。

（2）瓷砖铺设、固定

1）铺设、固定瓷砖的方法：

①面砖的图案、分割、色彩、尺寸应符合设计文件的有关要求。

②面砖铺贴之前应清理模具，并在底模上绘制安装控制线，按控制线校正饰面铺贴位置并采用双面胶或硅胶固定。

③面砖与底模之间应设置橡胶垫或保护胶带，防止饰面污染。

④面砖铺设后表面应平整，接缝应顺直，接缝的宽度和深度应符合设计要求。

2）铺设、固定瓷砖的要点：

①饰面砖铺设前应根据排砖图的要求进行配砖和加工，入模铺设前，应先将单块面砖根据构件加工图的要求分块制成套件，套件的尺寸应根据构件饰面砖的大小、图案、颜色取一个或若干个单元组成，每块套件的尺寸不宜大于400mm×600mm（图8-19）。

②面砖薄膜的粘贴不得有折皱，不应伸出面砖，端头应平齐。面砖上的薄膜应压实，嵌条上的薄膜宜采用钢棒沿接缝将嵌缝条压实。

③铺设饰面砖应当从一边开始铺，有门窗洞口的先铺设门窗洞口。

④面砖需要调换时，应采用专用修补材料，并对接缝进行修整，保证与原来接缝的外

观质量一致。

⑤要防止对砖内表面污染造成混凝土与砖之间粘结不好，同时防止穿工鞋损坏砖的燕尾槽，应当光脚或穿鞋底比较柔软的鞋子，如图 8-20 所示光脚铺设面砖。

图 8-19　加工好的瓷砖套件

图 8-20　光脚铺设面砖

⑥面砖粘贴的允许偏差，上海市工程建设规范《装配整体式混凝土结构预制构件制作与质量检验规程》给出了一个规定（见表 8-2），供读者参考。

132. 如何制作面层装饰混凝土？

装饰混凝土（通过造型、质感或颜色来实现装饰效果）是在装饰一体化构件中采用的一种方法，当构件有装饰混凝土面层时，需要注意以下几点：

1）饰面层的配合比必须单独设计，按照配合比要求单独搅拌，材料（特别是颜料）计量要准确。

2）装饰混凝土面层材料要按照设计要求铺设，厚度不宜小于 10mm，以避免普通混凝土基层浆料透出。装饰混凝土厚度铺设要均匀，见本书第 5 章第 91 问图 8-40。

3）放置钢筋应避免破坏已经铺设的装饰混凝土面层，当钢筋骨架较重时，除了隔垫还应当有吊起钢筋骨架的辅助悬挂措施，避免钢筋骨架过重破坏隔垫。

4）必须在装饰混凝土面层初凝前浇筑混凝土基层。装饰混凝土面层初凝后，浇筑混凝土基层会导致装饰混凝土面层脱层、脱落。为此，浇筑面层时，基层钢筋骨架、混凝土等其他所有的工序要预先准备好，以减少作业时间。

5）采用复合模具时，形成造型与质感的模具与基层模具容易发生位移，使用胶水、玻璃胶、双面胶等粘贴的方法来防止复合模具移位，特别是在立面模具上的软膜极易脱落，可采用自攻螺栓进行加固；本书第 5 章第 91 问图 8-41 镂空造型硅胶模板预留了操作手孔，使硅胶模能通过螺栓紧固的方式与模台紧密连接（本书第 5 章第 91 问图 8-42 是用此模板制作的镂空构件）。

6）在制作清水混凝土构件时，着重注意以下几点：

①模具干净整洁，表面无油污，必要时采用香蕉水对模板表面进行清理。

②模具组装严丝合缝，局部可能有缝隙的可提前用玻璃胶进行封堵、刮净。

③脱模剂喷涂均匀，并用干净抹布全部擦净。

④提前做混凝土配合比试配，需保持原材料的稳定，不宜临时更换原材料品种、品牌。

⑤较薄的清水构件宜采用附着式平板振动器进行振捣，可有效减少表面起泡。

⑥构件脱模后，及时涂刷构件表面保护剂进行保护。

⑦做好成品保护，防止磕伤、碰伤和二次污染。

133. 如何进行钢筋入模作业？布置、安放钢筋间隔件？

（1）钢筋入模作业

1）钢筋网和钢筋骨架在整体装运、吊装就位时，应采用多吊点的起吊方式，防止发生扭曲、弯折、歪斜等变形。

2）吊点应根据其尺寸、重量及刚度而定，宽度大于1m的水平钢筋网宜采用四点起吊，跨度小于6m的钢筋骨架宜采用两点起吊，跨度大、刚度差的钢筋骨架宜采用横吊梁（铁扁担）四点起吊，如图8-21所示。

3）为了防止吊点处钢筋受力变形，宜采取兜底吊或增加辅助用具。

4）钢筋骨架入模时，钢筋应平直、无损伤，表面不得有油污、颗粒状或片状老锈，且应轻放，防止变形。

5）钢筋入模后，还应对叠合部位的主筋和构造钢筋进行保护，防止外露钢筋在混凝土浇筑过程中受到污染，而影响到钢筋的握裹强度，已受到污染的部位需及时清理，如图8-22～图8-24所示。

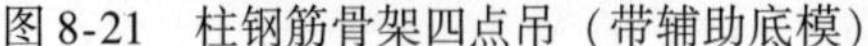
图8-21　柱钢筋骨架四点吊（带辅助底模）

图8-22　叠合梁钢筋保护

（2）钢筋入模定位

从模具伸出的钢筋位置、数量、尺寸等要符合图样要求，并严格控制质量。出筋位置、尺寸要由专用的固定架来固定，如图8-25所示。

图8-23　预制楼板叠合筋保护

图8-24　叠合阳台伸出主筋套管保护

（3）布置、安放钢筋间隔件

正确选用和合理布置、安放钢筋间隔件（混凝土保护层垫块）应符合《混凝土结构用钢筋间隔件应用技术规程》（JGJ/T 219）的相关规定。

图8-25　钢筋出筋定位

1）在预制构件生产中，正确选用钢筋间隔件有以下几个要点：

①常用的钢筋保护层间隔件有塑料类钢筋间隔件（图8-26）、水泥基类钢筋间隔件（图8-27）、金属类钢筋间隔件三种材质，需根据不同的使用功能和位置正确选择和使用钢筋间隔件，一般PC构件制作不宜采用金属类钢筋间隔件。

②钢筋间隔件应具有足够的承载力、刚度，梁、柱等构件竖向间隔件的安放间距应根据间隔件的承载力和刚度确定，并应符合被间隔钢筋的变形要求。

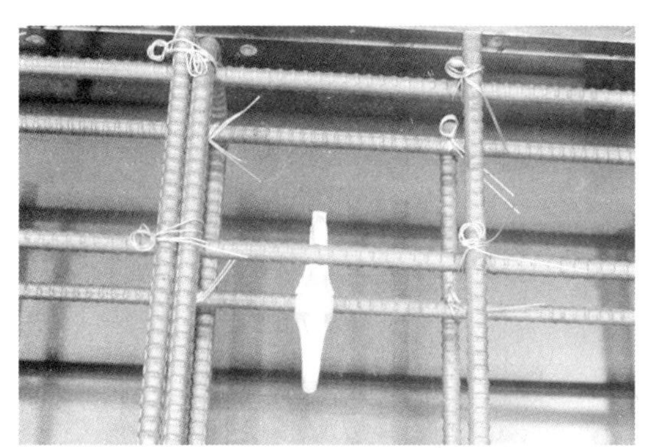

图8-26　环形塑料间隔件

图8-27　水泥基类间隔件

③塑料类钢筋间隔件和水泥基类钢筋间隔件可作为构件表层间隔件。

④梁、柱、楼梯、墙等竖向浇筑的构件，宜采用水泥基类钢筋间隔件作为竖向间隔件。

⑤立式模具的表层间隔件宜采用环形间隔件，竖向间隔件宜采用水泥基类钢筋间隔件。

⑥清水混凝土的表层间隔件应根据功能要求进行专项设计。

2）PC 生产常见的构件中，布置和安放钢筋间隔件的方法如下：钢筋入模前应将钢筋间隔件安放好，间隔件的布置间距与构件高度、钢筋重量有关。

①钢筋间隔件的布置间距和安放方法应符合规范和设计要求。

②板类构件的表层间隔件宜按阵列式放置在纵横钢筋的交叉点位置，一般两个方向的间距均不宜大于0.5m。

③墙类构件的表层间隔件应采用阵列式放置在最外层受力钢筋处，水平与竖向安放间距不应大于0.5m。

④梁类构件的竖向表层间隔件应放置在最下层受力钢筋下面，同一截面宽度内至少布置两个竖向表层间隔件，间距不宜大于1.0m；梁类水平表层间隔件应放置在受力钢筋侧面，间距不宜大于1.2m。

⑤柱类构件（卧式浇筑）的竖向表层间隔件应放置在纵向钢筋的外侧面，间距不宜大于1.0m。

⑥构件生产中，钢筋间隔件应根据实际情况进行调整。

 134. 如何固定、检查套筒、波纹管、孔洞内模、预埋件？

PC 构件上所有的套筒、孔洞内模、金属波纹管、预埋件附件等，安装位置都要做到准确，并必须满足方向性、密封性、绝缘性和牢固性等要求。紧贴模板表面的预埋附件，一般采用在模板上的相应位置开孔后用螺栓精准牢固定位。不在模板表面的，一般采用工装架形式定位固定。

（1）套筒的固定

1）套筒与受力钢筋连接，钢筋要伸入套筒定位销处（半灌浆套筒为钢筋拧入）；套筒另一端与模具上的定位组件连接牢固。

2）套筒安装前，先将固定组件加长螺母卸下，将固定组件的专用螺杆从模板内侧插入并穿过模板固定孔（直径 $\phi12.5\sim\phi13$ 的通孔），然后在模板外侧的螺杆一端装上加长螺母，用手拧紧即可，如图8-28、图8-29所示。

图8-28　灌浆套筒与模板固定

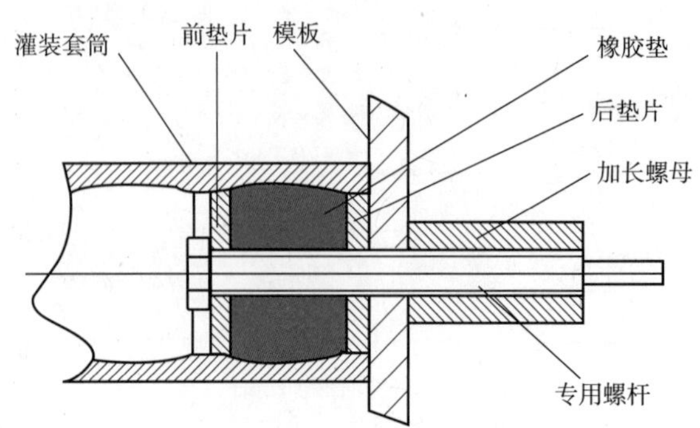

图8-29　灌浆套筒与模板固定示意图

3）套筒与固定组件的连接。套筒固定前，先将套筒与钢筋连接好，再将套筒灌浆腔端口套在已经安装在模板上的固定组件橡胶垫端。拧紧固定时，使套筒灌浆腔端部以及固定组件后垫片均紧贴模板内壁，然后在模板外侧用两个扳手，一个卡紧专用螺杆尾部的扁平轴，一个旋转拧紧加长螺母，直至前后垫片将橡胶垫压缩变鼓（膨胀塞原理），使橡胶垫与套筒内腔壁紧密配合，而形成连接和密封。

4）要注意控制灌浆套筒及连接钢筋的位置及垂直度，构件浇筑振捣作业中，应及时复查和纠正，振捣棒高频振动可能引起套筒或套筒内钢筋跑位的现象。

5）要注意不要对套筒固定组件用螺杆施加侧向力，以免弯曲。

（2）波纹管的固定

对波纹管进行固定，要借助专用的孔形定位套销组件。采用波纹管先和孔形定位套销定位，孔形定位套销再和模板固定的方法，参见本书第 3 章第 43 问图 3-9。

孔形定位套销组件由定位芯棒、出浆孔销、进浆孔销组成，安装波纹管时，定位芯棒穿过模板并固定，将波纹管套进芯棒后封闭波纹管末端，防止漏浆，如图 8-30 所示。

图 8-30　波纹管固定

（3）孔洞内模的固定

1）按孔洞内模内径偏小 1～1.5mm 加工带倒角的定位圆形板，如图 8-31 所示。

2）固定竖向孔洞内模时，将定位板 A 焊接或用螺栓紧固到模台上，孔洞内模安装后水平方向就位，再利用长螺栓穿过定位板 B 与定位板 A 紧固在一起，孔洞内模垂直方向就位。固定横向孔洞内模时也同理，如图 8-32 所示。

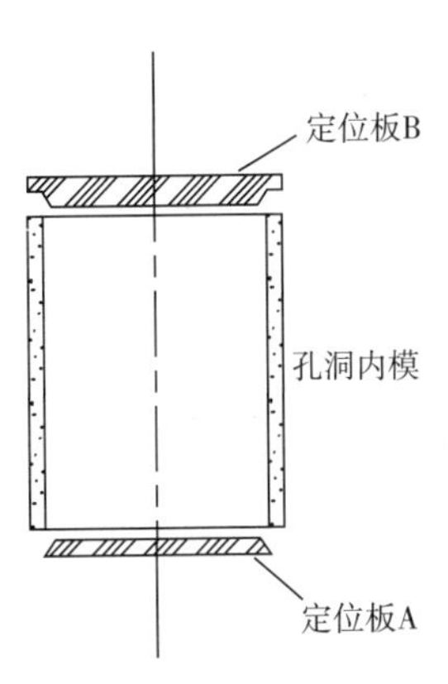

图 8-31　固定孔洞内模截面示意

图 8-32　固定孔洞内模方法

(4) 预埋件附件的固定

预埋件要固定牢靠，防止浇筑混凝土振捣过程中松动偏位，如图8-33、图8-34所示。

图8-33 预埋螺栓固定方法

图8-34 预埋连接件固定方法

(5) 如何进行检查

构件生产前，必须做好隐蔽工程的验收工作。检查套筒、波纹管、孔洞内模、预埋件附件的数量和位置是否符合图样要求，其次要检查安装是否到位，是否有松动，用于固定组件的螺栓等是否紧固到位等。

135. 如何架立外伸钢筋？

从模具伸出的钢筋位置、数量、尺寸等必须符合图样要求，一般对架立的外伸钢筋，靠近构件的位置在侧模的相应位置开槽或开孔将外伸钢筋引出，在外伸钢筋的远端则采用钢制或木质定位架固定，以防在混凝土成型时外伸钢筋左右上下偏位，见本书第5章第89问图5-30。

136. 如何布置、固定机电管线和预埋物？

装配式建筑一般尽可能采取管线分离的原则，即使是有管线预埋在构件当中，也仅限于防雷引下线、叠合楼板的预埋灯座、墙体中强弱电预留管线与箱盒等少数机电预埋物。

(1) 布置机电管线和预埋物

在管线布置中，如果预埋管线离钢筋或预埋件很近，影响混凝土的浇筑，要请监理和设计给出调整方案。

(2) 固定机电管线和预埋物

对机电管线和预埋物在钢筋骨架内的部分一般采用钢筋定位架固定，机电管线和预埋物出构件平面或在构件平面上的，一般采用在模具上的定位孔或定位螺栓固定。

1）防雷引下线固定。如图8-35所示，防雷引下线采用镀锌扁钢，镀锌扁钢于构件两端各需伸出 150mm，以便现场焊接。镀锌扁钢宜通长设置，穿过端模上的槽口，与箍筋绑扎或焊接定位。

图 8-35　防雷引下线固定

2）预埋灯盒固定。首先，根据灯盒开口部内净尺寸订制八角形定位板，定位板就位后，将灯盒固定于定位板上，见本书第 3 章第 43 问图 3-10。

3）强弱电预留管线固定。强弱电管线沿纵向或横向排管，随钢筋绑扎固定，其折弯处应采用合适规格的弹簧弯管器进行弯折，见本书第 3 章第 43 问图 3-11。

4）箱盒固定。箱盒一般采用工装架进行固定，工装架固定点位与箱盒安装点位一致。

137. 如何进行钢筋、预埋件等隐蔽工程验收？如何填写隐蔽工程验收记录？如何建立照片、视频电子档案？

（1）隐蔽工程验收

混凝土浇捣前，应对钢筋以及预埋件部件进行隐蔽工程检查，检查项目应包括：

1）钢筋的牌号、规格、数量、位置、间距等是否符合设计与规范要求。

2）纵向受力钢筋的连接方式、接头位置、接头质量、接头面积百分率、搭接长度、锚固方式及锚固长度等。

3）箍筋弯钩的弯折角度及平直段长度。

4）预埋件、吊环、插筋、灌浆套筒、预留孔洞、金属波纹管的规格、数量、位置及固定措施。

5）钢筋与套筒的混凝土保护层厚度。

6）夹芯外墙板的保温层位置和厚度，拉结件的规格、数量和位置。

7）预埋线盒和管线的规格、数量、位置及固定措施。

8）预应力筋及其锚具、连接器和锚垫板的品种、规格、数量、位置。

9）预留孔道的规格、数量、位置，灌浆孔、排气孔、锚固区局部加强构造。

以上是混凝土浇筑前应进行的隐检内容，是保证预制构件满足结构性能的关键质量控制环节，应严格执行。除上述要求，混凝土浇筑前还应特别关注以下几点：

1）灌浆套筒与受力钢筋的连接位置误差等。

2）钢筋机械锚固是否符合设计与规范要求。

3）伸出钢筋的直径、伸出长度、锚固长度、位置偏差等。

（2）如何填写隐蔽工程记录

隐蔽工程检查记录表见表 8-3。

表 8-3　隐蔽工程检查记录表

<table>
<tr><td>工程名称</td><td colspan="7"></td></tr>
<tr><td>产品名称</td><td></td><td>产品规格</td><td colspan="3"></td><td>图样编号</td><td></td></tr>
<tr><td>模具编号</td><td></td><td>操作者</td><td></td><td>驻厂监理</td><td></td><td>检查日期</td><td></td></tr>
<tr><td colspan="5">检查项目</td><td colspan="2">结果</td><td>检查人</td></tr>
<tr><td rowspan="3">模具</td><td>模具组装</td><td colspan="3"></td><td>合格</td><td>不合格</td><td></td></tr>
<tr><td>清扫</td><td colspan="3"></td><td></td><td></td><td></td></tr>
<tr><td>脱模剂</td><td colspan="3"></td><td></td><td></td><td></td></tr>
<tr><td rowspan="7">钢筋</td><td>钢筋布置</td><td colspan="3"></td><td></td><td></td><td></td></tr>
<tr><td>保护层厚度</td><td colspan="3"></td><td></td><td></td><td></td></tr>
<tr><td>主筋直径</td><td colspan="3"></td><td></td><td></td><td></td></tr>
<tr><td>箍筋</td><td colspan="3"></td><td></td><td></td><td></td></tr>
<tr><td>数量</td><td colspan="3"></td><td></td><td></td><td></td></tr>
<tr><td>间距</td><td colspan="3"></td><td></td><td></td><td></td></tr>
<tr><td>加强筋</td><td colspan="3"></td><td></td><td></td><td></td></tr>
<tr><td rowspan="2">预埋件</td><td>数量</td><td colspan="3"></td><td></td><td></td><td></td></tr>
<tr><td>位置</td><td colspan="3"></td><td></td><td></td><td></td></tr>
<tr><td rowspan="4">其他配件</td><td></td><td colspan="3"></td><td></td><td></td><td></td></tr>
<tr><td></td><td colspan="3"></td><td></td><td></td><td></td></tr>
<tr><td></td><td colspan="3"></td><td></td><td></td><td></td></tr>
<tr><td></td><td colspan="3"></td><td></td><td></td><td></td></tr>
<tr><td>备注</td><td colspan="7"></td></tr>
</table>

(3）如何建立照片、视频电子档案

建立照片、视频档案不是国家要求的，但对追溯原因、追溯责任十分有用，所以应该建立档案。

记录有相应的隐蔽工程验收单，要根据验收单的内容，仔细逐项地予以确认填写，不准有涂写不清和空白项。除此以外应当有照片记录，拍照时用小白板记录该构件的使用项目名称、检查项目、检查时间、生产单位等（图 8-36）。对关键部位应当多角度地拍照，照片要清晰。

图 8-36　混凝土浇筑前检查

隐蔽工程检查记录应当与原材料检验记录一起在工厂存档，存档按时间、项目进行分类存储，照片影像类应电子存档与刻盘。

138. 混凝土搅拌有什么要求?

1）《装标》规定：

①混凝土应采用有自动计量装置的强制式搅拌机搅拌，并具有生产数据逐盘记录和实时查询功能。混凝土应按照混凝土配合比通知单进行生产，原材料每盘称量的允许偏差应符合表 8-4 的规定。

表 8-4　混凝土原材料每盘称量的允许偏差

项　次	材料名称	允许偏差
1	胶凝材料	±2%
2	粗、细骨料	±3%
3	水、外加剂	±1%

注：本表出自《装配式混凝土建筑技术标准》（GB/T 51231）表 9.6.3。

②混凝土应进行抗压强度检验，并应符合下列规定：

A. 混凝土检验试件应在浇筑地点取样制作。

B. 每拌制 100 盘且不超过 $100m^3$ 的同一配合比混凝土，每工作班拌制的同一配合比的混凝土不足 100 盘为一批。

C. 每批制作强度检验试块不少于 3 组，随机抽取 1 组进行同条件标准养护后强度检验，其余可作为同条件试件在预制构件脱模和出厂时控制其混凝土强度，还可根据预制构件吊装、张拉和放张等要求，留置足够数量的同条件混凝土试块进行强度检验。

D. 蒸汽养护的预制构件，其强度评定混凝土试块应随同构件蒸养后，再转入标准条件养护。构件脱模起吊、预应力张拉或放张的混凝土同条件试块，其养护条件应与构件生产中采用的养护条件相同。

E. 除设计有要求外，预制构件出厂时的混凝土强度不宜低于设计混凝土强度等级值的 75%。

2）除了规范中的规定，PC 工厂混凝土搅拌作业还必须做到：

①控制节奏。预制混凝土作业不像现浇混凝土那样是整体浇筑，而是一个一个构件浇筑。每个构件的混凝土强度等级可能不一样，混凝土量不一样，前道工序完成的节奏有差异，所以，预制混凝土搅拌作业必须控制节奏：搅拌混凝土强度登记、时机与混凝土数量必须与已经完成前道工序的构件的需求一致。既要避免搅拌量过剩或搅拌后等待入模时间过长，又要尽可能提高搅拌效率。

对于全自动生产线，计算机会自动调节控制节奏，对于半自动和人工控制生产线，固定模台工艺，混凝土搅拌节奏靠人工控制，需要严密的计划和作业时的互动。

②原材料符合质量要求。

③严格按照配合比设计投料，计量准确。

④搅拌时间充分。

⑤当浇筑柱梁或柱板等一体化构件时，柱和梁部分（或柱和板）为不同混凝土强度，

要给予区分，于初凝前完成相邻混凝土浇筑。

139. 混凝土运送有什么要求?

如果流水线工艺混凝土浇筑振捣平台设在搅拌站出料口位置，混凝土直接出料给布料机，没有混凝土运送环节；如果流水线浇筑振捣平台与出料口有一定距离，或采用固定模台生产工艺，则需要考虑混凝土运送。

PC 工厂常用的混凝土运送方式有三种：自动鱼雷罐运送、起重机－料斗运送、叉车－料斗运送。PC 工厂超负荷生产时，厂内搅拌站无法满足生产需要，可能会在工厂外的搅拌站采购商品混凝土，采用搅拌罐车运送。

图 8-37　自动鱼雷罐运输

1）自动鱼雷罐（图 8-37）用在搅拌站到构件生产线布料机之间运输，运输效率高，适合浇筑混凝土连续作业。自动鱼雷罐运输，搅拌站与生产线布料位置距离不能过长，应控制在 150m 以内，且最好是直线运输。

2）车间内起重机或叉车加上料斗运输混凝土，适用于生产各种 PC 构件，运输卸料方便（图 8-38）。

3）混凝土运送须做到以下几点：

①运送能力与搅拌混凝土的节奏匹配。

②运送路径通畅，应尽可能缩短运送时间。

③运送混凝土容器每次出料后必须清洗干净，不能有残留混凝土。

④当运送路径有露天段时，雨雪天气运送混凝土的叉车或料斗应当遮盖（图 8-39）。

图 8-38　叉车配合料斗运输

图 8-39　叉车运送混凝土防雨遮盖

⑤混凝土浇筑时应控制混凝土从出机到浇筑完毕的时间，不宜超过表 8-5 规定。

表 8-5　混凝土运输、浇筑和间歇的适宜时间

混凝土强度等级	气　温	
	≤25℃	>25℃
< C30	60min	45min
≥C30	45min	30min

注：本表出自上海市《装配式建筑预制混凝土构件生产技术导则》表 6. 9. 4。

140. 混凝土浇筑需注意什么？

（1）混凝土入模

1）喂料斗半自动入模。人工通过操作布料机前后左右移动来完成混凝土的浇筑，混凝土浇筑量通过人工计算或者经验来控制，是目前国内流水线上最常用的浇筑入模方式（图 8-40）。

2）料斗人工入模。人工通过控制起重机前后来移动料斗完成混凝土浇筑，人工入模适用在异形构件及固定模台的生产线上，且浇筑点、浇筑时间不固定，浇筑量完全通过人工控制，优点机动灵活，造价低（图 8-41）。

图 8-40　喂料斗半自动入模

图 8-41　人工入模

3）智能化入模。布料机根据计算机传送过来的信息，自动识别图样以及模具，从而自动完成布料机的移动和布料，工人通过观察布料机上显示的数据，以此来判断布料机的混凝土量，随时补充。混凝土浇筑遇到窗洞口自动关闭卸料口防止混凝土误浇筑（图 8-42、图 8-43）。

4）混凝土浇筑要求。混凝土无论采用何种入模方式，浇筑时均应符合下列要求：

①混凝土浇筑前应当做好混凝土的检查，检查内容：混凝土坍落度、温度、含气量等，并且拍照存档，如图 8-36 所示。

②浇筑混凝土应均匀连续，从模具一端开始。

③投料高度不宜超过 500mm。

图 8-42 喂料斗自动入模 1

图 8-43 喂料斗自动入模 2

④浇筑过程中应有效地控制混凝土的均匀性、密实性和整体性。

⑤混凝土浇筑应在混凝土初凝前全部完成。

⑥混凝土应边浇筑边振捣。

⑦冬季混凝土入模温度不应低于 5℃。

⑧混凝土浇筑前应制作同条件养护试块等。

（2）混凝土振捣

1）固定模台插入式振动棒振捣。PC构件振捣与现浇不同，由于套管、预埋件多，普通振动棒可能下不去，应选用超细振动棒或者手提式振动棒（图8-44）。

图 8-44 手提式振动棒

振动棒振捣混凝土应符合下列规定：

①应按分层浇筑厚度分别振捣，振动棒的前端应插入前一层混凝土中，插入深度不小于 50mm。

②振动棒应垂直于混凝土表面并快插慢拔均匀振捣；当混凝土表面无明显塌陷、有水泥浆出现、不再冒气泡时，应当结束该部位振捣。

③振动棒与模板的距离不应大于振动棒作用半径的一半；振捣插点间距不应大于振动棒作用半径的 1.4 倍。

④钢筋密集区、预埋件及套筒部位应当选用小型振动棒振捣，并且加密振捣点，延长振捣时间。

⑤反打石材、瓷砖等墙板振捣时应注意振动损伤石材或瓷砖。

2）固定模台附着式振动器振捣。固定模台生产板类构件如叠合楼板，阳台板等薄壁性构件可选用附着式振动器（图 8-45）。附着式振动器振捣混凝土应符合下列规定：

①振动器与模板紧密连接，设置间距通过试验来确定。

②模台上使用多台附着式振动器时，应使各振动器的频率一致，并应交错设置在相对面的模台上。

对一些比较宽的构件，附着式振动器不能振捣到位的，要搭设振捣作业临时桥板，保证每一点振捣到位。

3）固定模台平板振动器振捣。平板振动器适用于墙板生产内表面找平振动，或者局部辅助振捣。

4）流水线振动台自动振捣。流水线振动台通过水平和垂直振动从而达到混凝土的密实。欧洲的柔性振动平台可以上下、左右、前后 360°方向的运动，从而保证混凝土密实，且噪声控制在 75dB 以内（图 8-46）。

图 8-45　附着式振动器

图 8-46　欧洲流水线 360°振动台

欧洲有一些生产预应力构件的生产线也采取自动振捣的方式，一种是在长线台座上安装简便的附着式振动器，另一种是在流动生产线的其中一段轨道安装上振动器进行振捣；还有一些生产干硬性制品的设备在生产挤压过程中就实现了同步振捣。

（3）浇筑表面处理

1）压光面。混凝土浇筑振捣完成后在混凝土终凝前，应当先采用木质抹子对混凝土表面砂光、砂平，然后用铁抹子压光直至压光表面。

2）粗糙面。

①预制构件粗糙面成型可采用预涂缓凝剂工艺，脱模后采用高压水冲洗（见本章第 130 问图 8-12）。

②叠合面粗糙面可在混凝土初凝前进行拉毛处理。图 8-47 是日本工厂在预应力叠合板浇筑表面做粗糙面的照片。

图 8-47　预应力叠合板浇筑面表面

3）键槽。需要在浇筑面预留键槽，应在混凝土浇筑后用内模或工具压制成型，图 8-48 是欧洲预应力叠合板侧向结合面构造图（键槽和粗糙面）。

4）抹角。浇筑面边角做成 45°抹角，如叠合板上部边角，或用内模成型，或由人工抹成。

(4) 夹芯保温外墙板浇筑

夹芯保温外墙板的浇筑方式在本书第144问进行详细论述。

图8-48 欧洲预应力叠合板侧面的键槽和粗糙面

(5) 混凝土浇筑的要点

1）混凝土浇筑前，应检查和控制模板、钢筋、保护层和预埋件等的尺寸、规格、数量和位置，其偏差值应满足相关规定。此外，还应检查模板支撑的稳定性以及模板接缝的密合情况。

2）模板和隐蔽工程项目应分别进行预检和隐蔽验收。符合要求时，方可进行浇筑。

3）混凝土浇筑前，预埋件及预留钢筋的外露部分宜采取防止污染的措施；应清理干净模板内的垃圾和杂物，且封堵金属模板中的缝隙和孔洞、钢筋连接套筒以及预埋螺栓孔。

4）混凝土浇筑宜一次完成，必须分层浇筑时，其分层厚度应符合表8-6的规定，浇筑次层混凝土时，振捣应深入前层20～50mm，且应在规定的时间内进行。

5）混凝土浇筑过程应连续进行，同时观察模板、钢筋、预埋件和预留孔洞的情况，当发现有变形、移位时，应立即停止浇筑，并在已浇筑混凝土初凝前对发生变形或移位的部位进行调整，完成后方可进行后续浇筑工作。

(6) 混凝土振捣的要点

1）混凝土宜采用机械振捣方式成型。振捣设备应根据混凝土的品种、工作性、预制构件的规格和形状等因素确定，应制订振捣成型操作规程。

2）当采用振捣棒时，混凝土振捣过程中不应碰触钢筋骨架、面砖和预埋件。

3）混凝土振捣过程中应随时检查模具有无漏浆、变形或预埋件有无移位等现象。

表8-6 混凝土浇筑层的厚度

<table>
<tr><th>序号</th><th colspan="2">捣实混凝土的方法</th><th>浇筑层厚度</th></tr>
<tr><td>1</td><td colspan="2">插入式振捣器</td><td>振捣器作用部分的长度的1.25倍</td></tr>
<tr><td>2</td><td colspan="2">表面振捣器</td><td>200mm</td></tr>
<tr><td rowspan="3">3</td><td rowspan="3">人工捣固</td><td>在基础、无筋混凝土或配筋稀疏的结构中</td><td>250mm</td></tr>
<tr><td>在梁、墙板、柱结构中</td><td>200mm</td></tr>
<tr><td>在配筋密列的结构中</td><td>150mm</td></tr>
<tr><td rowspan="2">4</td><td rowspan="2">轻骨料混凝土</td><td>插入式振捣</td><td>300mm</td></tr>
<tr><td>表面振捣（振动时需加荷）</td><td>200mm</td></tr>
</table>

注：本表出自上海市《装配式建筑预制混凝土构件生产技术导则》表6.9.6。

141. 如何铺设填充减重材料？

为了减轻构件的重量，有时候设计对一些装配式建筑中的非结构部分填充减重材料，如外墙板的窗下墙等，常见的填充减重材料是聚苯乙烯发泡板（EPS），作业要点如下：

1）铺设位置。铺设填充减重材料应注意：减重材料在结构中的位置必须准确，可采用钢筋定位的方式加以固定，保证混凝土在成型过程中位置不发生偏离。

2）固定方式。对外观尺寸在 400mm×400mm 以上的减重材料，其下部的混凝土难以浇筑密实时，可采用两次浇筑的方式，即先浇筑减重材料下部的混凝土，然后安放减重材料，再绑扎上部钢筋和浇筑上部混凝土；对外观尺寸在 400mm×400mm 以下的减重材料，可以绑扎固定在钢筋骨架中一体化浇筑，依靠混凝土的流动性使减重材料的下部混凝土密实。

3）固定措施。由于减重材料相对比较轻，在混凝土浇筑振动过程中很容易上浮，因此要采取绑扎固定、限位钢筋（抱箍）的措施防止减重材料上浮，如图 8-49 所示。

根据填充减重材料的尺寸配置限位钢筋（限位筋如图 8-49 中 C 部大样所示），每个方向至少设置两道，随钢筋骨架绑扎定位，必要时采取点焊的方式，使其牢牢固定在钢筋骨架上。

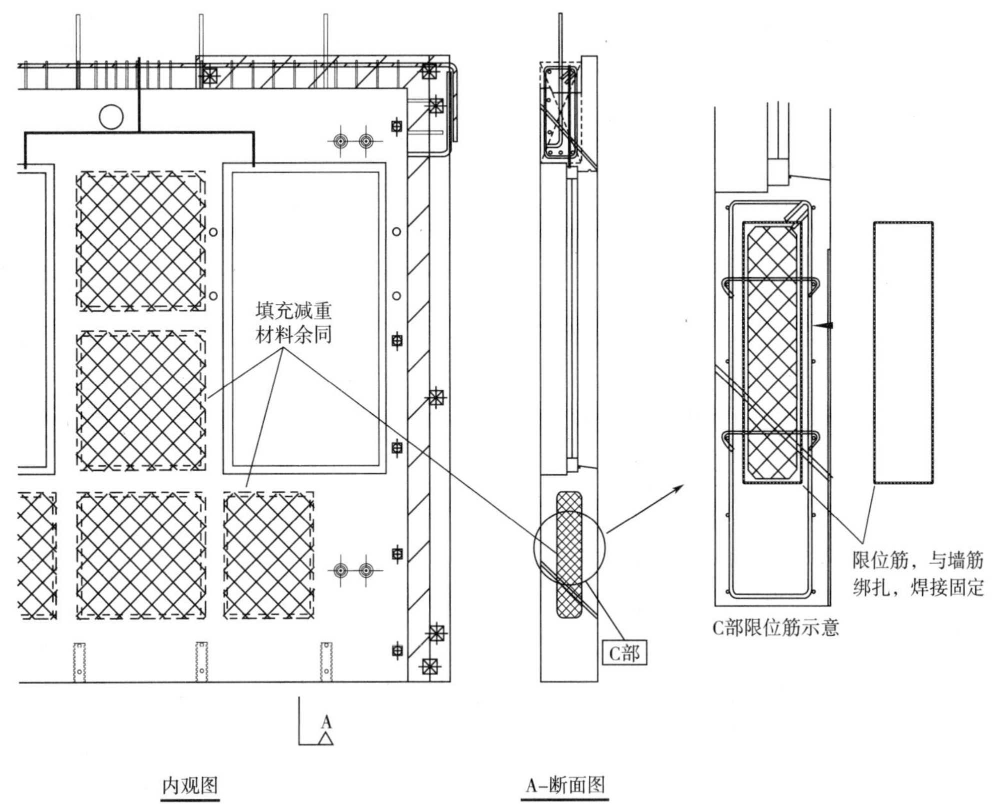

图 8-49　减重材料限位固定措施

142. 如何埋设信息芯片？

预制构件生产企业应建立构件生产管理信息化系统，用于记录构件生产关键信息，以追溯、管理构件的生产质量和进度。

有些地方政策上强制要求必须在预制构件内埋设信息芯片，有些地方暂无要求。

(1) 芯片的规格

芯片为超高频芯片，外观尺寸约为 3mm × 20mm × 80mm（图 8-50）。

图 8-50　芯片

(2) 芯片的埋设

芯片录入各项信息后，宜将芯片浅埋在构件成型表面，埋设位置宜建立统一规则，便于后期识别读取。埋设方法如下：

1）竖向构件收水抹面时，将芯片埋置在构件浇筑面中心距楼面 60～80cm 高处，带窗构件则埋置在距窗洞下边 20～40cm 中心处，并做好标记。脱模前将打印好的信息表粘贴于标记处，便于查找芯片埋设位置。

2）水平构件一般放置在构件底部中心处，将芯片粘贴固定在平台上，与混凝土整体浇筑。

3）芯片埋深以贴近混凝土表面为宜，埋深不应超过 2cm，具体以芯片供应厂家提供数据实测为准（见本书第 3 章第 53 问图 3-48、图 3-49）。

143. 混凝土浇筑面的表面处理有什么要求？

对混凝土浇筑面根据不同情况有不同的要求，制作时必须要根据图样的要求作出相应的处理。

1）表面要求粗糙面的，可采用表面拉毛处理（见本章第 140 问图 8-47）和化学水洗露石的方法，形成粗糙面的工艺方法见本书第 3 章第 47 问。

2）表面要求收光面的，先采用木质抹刀收平，然后用金属抹刀收光。收水抹面一般要进行 3～4 遍，第 1 道收水抹面应在振捣完成后完成，最后 1 道收水抹面应在初凝前几分钟完成，中间几道收水抹面应根据混凝土浇筑环境、构件规格及操作工人的经验和操作方法完成。

144. 夹芯保温生产要点是什么？

夹芯保温外墙板也称为“三明治构件”，是指由混凝土构件、保温层和外叶板构成的预制混凝土构件。包括“预制混凝土夹芯保温外墙板”“预制混凝土夹芯保温柱”“预制混凝土夹芯保温梁”。其中，应用最多的是“预制混凝土夹芯保温外墙板”。

目前夹芯保温外墙板浇筑方式有一次作业法和两次作业法两种方式，但一次作业法当前存在着很大的质量和安全隐患，因无法准确控制内外叶墙体混凝土间隔时间，保证所有的作业在混凝土初凝前完成，初凝期间或初凝后的一些作业环节直接导致保温拉结件及其握裹混凝土受到扰动，而无法满足锚固要求，所以笔者不建议采用一次作业法，日本的夹芯保温外墙板都是采用两次作业法，欧洲的夹芯保温外墙板生产线也都是采用两次作业法。

控制内外叶墙体混凝土浇筑间隔是为了保证拉结件与混凝土的锚固质量。

（1）国家标准《装标》关于夹芯保温墙板成型规定

1）夹芯保温墙板内外叶墙体拉结件的品种、数量、位置对于保证外叶墙结构安全、避免墙体开裂极为重要，其安装必须符合设计要求和产品技术手册。

2）带保温材料的预制构件宜采用水平浇筑方式成型，夹芯保温墙板成型尚应符合下列规定：

①拉结件的数量和位置应满足设计要求。

②应采取可靠措施保证拉结件位置、保护层厚度，保证拉结件在混凝土中可靠锚固。

③应保证保温材料间拼缝严密或使用粘接材料密封处理。

④在上层混凝土浇筑完成之前，下层混凝土不得初凝。

（2）夹芯保温外墙板浇筑

常用保温拉结件有两种形式，一种是预埋式金属类拉结件（图8-51、图8-52），另一种是插入式FRP拉结件，FRP是指纤维强化塑料（俗称玻璃钢，如图8-53所示）。

图8-51 哈芬不锈钢保温拉结件

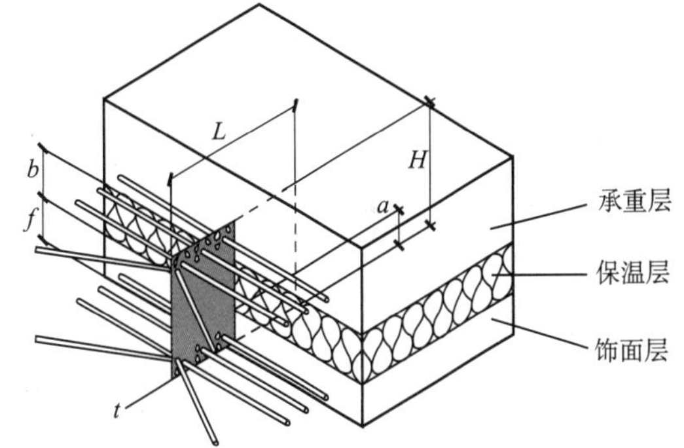

图8-52 不锈钢拉结件安装状体示意图

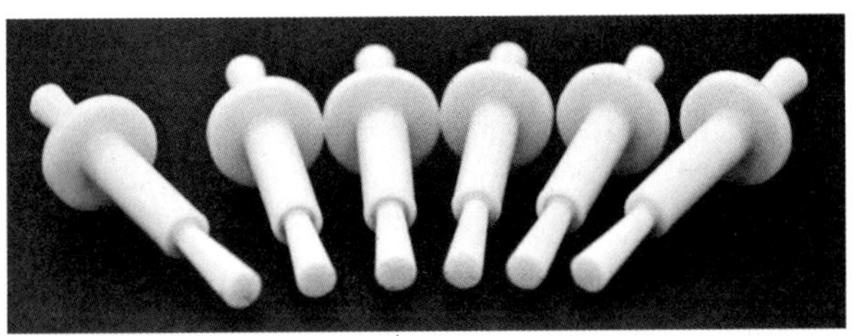

图8-53 FRP保温拉结件

1）拉结件埋置。夹芯保温外墙板浇筑混凝土时需要考虑拉结件的埋置。

①插入式。插入式适用于FRP拉结件的埋置。

在外叶墙混凝土浇筑后，于初凝前插入拉结件，防止拉结件到混凝土开始凝结后插不进去，或虽然插入但混凝土握裹不住拉结件。严禁隔着保温层材料插入拉结件，这样的插入方式会把保温层破碎的颗粒挤到混凝土中，破碎颗粒与混凝土共同包裹拉结件会直接削弱拉结件的锚固力量，非常不安全。

②预埋式。预埋式适用于金属类拉结件。

采用需预先绑扎的拉结件应当在混凝土浇筑前，提前将拉结件安装绑扎完成，浇筑好混凝土后严禁扰动拉结件。

2）保温板铺设与内叶板浇筑。保温板铺设与内叶板浇筑有两种做法：

①一次作业法。在外叶墙浇筑后，随即铺设预先钻孔完（拉结件孔）的保温材料，插入拉结件后，放置内叶板钢筋、预埋件，进行隐蔽工程检查，赶在外叶墙初凝前浇筑内叶墙混凝土。此种做法一气呵成效率较高，但容易对拉结件形成扰动，特别是内叶墙安装钢筋、预埋件、隐蔽工程验收等环节需要较多时间，外叶墙混凝土开始初凝时，各项作业活动会对拉结件及周边握裹混凝土造成扰动，将严重影响拉结件的锚固效果，形成质量和安全的隐患。

②两次作业法。外叶墙浇筑后，在混凝土初凝前将保温拉结件埋置到外叶墙混凝土中，经过养护待混凝土完全凝固并达到一定强度后，铺设保温材料，再浇筑内叶墙混凝土。铺设保温材料和浇筑内叶墙一般是在第二天进行。

3）保温层铺设。

①保温层铺设应从四周开始往中间铺设。

②应尽可能采用大块保温板铺设，减少拼接缝带来的热桥。

③不管是一次作业法，还是二次作业法，拉结件处都应当在保温板上钻孔后插入。

④对于接缝或留孔的空隙应用聚氨酯发泡进行填充。

（3）夹芯保温外墙板生产要点

1）保温板铺设前应按设计图样和施工要求，确认拉结件和保温板满足要求后，方可安放拉结件和铺设保温板，保温板铺设应紧密排列。

2）不应在湿作业状态下直接将拉结件插入保温板，而是要预先在保温板上钻孔后插入，在插入过程中应使 FRP 塑料护套与保温材料表面平齐并旋转 90°，如图 8-54、图 8-55 所示。

图 8-54　FRP 拉结件安装

图 8-55　内叶混凝土浇筑前示意

3）夹芯保温墙板主要采用 FRP 拉结件或金属拉结件将内外叶混凝土层连接。在构件成型过程中，应确保 FRP 拉结件或金属拉结件的锚固长度，混凝土坍落度宜控制在 140 ~ 180mm 范围内，以确保混凝土与连接件间的有效握裹力。

4）采用二次作业法的夹芯外墙板需选择适用的 FRP 保温拉结件，不适合采用带有塑料护套的拉结件。

5）二次作业法采用垂直状态的金属拉结件时，可轻压保温板使其直接穿过拉结件；当使用非垂直状态金属拉结件时，保温板应预先开槽后再铺设，需对铺设过程中损坏部分的保温材料补充完整。

6）生产转角或 L 形夹芯保温外墙时，侧面较高的立模部位宜同步浇筑内外叶混凝土层，生产时应采取可靠措施确保内外叶混凝土厚度、保温材料及拉结件的位置准确。

145. 不同制作工艺如何进行构件养护？养护常见问题是什么？

（1）养护概述

1）养护是混凝土质量的重要环节，对混凝土的强度、抗冻性、耐久性有很大的影响。预制构件养护有三种方式：自然养护、自然养护加养护剂、加热养护。

2）预制混凝土构件一般采用蒸汽加热养护，蒸汽加热养护可以缩短养护时间，快速脱模，提高效率，减少模具等生产要素的投入。

3）条件允许的情况下，预制构件优先推荐自然养护。采用加热养护时，按照合理的养护制度进行温控可避免预制构件出现温差裂缝。加热养护有以下基本要求：

①采用蒸汽养护时，应分为预养护、升温、恒温和降温四个阶段（图 8-56）。

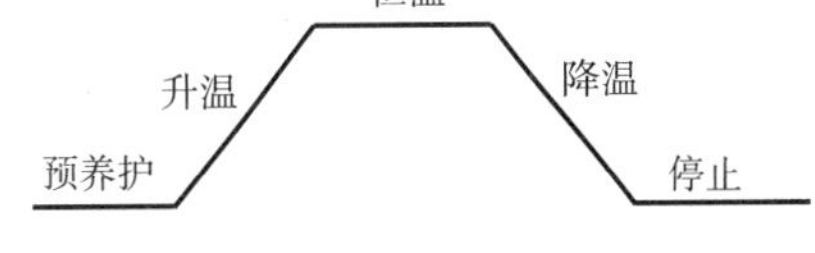

图 8-56　加热蒸汽养护过程曲线图

②宜在常温下预养护 2～6h。

③升、降温速度不宜超过 20℃/h。

④最高养护温度不宜超过 70℃。夹芯保温外墙板因有机保温材料在较高温度下会产生热变形，最高养护温度不宜大于 60℃。

⑤柱、梁等较厚的预制构件最高养护温度宜控制在 40℃，楼板、墙板等较薄的构件养护最高温度宜控制在 60℃，恒温持续时间不小于 4h。

⑥预制构件脱模时的表面温度与环境温度的差值不宜超过 25℃。

（2）固定台模和立模工艺养护

固定模台与立模采用在工作台直接养护的方式。蒸汽通到模台下，将构件用苫布或移动式养护篷铺盖，在覆盖罩内通蒸汽进行养护，如图 8-57 所示。固定模台养护应设置全自动温度控制系统，通过调节供气量自动调节每个养护点的升温降温速度和保持温度。

图 8-57　工作台直接蒸汽养护

（3）流水线集中养护

流水线采用养护窑集中养护，养护窑内有散热器或者暖风炉进行加温，采用全自动温度控制系统，见本书第 1 章第 6 问

图1-20。

养护窑养护要避免构件出入窑时窑内外温差过大。

（4）常见的问题

1）《装标》中提出“在条件允许的情况下优先采用自然养护”。但根据笔者的经验，自然养护对模具依赖性很高，采用这种养护方式，养护时间比较长，生产需要的时间和模具更多、存放构件养护的场地也更大，从世界各地的PC工厂受模具和养护场地的影响，采用加热养护的方式居多。

2）《装标》中规定最高养护温度不宜超过70℃，实际生产中当加热养护温度超过50℃时，构件表面非常容易出现温差裂缝。厂家在控制养护温度上限时，宜根据当地的环境和自然情况，在这个加热温度范围适当地进行判断和调整。

3）塑钢门窗在较高温度加热下可能会产生热变形，要及时调整养护温度。

146. 脱模作业须注意什么？

（1）脱模作业的注意事项

1）脱模不应损伤预制构件，应严格按顺序拆模，严禁用振动、敲打方式拆模。宜先从侧模开始，先拆除固定预埋件的夹具，再打开其他模板。

2）预制构件起吊前，应确认构件与模具间的连接部分完全拆除后方可起吊。

3）预制构件拆模起吊前应检验其同条件养护的混凝土试块抗压强度，设计如无具体要求时，达到15MPa以上方可拆模起吊；或按起吊受力验算结果并通过实物起吊验证确定安全起吊混凝土强度值。

4）构件起吊应平稳，楼板等平面尺寸比较大的构件应采用专用多点吊架进行起吊，复杂构件应采用专门的吊架进行起吊。

5）脱模后的构件运输到质检区待检。

（2）脱模后如何进行初检

脱模后进行外观检查和尺寸检查。

1）表面检查重点：

①蜂窝、孔洞、夹渣、疏松。

②表面层装饰质感。

③表面裂缝。

④破损。

2）尺寸检查重点：

①伸出钢筋是否偏位。

②套筒是否偏位。

③孔眼。

④预埋件。

⑤外观尺寸。

⑥平整度。

3）模拟检查。对于套筒和预留钢筋孔的位置误差检查，可以用模拟方法进行。即按照下部构件伸出钢筋的图样，用钢板焊接钢筋制作检查模板，上部构件脱模后，与检查模板试安装，看能否顺利插入。如果有问题，及时找出原因，进行调整改进。

147. 粗糙面作业有什么要求？忘记涂缓凝剂有什么补救办法？

（1）粗糙面作业的要求

对设计要求的模具面的粗糙面进行处理：

①按照设计要求的粗糙面处理。

②缓凝剂形成粗糙面：

③应在脱模后立即处理。

④将未凝固水泥浆面层洗刷掉，露出骨料。

⑤粗糙面表面应坚实，不能留有酥松颗粒。

⑥防止水对构件表面形成污染。

（2）忘记涂刷缓凝剂的补救措施

1）采用稀释盐酸形成粗糙面：

①应在脱模后立即处理。

②按照要求稀释盐酸，盐酸浓度在 5% 左右，不超过 10% 。

③按照粗糙面的凸凹深度要求涂刷稀释盐酸量。

④将被盐酸中和软化的水泥浆面层洗刷掉，露出骨料。

⑤粗糙面表面应坚实，不能留有酥松颗粒。

⑥防止盐酸刷到其他表面。

⑦防止盐酸残留液对构件表面形成污染。

2）采用机械打磨方法形成粗糙面：

①按照要求粗糙面的凸凹深度进行打磨。

②防止粉尘污染。

148. 如何进行构件表面处理和修补？

预制构件出厂前必须进行严格的外观检查，如构件表面有影响美观的情况，或是有轻微掉角、裂缝的要及时修补。

预制构件的修补常见的做法如下：

1）边角处不平整的混凝土用磨机磨平，凹陷处用修补料补平。大的掉角要分两到三次修补，不要一次完成，修补时要用靠模，确保修补处与整体平面保持一致。

2）蜂窝、麻面（预制件上不密实混凝土的范围或深度超过 4mm）。将预制件上蜂窝处的不密实混凝土凿去，并形成凹凸相差 5mm 以上的粗糙面。用钢丝刷将露筋表面的水泥浆磨去。用水将蜂窝冲洗干净，不可存有杂物。用专用的无收缩修补料抹平压光，表面干燥后用细砂纸打磨。

3）气泡（预制件上不密实混凝土或孔洞的范围不超过4mm）。将气泡表面的水泥浆凿去，露出整个气泡，并用水将水眼冲洗干净。然后用修补料将气泡塞满抹平即可。

4）缺角（预制件的边角混凝土崩裂，脱落）。将崩角处已松动的混凝土凿去，并用水将崩角冲洗干净，然后用修补料将崩角处填补好。如崩角的厚度超过40mm时，要加种钢筋，分两次修补至混凝土面满足要求，并做好养护工作。

5）常用的修补材料。这里给出一些经验性做法供读者参考。

①修补水泥：生产用散装水泥与52.5级白水泥各50%混合均匀后作为修补水泥，要即混即用。

②修补乳胶液：聚合物水泥改良剂（BARRA EMOLSION 57苯乙烯丁二烯共聚物乳液），相对密度1.01；pH值10.5，无毒；西卡胶皇等。

③修补用砂：风干黄砂用1.18mm筛子筛去粗颗粒，使用细颗粒部分。

④修补水泥腻子，配合比：

修补乳胶液∶修补水泥∶水=1∶3∶0.1（重量比）

⑤修补水泥砂浆，配合比：

修补乳胶液∶修补水泥∶砂∶水=1∶3∶2∶0.1（重量比）

⑥裂缝修补涂料，配合比：

水泥基渗透结晶型防水材料（T1干粉）∶水=5∶2（重量比）

⑦环氧树脂净浆配合比：

E-44环氧树脂（#6101）∶固化剂（乙二胺）∶稀释剂（二甲苯）∶环氧氯丙烷=100∶25∶20~40∶20（重量比）

⑧环氧树脂砂浆配合比：

环氧树脂净浆∶水泥∶砂=1∶1∶1（重量比）

⑨面砖修补材料：陶瓷砖强力胶粘剂。

6）有饰面的产品的修补。

①石材修补方法，根据表8-7进行石材的修补。

表8-7　石材的修补方法

石材的掉角	石材的掉角发生时，需与业主或相关人员协商之后再决定处置 修补方法应遵照下列要点：胶粘剂（环氧树脂系）+硬化剂+色粉=100∶1（按修补部位的颜色）；搅拌以上填充材后涂入石块的损伤部位，硬化后用刀片切修
石材的开裂	石材的开裂原则上要换贴，但实施前应与业主或相关人员协商并得到认可

注：本表出自《装配整体式混凝土结构预制构件制作与质量检验规程》（DGJ 08）条文说明表2石材的修补方法。

②瓷砖修补标准和调换方法：

A. 根据表8-8进行瓷砖的调换。

表 8-8 需要调换的瓷砖的标准

弯 曲	2mm 以上
下沉	1mm 以上
缺角	5mm×5mm 以上
裂纹	出现裂纹的瓷砖要和业主或相关人员协商后再施工

注：本表出自《装配整体式混凝土结构预制构件制作与质量检验规程》（DGJ 08）条文说明表 3 需要调换的瓷砖的标准。

B. 调换方法（瓷砖换贴处应在记录图样进行标记）。将更换瓷砖周围切开，并清洁破断面，在破断面上使用速效胶粘剂粘贴瓷砖。后贴瓷砖也应使用速效胶粘剂粘贴瓷砖。更换瓷砖及后贴瓷砖都要在瓷砖背面及断面两方进行填充，施工时要防止出现空隙。胶粘剂硬化后，缝格部位用砂浆勾缝。缝的颜色及深度要和原缝隙部位吻合。

C. 瓷砖调换要领及顺序。用钢丝刷刷掉碎屑，用刷子等仔细清洗。用刀把瓷砖缝中的多余部分除去，尽量不要出现凹凸不平的情况。涂层厚为 5mm 以下。

D. 掉角瓷砖。不到 5mm×5mm 的瓷砖掉角，用环氧树脂修补剂及指定涂料进行修补。

7）修补后的养护：

①刷养护剂进行养护。

②采用土工布或苫布覆盖养护。

149. 构件出现裂缝的原因是什么？如何处理？

1）构件出现裂缝的原因是很多的，一般由混凝土原材料质量不稳、温差过大、混凝土收缩变化严重以及构件起吊脱模受力不均等原因造成。因此在整个生产过程中，必须对构件产生裂缝的各种因素进行把控，从而生产出优质的产品。

避免裂缝产生，除了做好过程控制以外，一旦出现裂缝必须进行处理。

2）当构件出现一般缺陷或严重缺陷时，应进行判断与处理，下面给出上海市地方标准供读者参考（见表 8-9）。

表 8-9 裂缝、掉角的修补

缺陷的状态		修补方法	备 注
裂缝	对构件结构产生影响的裂纹，或连接埋件和留出筋的耐受力上有障碍的	×	
	宽度超过 0.3mm、长度超过 500mm 的裂纹	×	
	上述情况外宽度超过 0.1mm 的裂纹	○	
	宽度在 0.1mm 以下，贯通构件的裂纹	□	
	宽度在 0.1mm 以下，不贯通构件的裂纹	□	

（续）

缺陷的状态		修补方法	备注
破损、掉角	对构件结构产生影响的破损，或连接埋件和留出筋的耐受力上有障碍的	×	浇捣时边角上孔洞
	长度超过 20cm 且超过板厚额 1/2 的	×	
	板厚的 1/2 以下、长度在 2～20cm 的	□	修补后，接受质检人员的检查
	板厚的 1/2 以下、长度在 2cm 以内的	□	修补
气孔，混凝土的表面完成度	表面收水及打硅胶部位、直径在 3mm 以上的。其他要求参照样品板	□	双方检查确认后的产品作为样品板
其他	产品检查中被判为不合格的产品	×	
备注	×：废品（上述表示为“×”的项目及图样发生变更前已制作的产品。废板必须做好检查表然后移放至废板存放场地，并做好易于辨识的标记。对于废板应在对其具体情况及原因分析的基础上作出不合格品的处置报告及预防质量事故再发生的书面报告 ○：注入低黏性环氧树脂 □：（树脂砂浆）修补表面		

注：本表出自上海市《装配整体式混凝土结构预制构件制作与质量检验规程》（DGJ 08）条文说明表 1 裂缝、掉角的修补。

3）构件制作阶段出现的裂缝原因和处理办法，笔者列在表 8-10 供读者参考。

表 8-10　PC 常见质量问题一览表（摘要）

环节	序号	问题	危害	原因	检查	预防与处理措施
3. 构件制作	3.4	混凝土表面龟裂	构件耐久性差，影响结构使用寿命	搅拌混凝土时水灰比过大	质检员	要严格控制混凝土的水灰比
	3.5	混凝土表面裂缝	影响结构可靠性	构件养护不足，浇筑完成后混凝土静养时间不到就开始蒸汽加热养护或蒸汽养护脱模后温差较大造成	质检员	在蒸汽养护之前混凝土构件要静养 2～6h 后开始蒸汽加热养护，脱模后要放在厂房内保持温度，构件养护要及时
	3.6	混凝土预埋件附近裂缝	造成埋件握裹力不足，形成安全隐患	预埋件处应力集中或拆模时模具上固定埋件的螺栓拧下，用力过大	质检员	预埋件附近增设钢丝网或玻纤网，拆模时拧下螺栓用力适宜

150. 预应力构件如何制作?

通常预应力构件分为先张法和后张法预应力构件两类。

(1) 先张法预应力构件制作

1）预应力张拉台座。先张法预应力构件是在固定的预应力张拉台座上制作，一般预应力张拉台座是一个长条的平台，一端是预应力筋张拉端，另一端是预应力筋固定端。

图 8-58　预应力楼板条形模具

当采用台座法生产时，预应力筋的张拉、锚固，混凝土浇筑、养护和预应力筋放张等工序均在台座上进行，预应力筋的全部张拉力由台座承受。它是先张法预应力构件制作的主要设备之一，图 8-58 是预应力楼板条形模具，预应力模台见本书第 1 章图 1.14-3。

2）先张法构件的工艺流程（图 1-40）。

3）先张法构件的生产顺序：

①清理模台和涂刷脱模剂。

②预应力筋制备和铺放预应力筋。

③预应力筋初张拉，如图 8-59 所示。

④安装钢筋骨架和预埋件，如图 8-60 所示。

图 8-59　预应力筋初张拉

图 8-60　安装钢筋骨架和预埋件

⑤模具组装。

⑥浇捣前检查。

⑦混凝土浇筑。

⑧养护达到要求强度。

⑨拆模。

⑩预应力筋的放张及切割预应力筋。

⑪脱模初检。

⑫存放，如图 8-61 所示。

⑬出场检验。

4）先张法构件的制作要点：

①预应力台座：

A. 预应力张拉台座应进行专项施工设计，并应具有足够的承载力、刚度及整体稳固性，应能满足各阶段施工荷载和施工工艺的要求。

图 8-61　箱梁存放

B. 先张法预应力构件张拉台座受力巨大，为保证安全施工应由设计或有经验单位、部门进行专门设计计算。

②预应力筋制备和铺放预应力筋。预应力筋下料、钢丝镦头及下料长度偏差应符合《装标》第 9.5.3、9.5.4 条规定。

A. 预应力筋下料：

a）预应力筋的下料长度应根据台座的长度、锚夹具长度等经过计算确定。

b）预应力筋应使用砂轮锯或切断机等机械方法切断，不得采用电弧或气焊切断。

B. 钢丝镦头及下料长度偏差：

a）墩头的头形直径不宜小于钢丝直径的 1.5 倍，高度不宜小于钢丝直径。

b）墩头不应出现横向裂纹。

c）当钢丝束两端均采用墩头锚具时，同一束中各根钢丝长度的极差不应大于钢丝长度的 1/5000，且不应大于 5mm；当成组张拉长度不大于 10m 的钢丝时，同组钢丝长度的极差不得大 2mm。

C. 预应力筋的安装、定位和保护层厚度应符合设计要求。模外张拉工艺的预应力筋保护层厚度可用梳筋条槽口深度或端头垫板厚度控制。

③预应力筋张拉：

A. 预应力筋张拉设备（见本书第 1 章 41 问图 1-41）及压力表应定期维护和标定，并应符合《装标》第 9.5.6 条规定：

a）张拉设备和压力表应配套标定和使用，标定期限不应超过半年；当使用过程中出现反常现象或张拉设备检修后，应重新标定。

b）压力表的量程应大于张拉工作压力读值，压力表的精确度等级不应低于 1.6 级。

c）标定张拉设备用的试验机或测力计的测力示值不确定度不应大于 1.0%。

d）张拉设备标定时，千斤顶活塞的运行方向应与实际张拉工作状态一致。

B. 预应力筋的张拉控制应力应符合设计及专项方案的要求。当需要超张拉时，调整后的张拉控制应力 σ_{con} 应符合下列规定：

a）消除应力钢丝、钢绞线　　$\sigma_{con} \leqslant 0.80 f_{ptk}$

b）中强度预应力钢丝　　$\sigma_{con} \leqslant 0.75 f_{ptk}$

c）预应力螺纹钢筋　　　　　　　　$\sigma_{con} \leqslant 0.90 f_{pyk}$

式中　σ_{con}——预应力筋张拉控制应力；

f_{ptk}——预应力筋极限强度标准值；

f_{pyk}——预应力螺纹钢筋屈服强度标准值。

C. 采用应力控制方法张拉时，应校核最大张拉力下预应力筋伸长值。实测伸长值与计算伸长值的偏差应控制在 ±6% 之内，否则应查明原因并采取措施后再张拉。

D. 预应力筋的张拉应符合设计要求，并应符合《装标》第 9.5.9 条规定：

a）应根据预制构件受力特点、施工方便及操作安全等因素确定张拉顺序。

b）宜采用多根预应力筋整体张拉；单根张拉时应采取对称和分级方式，按照校准的张拉力控制张拉精度，以预应力筋的伸长值作为校核。

c）对预制屋架等平卧叠浇构件，应从上而下逐面张拉。

d）预应力筋张拉时，应从零拉力加载至初拉力后，量测伸长值初读数，再以均匀速率加载至张拉控制力。

e）张拉过程中应避免预应力筋断裂或滑脱。

f）预应力筋张拉锚固后，应对实际建立的预应力值与设计给定值的偏差进行控制；应以每工作班为一批，抽查预应力筋总数的 1%，且不少于 3 根。

E. 预应力筋的张拉顺序。对称张拉是一个重要原则，对张拉比较敏感的结构构件，若不能对称张拉，也应尽量做到逐步渐进的施加预应力。

F. 先张法预应力构件中的预应力筋不允许出现断裂或滑脱，若在浇筑混凝土前出现断裂或滑脱，相应的预应力筋应予以更换。

④预应力筋的放张及切割预应力筋。预应力筋放张应符合设计要求，并应符合《装标》第 9.5.10 条规定：

A. 预应力筋放张时，混凝土强度应符合设计要求，且同条件养护的说凝土立方体抗压强度不应低于设计混凝土强度等级值的 75%；采用消除应力钢丝或钢绞线作为预应力筋的先张法构件，尚不应低于 30MPa。

B. 放张前，应将限制构件变形的模具拆除。

C. 宜采取缓慢放张工艺进行整体放张。

D. 对受弯或偏心受压的预应力构件，应先同时放张预压应力较小区域的预应力筋，再同时放张预压应力较大区域的预应力筋。

E. 单根放张时，应分阶段、对称且相互交错放张。

F. 放张后，预应力筋的切断顺序，宜从放张端开始逐次切向另一端。

⑤预应力筋材料。预应力筋外表面不应有裂纹、小刺、机械损伤、氧化锈皮和油污等，展开后应平顺、不应有弯折。

A. 常用的预应力筋有钢丝、钢绞线、精轧螺纹钢筋等。

B. 目前常用预应力筋的相应产品标准有：《预应力混凝土用钢绞线》（GB/T 5224）、《预应力混凝土用钢丝》（GB/T 5223）、《预应力混凝土用螺纹钢筋》（GB/T 20065）和《无粘结预应力钢绞线》（JG 161）等。

⑥预应力筋锚具。设计选用、进场检验、工程施工要符合《预应力筋用锚具、夹具和

连接器应用技术规程》（JGJ 85）的有关规定。

5）除了上述制作要点，先张法构件制作还要重点注意以下几点：

①为了部分抵消由于应力松弛、摩擦、钢筋分批张拉以及预应力筋与张拉台座之间的温差因素产生的预应力损失，施工中预应力筋需超张拉时，可比设计要求提高5%，但其最大张拉控制应力不得超过相应的规定。张拉控制应力的数值直接影响预应力的效果，控制应力越高，建立的预应力值则越大。但控制应力过高，预应力筋处于高应力状态，使构件出现裂缝时的荷载与破坏荷载接近，破坏前无明显的预兆，这是不允许的。

②预应力筋张拉、绑扎和立模工作完成之后，即应浇筑混凝土，每条生产线应一次浇筑完毕。为保证预应力筋与混凝土有良好的粘结，浇筑时振动器不应碰撞预应力筋，混凝土未达到一定强度前也不允许碰撞或踩动预应力筋。

③放张过早会导致预应力筋回缩而引起较大的预应力损失。

④对承受轴心预压力的构件（压杆、桩等)，所有预应力筋应同时放张。对承受偏心预压力的构件（如梁)，应先同时放张预压力较小区域的预应力筋，再同时放张预压力较大区域的预应力筋。如不能满足上述要求时，应分阶段、对称、相互交错进行放张，以防止在放张过程中，构件产生翘曲、裂纹及预应力筋断裂等现象。

（2）后张法预应力构件制作

1）后张法构件生产顺序简述：

①后张法预应力构件的制作方法与固定模台工艺基本一样，不一样的要求是在构件内预设预应力筋孔道，即在固定模台上制作出带预应力筋孔道的构件，待混凝土强度满足要求后，孔道内穿预应力筋并进行预应力钢筋的张拉，再进行孔道灌浆，最后是构件的脱模、起吊、存放。

②后张法又可作为一种预制构件的拼装手段，可先在预制厂制作小型块体，运到现场后，穿入预应力筋，通过施加预应力拼装成整体。

2）孔道成型：

①预应力的孔道形状有直线、曲线和折线三种。

②孔道的直径与布置。孔道的直径与布置主要根据预应力混凝土构件或结构的受力性能，并参考预应力筋张拉锚固体系特点与尺寸确定。

A. 对粗钢筋，孔道的直径应比预应力筋直径、钢筋对焊接头处外径或需穿过孔道的锚具或连接器外径大10～15mm。

B. 对钢丝或钢绞线，孔道的直径应比预应力钢丝束外径或锚具外径大5～10mm，且孔道面积应大于预应力筋面积的两倍。预应力筋孔道之间的净距不应小于50mm，孔道至构件边缘的净距不应小于40mm，凡需要起拱的构件，预留孔道宜随构件同时起拱。

③孔道成型方法与要求。预应力筋的孔道成型方法有钢管抽芯法、胶管抽芯法和预埋管法等。

孔道成型时要保证孔道的尺寸与位置准确，孔道平顺，接头不漏浆，端部预埋钢板垂直于孔道中心线等。

3）后张法构件张拉：

①预应力筋的张拉顺序和张拉制度一般为：

A. 在层次安排上由一层开始逐层向上至顶层张拉。

B. 对每一层而言，先张拉长向的纵轴线预应力筋，后张拉短向的横轴线预应力筋。

C. 对于各轴线之间的张拉顺序，则先中间后两边，对称交叉张拉。

D. 对于多根预应力筋张拉，则以对角线对称分批张拉。

E. 长向纵轴线的预应力筋由于长度较长，宜采用两端张拉，即一端先行张拉，另一端补张拉至 $103\% \sigma_{con}$ 后锚固的张拉工艺，以使预加应力沿长向轴线比较均匀地传递。横向预应力筋一般比较短，可采用一端张拉工艺。

②后张法构件张拉的要点：

A. 预应力张拉均要求张拉力与延伸量双控，但以前者为主，后者为铺。

a）通过试验测定 E 值，校正设计延伸量，要求实测延伸量与设计延伸量两者允许误差 $\pm 6\%$，否则应暂停，查明原因，采取措施予以调整后方可继续。

b）实测延伸量要扣除非弹性变形引起的全部延伸量（设计延伸量是根据 $E = 1.95 \times 10^5 \text{MPa}$，$k = 0.0015$，$u = 0.15$ 计算所得）。

B. 预应力筋的张拉力应符合设计要求，张拉时应保证同一构件中各根预应力筋的应力均匀一致。

C. 张拉过程中，应避免预应力筋断裂或滑脱，当发生断裂或滑脱时，预应力筋必须予以更换。

D. 预应力筋张拉锚固后实际建立的预应力值与工程设计规定检验值的相对允许偏差应为 $\pm 5\%$。

E. 预应力筋张拉锚固以后，立即进行封锚，并对预留孔洞进行灌浆。灌浆材料宜用无收缩灌浆料，一天龄期的强度不宜低于 25MPa，28 天龄期的强度不宜低于 60MPa。

4）减少预应力损失的方法：

①预应力混凝土的配合比设计时，应尽量减少混凝土的收缩和徐变，以减少预应力损失。

②预应力混凝土可采用自然养护或加热养护。当预应力混凝土进行加热养护时，应采取正确养护制度以减少由于温差引起的预应力损失。

5）后张法构件的特点：

①后张法需要在钢筋两端设置专门的精密锚具，这些锚具永久地留在构件上，无法重复使用，耗用钢材较多，且要求加工精密，费用较高。

②由于留孔、穿筋、灌浆及锚具部分，预压应力局部集中处需加强配筋等原因，使构件端部构造和施工操作都比先张法复杂，所以造价一般比先张法高。

第9章　PC构件吊运、存放与运输

151. PC构件脱模起吊、翻转作业要点是什么?

(1) PC构件脱模起吊

构件拆（脱）模和起吊要点：

1）构件脱模起吊时，预制构件同条件养护的混凝土立方体抗压强度应符合设计关于脱模强度的要求，且不应小于15N/mm²。当设计没有要求时，混凝土强度宜达到设计标准值的50%时方可起吊。

2）工厂应制订预制构件吊装专项方案。

3）构件脱模要依据技术部门关于“构件拆（脱）模和起吊”的指令，方可拆（脱）模和起吊。工厂可以利用微信建立一个微信群，试验室抗压报告出来后，技术部负责人在群里传达指令。

4）装拆模具时，应按规定操作，严禁锤击、冲撞等野蛮操作。

5）墙板以及叠合楼板在吊装前最好利用起重机或木制撬杠先卸载构件的吸附力。

6）构件起吊前应确认模具已全部打开、吊钩牢固、无松动。预应力钢筋“钢丝”已全部放张和切断。

7）构件起吊时，吊绳与构件水平方向角度不得小于45°，否则应加吊架或横梁。

8）构件拆（脱）模起吊后，应逐渐检查外观质量。对不影响结构安全的缺陷，如蜂窝、麻面、缺棱、掉角、副筋漏筋等应及时修补。

9）当脱模起吊时出现构件与模具粘连或构件出现裂缝时，应停止作业，由技术人员作出分析后给出作业指令再继续起吊。

10）构件起吊应缓慢起吊，且保证每根吊绳或吊链受力均匀。

11）用于检测构件拆（脱）模和起吊的混凝土强度试件应与构件一起成型，并与构件同条件养护。

(2) 翻转作业要点

对于平模生产的墙板如果没有翻转机翻转，需采用起重设备辅助翻转。翻转时应注意以下要点：

1）板式构件的翻转详见本书第3章第45问，图3-16、图3-17。

2）翻转时构件触底端应铺设软隔垫，避免构件边角损坏。常用隔垫材料有橡胶垫、XPS聚苯乙烯、废旧轮胎等。

3）起重设备双钩翻转时，两个吊钩应同步升降。

4）翻转作业应当由有经验的信号工指挥，翻转作业参考本书第 3 章图 3-15。

5）一些小型板式构件可以采用捆绑软带进行翻转，采用捆绑作业时捆绑绳的位置要符合要求（见本书第 3 章图 3-31）。

6）柱子翻转作业参见图 9-1。

7）生产线翻转。生产线上的 PC 构件直接在翻转工位翻转，如图 9-2 所示，图中为翻转工位液压侧立翻转。

图 9-1　柱子施工翻转

图 9-2　生产线翻转工位

152. PC 构件厂内运输作业须注意什么？

PC 构件因脱模后强度尚未达到设计要求，在厂区内运输时需要格外注意，构件厂内运输主要有两种：起重机转运方式、摆渡车运输方式，具体注意以下要点：

（1）起重机转运

1）吊运线路应事先设计，吊运路线应避开工人作业区域，吊运路线设计起重机驾驶员应当参加，确定后应当向驾驶员交底。

2）吊索吊具与构件要拧固结实。

3）吊运速度应当控制，避免构件大幅度摆动。

4）吊运路线下禁止工人作业。

5）吊运高度要高于设备和人员。

6）吊运过程中要有指挥人员。

7）起重机要打开警报器。

8）敞口构件在脱模、吊装、运输过程中，需设置临时加固措施（详见本书第 3 章第 50 问，图 3-44、图 3-45）

（2）摆渡车运输

1）各种构件摆渡车运输都要事先设计装车方案。

2）按照设计要求的支撑位置加垫方或垫块；垫方和垫块的材质符合设计要求。

3）构件在摆渡车上要有防止滑动、倾倒的临时固定措施。

4）根据车辆载重量计算运输构件的数量。

5）对构件棱角进行保护。

6）墙板在靠放架上运输时，靠放架与摆渡车之间应当用封车带绑牢固。

153. 脱模后构件如何进行质检？不合格品如何处置？

脱模后的构件应及时送到质检区，由质检员按照图样进行检查，检查内容重点包括表面检查、尺寸检查、模拟检查。

（1）表面检查重点

1）蜂窝、孔洞、夹渣、疏松。

2）表面层装饰质感。

3）表面裂缝。

4）破损情况。

5）PC 构件经检查修补或表面处理完成后才能码垛存放或集中立式存放。

（2）尺寸检查重点

1）伸出钢筋是否偏位。

2）套筒是否偏位。

3）孔眼是否偏位，孔道是否倾斜。

4）预埋件是否偏位。

5）外观尺寸是否符合要求。

6）平整度是否符合要求。

（3）模拟检查

对于套筒和预留钢筋孔的位置误差检查，可以用模拟方法进行。即按照下部构件伸出钢筋的图样，用钢板焊接钢筋制作检查模板，上部构件脱模后，与检查模板试安装，看能否顺利插入。如果有问题，及时找出原因，进行调整改进。

（4）检查场地要求

1）PC 工厂应设置 PC 构件质检修补区。

2）质检修补区应光线明亮，北方冬季应布置车间内。

3）水平放置的构件如楼板、柱子、梁、阳台板等应放在架子上进行质量检查和修补，以便看到底面。装饰一体化墙板应检查浇筑面后翻转 180°使装饰面朝上进行检查、修补。

4）立式存放的墙板应在靠放架上检查。

5）检查修补支架（图 9-3）的要求：

①结实牢固切满足支撑构件的要求。

②架子隔垫位置应当按照设计要求布置。

③垫方上应铺设保护橡胶垫。

6）质检修补区设置在室外，宜搭设遮阳遮雨临时设施。

7）质检修补区的面积和架子数量根据质检量和修补比例、修补时间确定，应事先规划好。

（5）检查结果的处理

1）检验后的构件应当用记号笔或者粘贴标签等方式，在指定的位置对构件进行标识。

2）标识应包含项目名称、构件名称、规格型号、生产日期、质量状态等详细信息。

3）对检验不合格的产品应标识清楚，需要修补的应及时修补，修补后再次检验。

4）对无法修补或者修补后仍然不合格的产品应及时报废，并标识清楚，将产品及时隔离开或者转运其他区域。

图 9-3　PC 构件检查支架

154. PC 构件存放作业要点是什么？

（1）需设计给出的存放要求

PC 构件脱模后，要经过质量检查、表面修补、装饰处理、场地存放、运输等环节，设计需给出支承要求，包括支承点数量、位置、构件是否可以多层存放、可以存放几层等。如果设计没有给出要求，工厂提出存放方案要经过设计确认。

结构设计师对存放支承必须重视。曾经有工厂就因存放不当而导致大型构件断裂（图 9-4）。设计师给出构件支承点位置需进行结构受力分析，最简单的办法是吊点对应的位置做支承点。

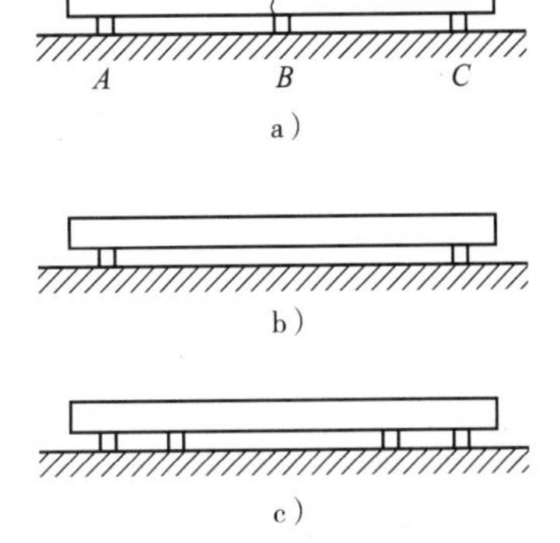

图 9-4　因增加支撑点而导致大型梁断裂示意图

a）B 点出现裂缝，B 点垫片高了所致　b）两点方式　c）4 点方式

（2）存放要点

1）工厂根据设计要求制订预制构件存放的具体方式和办法。

2）预制构件入库前和存放过程中应做好安全和质量防护。

3）应合理设置垫块支点位置，确保预制构件存放稳定，支点宜与起吊点位置一致。

4）与清水混凝土面接触的垫块应采取防污染措施。

5）预制构件多层叠放时，每层构件间的垫块应上下对齐。

6）预制柱、梁等细长构件宜平放且用两条垫木支撑。

7）预制楼板、叠合板、阳台板和空调板等构件宜平放，叠放层数不宜超过6层；长期存放时，应采取措施控制预应力构件起拱值和叠合板翘曲变形。

8）预制内外墙板、挂板宜采用专用支架直立存放，支架应有足够的强度和刚度，构件上部宜采用两点支撑，下部应支垫稳固，薄弱构件、构件薄弱部位和门窗洞口应采取防止变形开裂的临时加固措施。

9）当采用靠放架存放构件时，靠放架应具有足够的承载力和刚度，与地面倾斜角度宜大于80°；墙板宜对称靠放且外饰面朝外，构件上部宜采用木垫块隔离，比较高的构件上部应有固定措施。

10）当采取多点支垫时，一定要避免边缘支垫低于中间支垫，导致形成过长的悬臂，形成较大的负弯矩产生裂缝。

11）梁柱一体三维构件存放应当设置防止倾倒的专用支架。

12）楼梯可采用叠层存放。

13）带飘窗的墙体应设有支架立式存放。

14）阳台板、挑檐板、曲面板应采用单独平放的方式存放。

15）预应力构件存放应根据构件起拱值的大小和存放时间采取相应措施。

16）构件标识要写在容易看到的位置，如通道侧，位置低的构件在构件上表面标识。

17）装饰化一体构件要采取防止污染的措施。

(3) 存放实例

PC构件存放有三种方式：立放法、靠放法、平放法，如图9-5～图9-18所示。

立放法适合存放实心墙板、叠合双层墙板以及墙板需要修饰作业。

靠放法适用于三明治外墙板以及带其他异形的构件。

平放法适合用于叠合楼板、阳台板、柱、梁等。

图9-5 立放法

图9-6 靠放法

图 9-7　靠放架

图 9-8　平放法

图 9-9　装饰一体化 PC 墙板装饰面朝上支承

图 9-10　折板用支架支承

图 9-11　点式支承垫块

图 9-12　板式构件多层点式支承存放

图 9-13　梁垫方支承存放

图 9-14　预应力板垫方支承存放

图 9-15　槽形构件两层点支承存放

图 9-16　L 形板存放 1

图 9-17　L 形板存放 2

图 9-18　构件竖直存放

155. 如何进行构件存放区管理？

构件的存放与管理应符合下列要求：

1）存放场地应平整、坚实，并应有排水措施。

2）存放库区宜实行分区管理和信息化台账管理。

3）应按照产品品种、规格型号、检验状态分类存放，产品标识应明确、耐久，预埋吊件应朝上，标识应向外。

4）存放场地应在门式起重机或汽车式起重机可以覆盖的范围内。

5）存放场地布置应当方便运输构件的大型车辆装车和出入。

6）不合格品与废品应另行分区按构件种类存放整齐，并有明显标识，不得与合格品混放。

当工厂场地紧张的时候，板类构件可以采用货架式存放，如图 9-19 所示。

图 9-19　储存架存放构件

156. PC 构件半成品和成品如何进行保护？有装饰面层的构件如何进行保护？

成品保护应当按设计要求或工厂技术方案进行保护，技术方案见本书第 3 章 49 问。

保护作业的要点：

1）预制构件成品外露保温板应采取防止开裂措施，外露钢筋应采取防弯折措施，外露预埋件和连接件等外露金属件应按不同环境类别进行防护或防腐、防锈。

2）预埋螺栓孔宜采用海绵棒进行填塞，保证吊装前预埋螺栓孔的清洁。

3）钢筋连接套筒、预埋孔洞应采取防止堵塞的临时封堵措施。

4）露骨料粗糙面冲洗完成后应对灌浆套筒的灌浆孔和出浆孔进行透光检查，并清理灌浆套筒内的杂物。

5）冬期生产和存放的预制构件的非贯穿孔洞应采取措施防止雨雪水进入发生冻胀损坏。

6）墙板门窗框、棱角采用塑料护角或其他措施保护防止碰坏，如图 9-20 所示。

7）反打石材构件表面处理缝打胶时，应将缝两边用胶带或美纹纸保护好，避免预制构件外观污染，如图 9-21 所示。

图 9-20　墙板窗框保护

图 9-21　打密封胶时对构件的保护

8）设置柔性垫片避免预制构件边角部位或链索接触处的混凝土损伤。

产品的保护要适宜但不主张过渡保护，一个是成本高，第二是由于包装太过严密装卸工人反倒是依赖包装，在装卸过程容易损坏产品。

9）除了保护成品以外，生产过程中对其他部件的保护也不能忽视，例如生产过程中对窗框的保护，如图 9-22 所示。

图 9-22　窗框的保护

157. PC构件装车作业要点是什么？

PC构件装车应根据施工现场的发货指令事先进行装车方案设计，做到：

1）避免超高超宽。

2）做好配载平衡。

3）采取防止构件移动或倾倒的固定措施，构件与车体或架子用封车带绑在一起。

4）构件有可能移动的空间用聚苯乙烯板或其他柔性材料隔垫。保证车辆转急弯、急刹车、上坡、颠簸时构件不移动、不倾倒、不磕碰。

5）支承垫方垫木的位置与存放一致。宜采用木方作为垫方，木方上应放置白色橡胶，白色橡胶的作用是在运输过程中防滑及防止构件垫方处形成的污染。

6）运输架子时，保证架子的强度、刚度和稳定性，与车体固定牢固。

7）构件与构件之间要留出间隙，构件之间、构件与车体之间、构件与架子之间有隔垫。防止在运输过程中构件与构件之间的摩擦及磕碰。

8）构件有保护措施，特别是棱角有保护垫。固定构件或封车绳索接触的构件表面要有柔性并不能造成污染的隔垫。

9）装饰一体化和保温一体化构件有防止污染措施。

10）在不超载和确保构件安全的情况下尽可能提高装车量。

11）梁、柱、楼板装车应平放。楼板、楼梯装车可叠层放置。

12）剪力墙构件运输宜用运输货架。

13）对超高、超宽构件应办理准运手续，运输时应在车厢上放置明显的警示灯和警示标志。

常见构件运输如图9-23～图9-28所示。

图9-23　墙板运输

图9-24　大梁运输

图 9-25　预制柱运输

图 9-26　墙板和 L 形板运输

图 9-27　预应力叠合板运输

图 9-28　莲藕梁运输

158. PC 构件运输须注意什么？

PC 构件运输应制订运输方案，其内容包括运输时间、次序、存放场地、运输线路、固定要求、存放支垫及成品保护措施等。对于超高、超宽、形状特殊的大型构件的运输应有专门的质量安全保证措施。

1）预制构件的运输车辆应满足构件尺寸和载重要求，装卸与运输时应符合以下规定：

①装卸构件时，应采取保证车体平衡的措施。

②运输构件时，应采取防止构件移动、倾倒、变形等的固定措施。

③运输构件时，应采取防止构件损坏的措施，对构件边角部或链索接触的混凝土，宜设置保护衬垫。

④运输细长构件时应根据需要设置水平支架。

2）应根据构件特点采用不同的运输方式，托架、靠放架、专用插放架（图9-29）应进行专门设计，进行承载力和刚度验算：

图 9-29　国外 PC 构件专用运输插放架

①外墙板宜采用立式运输，外饰面层应朝外，梁、板、楼梯、阳台宜采用水平运输。

②采用靠放架立式运输时，构件与地面倾斜角度宜大于80°，构件应对称靠放，每侧不大于2层，构件层间上部采用木垫块隔离。

③采用插放架直立运输时，应采取防止构件倾倒措施，构件之间应设置隔离垫块。

④水平运输时，预制混凝土梁、柱构件叠放不宜超过3层，板类构件叠放不宜超过6层。

3）运输时宜采取如下防护措施：

①设置柔性垫片避免预制构件边角部位或链索接触处的混凝土损伤。

②用塑料薄膜包裹垫块以避免预制构件外观污染。

③墙板门窗框、装饰表面和棱角采用塑料贴膜或其他措施防护。

④竖向薄壁构件设置临时防护支架。

⑤装箱运输时，箱内四周采用木材或柔性垫片填实，支撑牢固。

4）运输线路须事先与货车驾驶员共同勘察，有没有过街桥梁、隧道、电线等对高度的限制，有没有大车无法转弯的急弯或限制重量的桥梁等。

5）对驾驶员进行运输要求交底，不得急刹车，急提速，转弯要缓慢等。

6）第一车应当派出车辆在运输车后面随行，观察构件稳定情况。

7）PC构件的运输应根据施工安装顺序来制订，如有施工现场在车辆禁行区域应选择夜间运输，并要保证夜间行车安全。

8）一些敞口构件运输时，敞口处要有临时拉结（见本书第3章，图3-44和图3-45）。

9）图9-30所示为国外PC构件专用运输车，图9-31所示为国内PC构件运输车。

图9-30　国外PC构件专用运输车

图9-31　国内PC构件运输车

10）装配式部品部件运输限制见表9-1。

表9-1　装配式部品部件运输限制表

情　况	限制项目	限　制　值	部品部件最大尺寸与质量			说　明
			普通车	低底盘车	加长车	
正常情况	高度	4m	2.8m	3m	3m	
	宽度	2.5m	2.5m	2.5m	2.5m	
	长度	13m	9.6m	13m	17.5m	
	重量	40t	8t	25t	30t	

（续）

情　况	限制项目	限制值	部品部件最大尺寸与质量			说　明
			普通车	低底盘车	加长车	
特殊审批情况	高度	4.5m	3.2m	3.5m	3.5m	高度 4.5m 是从地面算起总高度
	宽度	3.75m	3.75m	3.75m	3.75m	总宽度是指货物总宽度
	长度	28m	9.6m	13m	28m	总长度是指货物总长度
	重量	100t	8t	46t	100t	重量是指货物总重量

注：本表未考虑桥梁、隧洞、人行天桥、道路转弯半径等条件对运输的限值。

第 10 章　PC 构件制作质量管理与验收

159. PC 工厂如何进行质量管理？PC 工厂质量管理体系有什么特点？重点是什么？

（1）PC 工厂如何进行质量管理

根据国家标准《装标》第 9.1.1 条的规定：

1）生产单位应具备保证产品质量要求的生产工艺设施、试验检测条件，建立完善的质量管理体系和制度，并宜建立质量可追溯的信息化管理系统。根据这一条要求，PC 工厂除了在硬件上有生产工艺设施、试验检测条件外，在质量管理上应当建立质量管理体系、制度、信息管理化系统。

2）完善的质量管理体系和制度是质量管理的前提条件和企业质量管理水平的体现；质量管理体系中应建立并保持与质量管理有关的文件形成和控制工作程序，该程序应包括文件的编制（获取）、审核、批准、发放、变更和保存等。

文件可存在各种载体上，与质量管理有关的文件包括：

①法律法规和规范性文件。

②技术标准。

③企业制订的质量手册、程序文件和规章制度等质量体系文件。

④与预制构件产品有关的设计文件和资料。

⑤与预制构件产品有关的技术指导书和质量管理控制文件。

⑥其他相关文件。

3）生产单位宜采用现代化的信息管理系统，并建立统一的编码规则和标识系统。信息化管理系统应与生产单位的生产工艺流程相匹配，贯穿整个生产过程，并应与构件 BIM 信息模型有接口，有利于在生产全过程中控制构件生产质量，精确算量，并形成生产全过程记录文件及影像。预制构件表面预埋带无线射频芯片的标识卡（RFID 卡）有利于实现装配式建筑质量全过程控制和追溯，芯片中应存入生产过程及质量控制全部相关信息。

（2）PC 工厂质量管理体系有什么特点

PC 工厂进行质量管理要建立质量管理体系和建立信息化系统，关于信息化系统本系列丛书将有专门一册介绍装配式建筑与 BIM，这里主要介绍 PC 工厂质量管理特点。

PC 工厂质量管理主要围绕 PC 构件质量、交货工期、生产成本等开展工作，其特点是：标准为准、培训在先、过程控制、持续改进。

1）标准为准。

①制订质量管理目标。

②制订企业质量标准。

③执行国家及行业现行相关标准，PC 工厂常用标准及规程（不限于以下所列的，供参考）：

《装标》（GB/T 51231）。

《装规》（JGJ 1）。

《混凝土结构设计规范》（GB 50010）。

《混凝土结构工程施工规范》（GB 50666）。

《混凝土结构工程施工质量验收规范》（GB 50204）。

《普通混凝土配合比设计规程》（JGJ 55）。

《混凝土质量控制标准》（GB 50164）。

《通用硅酸盐水泥》（GB 175）。

《建筑用砂》（GB/T 14684）。

《建设用卵石、碎石》（GB/T 14685）。

《混凝土强度检验评定标准》（GB/T 50107）。

《钢筋连接用灌浆套筒》（JG/T 398）。

《钢筋连接用套筒灌浆料》（JG/T 408）。

《钢筋套筒灌浆连接应用技术规程》（JGJ 355）。

《钢筋焊接及验收规范》（JGJ 18）。

④制订各岗位工作标准、操作规程。

PC 工厂常见岗位和需要编制的操作规程，详见本书第 3 章 54 问。

⑤制订原材料及配件质量检验制度。

⑥制订设备运行管理规定及保养措施。

2）培训在先。

①组建质量管理组织架构，配齐相关人员。

②按照岗位系统有效地培训。培训分为理论培训和实践培训。

③对全员进行培训。

3）过程控制。

①按照标准、操作规程，严格检查 PC 生产各个环节是否符合质量标准要求，工厂各环节需要控制重点参照本章第 160 问，表 10-1。

②PC 构件生产过程控制要有预见性和前移性，对容易出现质量问题的环节要提前预防并采取有效的管理手段和措施。

4）持续改进。

①对出现的质量问题要找出原因、提出整改意见，并制订相关标准、操作规程，贯彻执行。确保不再出现类似的质量事故。

②对使用新工艺、新材料、新设备、新操作人员等环节要先培训，制订标准后才能开展工作。

（3）质量管理重点是什么

PC 工厂质量管理重点有两个方面：一是质量体系管理重点；二是作业环节上的重点。

1）质量体系管理重点：

①建立标准。

②组建组织架构。

③有效的培训。

④制订质量管理流程。
⑤制订质量管理制度。
⑥对质量管理执行情况进行检查。
⑦通过工具或图、表等方法使问题暴露。
⑧提出整改意见，制订相关措施。
⑨贯彻执行。
⑩记录档案。
2）作业环节上的重点：
①生产方案及生产工艺的制订。
②原材料及配件的技术要求及质量标准。
③套筒灌浆试验验证、拉结件试验验证、浆锚成孔试验验证。
④PC 构件模具的制作及首件检验。
⑤钢筋下料、成型、组装。
⑥套筒、预埋件入模定位。
⑦浇筑前的检查、隐蔽工程的验收。
⑧混凝土配合比计算确定。
⑨混凝土浇筑。
⑩构件养护时间及温度的控制。
⑪构件脱模环节的检查。
⑫受弯构件结构性能检验。
⑬修补与表面处理。
⑭构件堆放环节的要求及检查。
⑮构件出厂前的检查。
⑯构件装车运输的要求。
⑰构件的合格证、质量证明文件及交付资料。

160. 如何进行 PC 构件制作全过程质量控制？

对 PC 构件制作的各个环节进行依据和准备、入口把关、过程控制、结果检验这四个环节的控制。

下面给出 PC 构件制作各环节全过程质量控制要点（见表 10-1）供读者参考。

161. PC 构件制作过程各个环节质量检验有哪些检验项目？用什么检验工具？

（1）检验项目

PC 构件制作环节中的质量检验和质量控制特别重要，直接关系到 PC 构件的质量。在此，笔者把 PC 构件制作环节中有关质量检验的项目汇总一个表，包括原材料进厂检验、构件制作过程检验和构件成品检验，见表 10-2。

表 10-1　PC 构件制作各环节全过程质量控制要点

PC 构件生产全过程质量控制要点一览

序号	环节	依据或准备		入口把关		过程控制		结果检查	
		事项	责任岗位	事项	责任岗位	事项	责任岗位	事项	责任岗位
1	材料与配件采购、入厂	（1）依据设计和规范要求制定标准 （2）制订验收程序 （3）制订保管标准	技术负责人	进厂验收、检验	质检员、试验员、保管员	检查是否按要求保管	保管员、质检员	材料使用中是否有问题	质检
2	套筒灌浆试验	（1）依据规范和标准 （2）准备试验器材 （3）制订操作规程	技术负责人、试验员	（1）进场验收（包括外观、质量、标识和尺寸偏差、质保资料） （2）接头工艺检验 （3）灌浆料试件	保管员、技术负责人、质量负责人，试验员	检查是否按工艺检验要求进行试验、养护	保管员、技术负责人、质量负责人，试验员	套筒工艺检验结果满足规范的要求；投入生产后，按规范要求的批次和检查数量进行连接接头抗拉强度试验	技术负责人、质量负责人、驻厂监理
3	模具制作	（1）编制《模具设计要求》给模具厂或本厂模具车间 （2）设计模具生产制造图 （3）审查、复核模具设计	模具制造厂家技术负责人、构件厂技术负责人	（1）模具进场验收 （2）该模具首个构件检查验收	质量负责人、质检员	每次组模后检查，合格后才能浇筑混凝土	技术负责人、质量负责人、质检员	每次构件脱模后检查构件外观和尺寸，出现质量问题如果与模具有关，必须经过修理合格后才能继续使用	质检员、生产负责人、技术负责人
4	模具清理、组装	（1）依据标准、规范、图样 （2）编制操作规程 （3）培训工人 （4）准备工具 （5）制订检验标准	技术负责人、生产负责人、操作者、质检员	模具清理是否到位、组装是否正确、螺栓是否扭紧	生产负责人、操作者、质检员	组模后检查、浇筑混凝土过程检查	生产负责人、操作者、质量负责人	每次构件脱模后检查构件外观、外观尺寸、预埋件位置等，发现质量问题及时进行调整	操作者、质检人员

（续）

PC构件生产全过程质量控制要点一览

序号	环节	依据或准备		入口把关		过程控制		结果检查	
		事项	责任岗位	事项	责任岗位	事项	责任岗位	事项	责任岗位
5	脱模剂或缓凝剂	（1）依据标准、规范、图样 （2）做试验、编制操作规程 （3）培训工人	技术负责人、试验员、质量负责人	试用脱模剂或缓凝剂做试验样板	技术负责人、生产负责人、质量负责人	（1）脱模剂按要求涂刷均匀 （2）缓凝剂按要求位置和剂量涂	质量负责人、操作者	每次构件脱模后检查构件外观或检查冲洗后粗糙面情况；发现质量问题及时进行调整	操作者、质检员
6	装饰面层铺设或制作	（1）依据图样、标准、规范 （2）安全钩图样 （3）编制操作规程 （4）培训工人	技术负责人、生产负责人、质量负责人	（1）半成品加工、检查 （2）装饰面层试铺设	技术负责人、生产负责人、质量负责人	（1）半成品加工过程质量控制 （2）隔离剂涂抹情况 （3）安全钩安放情况 （4）装饰面层铺设后检查位置、尺寸、缝隙	生产负责人、操作人员、质量负责人	每次构件脱模后检查饰面外观和饰面成型状态，发现质量问题及时进行调整；是否有破损、污染	操作者、质检员
7	钢筋制作与入模	（1）依据图样 （2）编制操作规程 （3）准备工器具 （4）培训工人 （5）制订检验标准	技术负责人、生产负责人、质量负责人	钢筋下料和成型半成品检查	操作者、质检员	钢筋骨架绑扎检查；钢筋骨架入模检查；连接钢筋、加强筋和保护层检查	操作者、质检员	复查伸出钢筋的外露长度和中心位置	技术负责人、生产负责人、操作者、质量负责人、驻厂监理
8	套筒试验	（1）依据规范和标准 （2）准备试验器材 （3）制订操作规程	技术负责人、试验员	具备型式检验报告、工艺检测合格	技术负责人、试验员、质量负责人	检查是否按规范要求的检查数量、批次、频次进行套筒试验；当更换钢筋生产企业或同企业生产的钢筋外形尺寸出现较大差异时，应再次进行工艺检验	技术负责人、试验员、质量负责人	套筒是否符合抗拉强度要求，合格后方能投入使用	技术负责人、生产负责人、操作者、质量负责人、驻厂监理

（续）

PC 构件生产全过程质量控制要点一览

序号	环节	依据或准备		入口把关		过程控制		结果检查	
		事项	责任岗位	事项	责任岗位	事项	责任岗位	事项	责任岗位
9	套筒、预埋件等固定	（1）依据图样 （2）编制操作规程 （3）培训工人 （4）制订检验标准	技术负责人	进场验收与检验；首次试安装	技术负责人、操作者、质量负责人	是否按图样要求安装套筒和预埋件；半灌浆套筒与钢筋连接检验	技术负责人、质量负责人	脱模后进行外观和尺寸检查；套筒进行透光检查；对导致问题发生的环节进行整顿	质检员、操作者、驻厂监理
10	门窗固定	（1）依据图样 （2）编制操作规程 （3）培训工人 （4）制订检验标准	技术负责人	（1）外观与尺寸检查 （2）检查规格型号 （3）对照样块	保管员、质检员	（1）是否正确预埋门窗框，包括规格、型号、开启方向、埋入深度、锚固件等 （2）定位和保护措施是否到位	质检员、技术负责人、生产负责人	脱模后进行外观复查，检查门窗框安装是否符合允许偏差要求，成品保护是否到位	质检员、技术负责人、生产负责人
11	混凝土浇筑	（1）混凝土配合比试验 （2）混凝土浇筑操作规程及其技术交底 （3）混凝土计量系统校验 （4）混凝土配合比通知单下达	试验室、技术负责人、质检员	（1）隐蔽工程验收 （2）模具组对合格验收 （3）混凝土搅拌浇筑指令下达	质检员	（1）混凝土搅拌质量 （2）提取制作混凝土强度试块 （3）混凝土运输、浇筑时间控制 （4）混凝土入模与振捣质量控制 （5）混凝土表面处理质量控制	操作者、质检员、试验员	脱模后进行表面缺陷和尺寸检查。有问题进行处理，并制订一次制作的预防措施贯彻执行	制作车间负责人、质检员、技术负责人、操作者
12	夹芯保温板制作	（1）依据图样 （2）编制操作规程 （3）培训工人 （4）制订检验标准	技术负责人	（1）保温材料和拉结件进场验收 （2）样板制作	技术负责人、作业工段负责人、质检员	是否按照图样、操作规程要求埋设保温拉结件和铺设保温板	质检员、作业工段负责人	脱模后进行表面缺陷检查。有问题进行处理，并制订一次制作的预防措施贯彻执行	制作车间负责人、质检员、技术负责人
13	混凝土养护	（1）工艺要求 （2）制订养护曲线 （3）编制操作规程培训工人	技术负责人	前道作业工序已完成并完成预养护；温度记录	作业工段负责人、质检员	是否按照操作规程要求进行养护； 试块试压	作业工段负责人	拆模前表观检查，有问题进行处理，并制订下一次养护的预防措施贯彻执行	制作车间负责人、质检员、技术负责人

（续）

PC构件生产全过程质量控制要点一览

序号	环节	依据或准备		入口把关		过程控制		结果检查	
		事项	责任岗位	事项	责任岗位	事项	责任岗位	事项	责任岗位
14	脱模	（1）技术部脱模通知 （2）准备吊运工具和支承器材 （3）制订操作规程 （4）培训工人	技术负责人、作业工段负责人	同条件试块强度、吊点周边混凝土表观检查	试验员、技术负责任人、质检员	是否按照图样和操作规程要求进行脱模；脱模初检	操作者、质检员	脱模后进行表面缺陷检查。有问题进行处理，并制订一次制作的预防措施贯彻执行	制作车间负责人、质检员、技术负责人
15	厂内运输、堆放	（1）依据图纸 （2）制订堆放方案 （3）准备吊运和支承器材 （4）制订操作规程 （5）培训工人	技术负责人、作业工段负责人、生产负责人	运输车辆、道路情况	操作者、生产车间负责人	是否按照堆放方案和操作规程进行构件的运输和堆放	质检员、作业工段负责人、技术负责人	对运输和堆放后的构件进行复检，合格产品标识	质量负责人、作业工段负责人
16	修补	（1）依据规范和标准 （2）准备修补材料 （3）制订操作规程	技术负责人、作业工段负责人	一般缺陷或严重缺陷，允许修复的严重缺陷应报原设计单位认可	质检员、技术负责人	是否按技术方案处理；重新检查验收	质检员、作业工段负责人、技术负责人	修补后表观质量检查；制订一次制作的预防措施贯彻执行	制作车间负责人、质检员、技术负责人
17	出厂检验、档案与文件	制订出厂检验标准、出厂检验操作规程；制订档案和文件的归档标准；固化归档流程	技术负责人、资料员	明确保管场所、技术资料专人管理	技术负责人	各部门分别收集和保管技术资料	各部门	满足质量要求的构件准予出厂；将各部门收集的技术资料归档	质量负责人、资料员
18	装车、出厂、运输	依据图样、规范和标准，制订运输方案；实际路线踏勘；大型构件的运输和码放应有质量安全保证措施；编制操作规程	技术负责人、运输单位负责人	核实构件编号；目测构件外观状态；检查检验合格标识	质检员、作业工段负责人	是否按照运输方案和操作规程执行；二次驳运损坏的部位要及时处理；标识是否清楚	质检员，作业工段负责人	运输至现场，办理构件移交手续	作业工段负责人

表 10-2　PC 构件质量检验项目一览表

环节	类别	项目	检验内容	依据	性质	数量	检验方法
材料进场检验	1. 灌浆套管	（1）外观检查	是否有缺陷和裂缝、尺寸误差等	《钢筋套筒灌浆连接应用技术规程》（JGJ 355）、《钢筋连接用灌浆套筒》（JG/T 398）	一般项目	抽检	观察、尺检查
		（2）抗拉强度试验	钢筋套筒灌浆连接接头的抗拉强度不应小于连接钢筋抗拉强度标准值，且破坏时应断于接头外钢筋	《钢筋套筒灌浆连接应用技术规程》（JGJ 355）、《钢筋连接用灌浆套筒》（JG/T 398）	主控（强制性规定）	抽检	用灌浆料连接受力钢筋达到强度后进行抗拉强度试验
	2. 水泥	（1）细度	负筛分析法、水筛法、手工筛析法	《通用硅酸盐水泥》（GB 175）	主控项目	每 500t 抽样一次	GB 1345 GB/T 8074 GB/T 1346 GB/T 1347 GB/T 17671
		（2）比表面积	透气试验				
		（3）凝结时间	初凝及终凝试验				
		（4）安定性	沸煮法试验				
		（5）抗压强度	3d、28d 抗压强度				
	3. 细骨料	（1）颗粒级配	测定砂的颗粒级配，计算砂的细度模数，评定砂的粗细程度	《普通混凝土用砂、石质量及检验方法标准》（JGJ 52）	一般项目	每 $500m^3$ 抽样一次	《建筑用砂》（GB/14684）
		（2）表观密度	砂颗粒本身单位体积的质量				
		（3）含泥量、泥块含量	测定砂中的淤泥及含土量				
	4. 粗骨料	（1）颗粒级配	测定石子的颗粒级配，计算石子的细度模数，评定石子的粗细程度	《普通混凝土用砂、石质量及检验方法标准》（JGJ 52）	一般项目	每 $500m^3$ 抽样一次	《建筑用卵石、碎石》（GB/14685）

（续）

环节	类　别	项　目	检验内容	依　据	性　质	数　量	检验方法
材料进场检验	4. 粗骨料	（2）表观密度	石子颗粒本身单位的质量	《普通混凝土用砂、石质量及检验方法标准》（JGJ 52）	一般项目	每500m³抽样一次	《建筑用卵石、碎石》（GB/14685）
		（3）含泥量、泥块含量、针片状含量	测定石子中的针片状含量、淤泥及含土量				
		（4）压碎	强度检验				
	5. 搅拌用水	pH值、不溶物、氯化物、硫酸盐	饮用水不用检验，采用中水、搅拌站清洗水、施工现场循环水等其他水源时，应对其成分进行检验	行业标准《混凝土用水标准》（JGJ 63）	一般项目	同一水源检查不应少于一次	《混凝土用水》（JGJ 63）
	6. 外加剂	主要性能	减水率、含气量、抗压强度比、对钢筋无锈蚀危害	国家标准《混凝土外加剂》（GB 8076）和《混凝土外加剂应用技术规范》（GB 50119）的规定	一般项目	按同一厂家、同一品种、同一性能、同一批号且连续进场的混凝土外加剂，不超过50t为一批，每批抽样数最不应少于一次	《混凝土外加剂规范》（GB 8076）
	7. 混合料（粉煤灰、矿渣、硅灰等混合料）	粉煤灰	细度、蓄水量	材料出场合格证	一般项目	同一厂家、同一品种同一批次200t一批	检查质量证明文件和抽样检验报告
		矿渣	细度、强度			200t一批	
		硅灰	细度、强度、蓄水量			30t一批	
	8. 钢筋	一级钢、二级钢、三级钢、直径、重量	屈服强度、抗拉强度、伸长率、弯曲性能和重量偏差检验	材料出场材质单	主控项目	每60t检验一次	《热轧光圆钢筋》（GB 1499.1）、《热轧带肋钢筋》（GB 1499.2）、《钢筋混凝土用余热处理钢筋》（GB 13014）、《钢筋焊接网》（GB/T 1499.3）、《冷轧带肋钢筋》（GB 13788）、《高延性冷轧带肋钢筋》（YB/T 4260）、《冷轧扭钢筋》（JG 19）

（续）

环节	类　别	项　目	检验内容	依　据	性　质	数　量	检验方法
材料进场检验	9. 钢绞线	直径、重量	拉伸试验	材料出场材质单	主控项目	每 60t 检验一次	GB/T 17505
	10. 钢板、型钢	长度、厚度、重量	等级、重量	材料出场材质单	主控项目	每 61t 检验一次	量尺、检斤
	11. 预埋螺母、预埋螺栓、吊钉	直径、长度、镀锌	外形尺寸符合 PC 预埋件图样要求，表面质量：表面不应有出现锈皮及肉眼可见的锈蚀麻坑、油污及其他损伤，焊接良好，不得有咬肉、夹渣	材料出场材质单	一般项目	抽样	按照 PC 预埋件图样进行检验
	12. 拉结件	（1）在混凝土中的锚固	锚固长度	材料进场材质单	主控项目	抽样	尺量
		（2）抗拉强度	拉伸试验				试验室做试验
		（3）抗剪强度					
	11. 保温材料	挤塑板、基苯乙烯、酚醛板	外观质量、外表尺寸、粘附性能、阻燃性、耐低温性、耐高温性、耐腐蚀性、耐候性、高低温粘附性能、材料密度试验、热导率试验	材料进场材质单	一般项目	抽样	试验室做试验
	12. 建筑、装饰一体化构件用到的建筑、装饰材料（如门窗、石材等）	外观尺寸、质量	门窗检验气密性、水密性、抗风压性能，石材等检验表面光洁度、外观质量、尺寸	材料进场材质单	一般项目	抽样	抽样检验

（续）

环节	类别	项目	检验内容	依据	性质	数量	检验方法
制作过程	1. 钢筋加工	钢筋型号、直径、长度、加工精度	检验钢筋型号、直径、长度、弯曲角度	《钢筋混凝土用热轧带肋钢筋》（GB 1449）	主控项目	全数	对照图样进行检验
	2. 钢筋安装	安装位置、保护层大小	按制作图样检验	《钢筋混凝土用热轧带肋钢筋》（GB 1450）	主控项目	全数	按照图样要求进行安装
	3. 伸出钢筋	位置、钢筋直径、伸出长度的误差	按制作图样检验	《钢筋混凝土用热轧带肋钢筋》（GB 1451）	主控项目	全数	对照图样用尺测量
	4. 套筒安装	套管直径、套管位置及注浆孔是否通畅	检验套管是否按照图样安装	制作图样	主控项目	全数	对照图样用尺测量、目测
	5. 预埋件安装	预埋件型号、位置	安装位置、型号、埋件长度	制作图样	主控项目	全数	对照图样用尺测量
	6. 预留孔洞	安装孔、预留孔	位置、大小	制作图样	主控项目	全数	对照图样用尺测量
	7. 混凝土拌合物	混凝土配合比	混凝土搅拌过程中检验	《混凝土结构工程施工质量验收规范》（GB 50204）	主控项目	全数	试验室人员全程跟踪检验
	8. 混凝土强度	试块强度、构件强度	同批次试块强度，构件回弹强度	《混凝土结构工程施工质量验收规范》（GB 50204）	主控项目	$100m^3$ 取样不少于一次	试验室力学检验、回弹仪检验
	9. 脱模强度	混凝土构件脱模前强度	检验在同期条件下制作及养护的试块强度	《混凝土结构工程施工质量验收规范》（GB 50204）	一般项目	不少于1组	试验室力学试验
	10. 混凝土其他力学性能	抗拉、抗折、静力受压、表面硬度	同批次生产构件用混凝土取样，在试验室做试验	《普通混凝土力学性能试验方法标准》（GB/T 50081）	主控项目	抽查	试验室力学试验
	11. 养护	时间、温度	查看养护时间及养护温度	根据工厂制订出的养护方案	一般项目	抽查	记时及温度检查
	12. 表面处理	污染、掉角、裂缝	检验构件表面是否有污染或缺棱掉角	工厂制订构件验收标准	一般项目	全数	目测

（续）

环节	类　别	项　目	检验内容	依　据	性　质	数　量	检验方法
构件检验	1. 套筒	位置误差	型号、位置、注浆孔是否堵塞		主控项目	全数	插入模拟的伸出钢筋检验模板
	2. 伸出钢筋	位置、直径、种类、伸出长度	型号、位置、长度	制作图样	主控项目	全数	尺量
	3. 保护层厚度	保护层厚度	检验保护层厚度是否达到图样要求	制作图样	主控项目	抽查	保护层厚度检测仪
	4. 严重缺陷	纵向受力钢筋有露筋、主要受力部位有蜂窝、孔洞、夹渣、疏松、裂缝	检验构件外观	制作图样	主控项目	全数	目测
	5. 一般缺陷	有少量漏筋、蜂窝、孔洞、夹渣、疏松、裂缝	检验构件外观	制作图样	一般项目	全数	目测
	6. 尺寸偏差	构件外形尺寸	检验构件尺寸是否与图样要求一致	制作图样	一般项目	全数	用尺测量
	7. 受弯构件结构性能	承载力、挠度、裂缝	承载力、挠度、抗裂、裂缝宽度	《混凝土结构工程施工质量验收规范》（GB 50204）	主控项目	1000 件不超过 3 个月的同类型产品为一批	构件整体受力试验
	8. 粗糙面	粗糙度	预制板粗糙面凹凸深度不应小于 4mm，预制梁端，预制柱端，预制墙端粗糙面凹凸深度不应小于 6mm，粗糙面的面积不宜小于结合面的 80%	《混凝土结构设计规范》（GB 50010）	一般项目	全数	目测及尺量
	9. 键槽	尺寸误差	位置、尺寸、深度	图样与《装规》	一般项目	抽查	目测及尺量
	10. PC 外墙板淋水	渗漏	淋水试验应满足下列要求：淋水流量不应小于 5L/（m × min），淋水试验时间不应少于 2h，检测区域不应有遗漏部位。淋水试验结束后，检查背水面有无渗漏		一般项目	抽查	淋水检验
	11. 构件标识	构件标识	标识上应注明构件编号、生产日期、使用部位、混凝土强度、生产厂家等	按照构件编号、生产日期等	一般项目	全数	逐一对标识进行检查

(2) 见证检验项目

见证检验是在监理和建设单位见证下，按照有关规定从制作现场随机取样，送至具备相应资质的第三方检测机构进行检验。见证检验也称为第三方检验。PC 构件见证检验项目包括：

1）混凝土强度试块取样检验。

2）钢筋取样检验。

3）钢筋套筒取样检验。

4）拉结件取样检验。

5）预埋件取样检验。

6）保温材料取样检验。

(3) PC 构件严重缺陷标准

1）PC 构件外观不应有严重缺陷，且不应有影响结构性能和安装、使用功能的尺寸偏差。

2）PC 构件严重缺陷检查为主控项目，全数检查，用观察、尺量方式检查，做检查记录。

3）PC 构件常见外观质量缺陷见表 10-3。

表 10-3　PC 构件常见外观质量缺陷表

名　称	现　象	严重缺陷	一般缺陷
露筋	构件内钢筋未被混凝土包裹而外露	纵向受力钢筋有露筋	其他钢筋有少量露筋
蜂窝	混凝土表面缺少水泥砂浆而形成石子外露	构件主要受力部位有蜂窝	其他部位有少量蜂窝
孔洞	混凝土中孔穴深度和长度均超过保护层厚度	构件主要受力部位有孔洞	其他部位有少量孔洞
夹渣	混凝土中央有杂物且深度超过保护层厚度	构件主要受力部位有夹渣	其他部位有少量夹渣
疏松	混凝土中局部不密实	构件主要受力部位有疏松	其他部位有少量疏松
裂缝	裂缝从混凝土表面延伸至混凝土内部	构件主要受力部位有影响结构性能或使用功能的裂缝	其他部位有少量不影响结构性能或使用功能的裂缝
连接部位缺陷	构件连接处混凝土有缺陷及连接钢筋、连接件松动	连接部位有影响结构传力性能的缺陷	连接部位有基本不影响结构传力性能的缺陷
外形缺陷	缺棱掉角、棱角不直、翘曲不平、飞边凸肋等	清水混凝土构件有影响使用功能或装饰效果的外形缺陷	其他混凝土构件有不影响使用功能的外形缺陷
外表缺陷	构件表面麻面、掉皮、起砂、沾污等	具有重要装饰效果的清水混凝土构件有外表缺陷	其他混凝土构件有不影响使用功能的外表缺陷

162. 如何记录质量检验结果？哪些作业环节需要照片或视频存档？

（1）记录质量检验结果

1）要做到每个构件一个检查表，当质检员检验完一个构件时，相对应的数值要填写在检验表格里，并签字确认。

2）质量检验记录要设计专用的质量检验记录表。

（2）需要照片或视频存档的环节

1）隐蔽工程检验合格后在浇筑混凝土前要进行拍照，拍照时要在模具上放置产品标识牌，内容为项目名称、施工部位、混凝土强度等级、生产日期、生产厂家。

2）在混凝土浇筑过程中需要对其进行视频录像，并存放。

3）夹芯外墙板的内外墙板之间的拉结件安放完后要进行拍照记录。

4）照片和视频都要存放在构件的档案中，当构件出现问题可及时查找。

163. 怎样执行模具检验、首件检验和逐件检验制度？首件检验与逐件检验有什么区别？

PC 构件是在模具中制作出来的，模具的质量决定了构件的质量。所以要对每一个模具进行检验。

1）模具检验是指全面检验，包括尺寸精度、预埋件、钢筋套筒固定方式、钢筋的留出筋精度、主模脱模便利性、稳定性等方面。板式构件边模相对于梁柱构件简单一些，但是也应进行全面的逐项检查。

2）首件检验并不是指首个构件的检验，是指每一个模具的第一个构件都要进行逐项检查，公司应组织技术部、质量部、生产部、制作工人，从模具组装到浇筑混凝土所有检查项目逐一进行检查。

3）逐件检查是指两个方面，一是指模具组好后、浇筑前检验是否有误差，二是指每一个构件脱模后对构件检查看是否存在因模具问题导致的外观与尺寸误差过大。

4）首件检查与逐件检验的区别是，首件检查是公司多个部门同时进行检验，出来的产品应视为该批生产的构件质量标准，而逐件检验是工厂内部质检员的自行检验，每个构件的质量标准都要达到首件的质量标准。

164. 各个工序环节如何进行自检？如何进行工序间检查、移交？

（1）工序自检

1）PC 构件生产过程中坚持操作人员自检、班组人员互检、专业人员复检的三级质量管理体系。

2）要依据图样和标准进行检查。

3）要配备专业检查工具。

（2）工序间的检查

是指上一道工序移交给下一道工序时，双方要互相检查，并对检查结果进行记录及签字。

1）要配备专业的质检人员。

2）对所有工序必须保证有检验表，留有可追溯的原始记录，因此要有交接双方的签字。

3）针对PC构件生产制订一套过程控制的质量检验表格，以此达到过程控制的强制效果，对产品的最终质量负责。

165. PC构件如何进行质量评定？

生产出的构件要进行全数检查，并判断是否合格。检查结果分成三类：合格品、可修品、废品。

（1）合格品

1）钢筋、预埋件等主要原材料是合格的。

2）钢筋套筒经过灌浆抗拉试验是合格的。

3）混凝土强度试块达到抗压强度的设计等级。

4）外观检查要没有缺陷。

5）尺寸偏差要在允许范围之内。

（2）可修品

1）外观检查有一般缺陷，尺寸有不影响结构性能、安装性能和使用功能的尺寸偏差为可修品，对于此类产品，工厂人员可自行制订方案进行修整，修整完重新检查合格后方可定为合格品。

2）外观检查有严重缺陷，尺寸有影响结构性能和安装使用功能的尺寸偏差，对于此类产品如果想使用需要经过原设计单位同意方能进行修整，如不同意视为废品。

（3）废品

钢筋不合格、混凝土强度达不到设计要求、灌浆试验出来后钢筋套筒不合格、有严重缺陷无法修整、尺寸偏差过大无法使用全部视为废品。

（4）标识与隔离

对检查结果应进行标识与隔离，合格品要进行标识与堆放、可修品要标识后放在待修区、废品要放入废品区，并用醒目的颜色标识，要与其他PC构件隔离存放。

166. PC构件的外观缺陷包括什么？如何避免？

PC构件的外观缺陷及其原因和预防办法详见表10-4。

表 10-4　PC 构件外观缺陷及其原因和预防办法

名　称	现　象	原 因 分 析	预 防 办 法
露筋	构件内钢筋未被混凝土包裹而外露	1. 漏振或振捣不充分 2. 保护层垫块间隔过大	1. 振捣方法与时间要满足工艺要求 2. 构件设计要给出保护层垫块位置
蜂窝	混凝土表面缺少水泥砂浆而形成石子外露	1. 漏振或振捣不实 2. 混凝土配合比不准确 3. 模板接缝不严、漏浆 4. 浇筑方法不得当	1. 振捣方法与时间要符合工艺要求 2. 调整配合比 3. 浇筑前要清理模具，模具组装要牢固 4. 浇筑混凝土要分层振捣
孔洞	混凝土中孔穴深度和长度均超过保护层厚度	1. 混凝土级配不合理 2. 钢筋太密 3. 混凝土流动性差 4. 振捣不实	1. 调整混凝土配合比 2. 根据钢筋实际情况改善混凝土流动性 3. 振捣方法与时间要符合工艺要求 4. 控制混凝土布料时的落差
夹渣	混凝土中央有杂物且深度超过保护层厚度	1. 混凝土中有杂物 2. 组装模具或浇筑过程造成	1. 控制混凝土质量 2. 浇筑前检查
疏松	混凝土中局部不密实	漏振或振捣不实	振捣方法、时间要满足工艺要求
裂缝	裂缝从混凝土表面延伸至混凝土内部	1. 混凝土水灰比不合理，浇筑时间过久 2. 浇筑完未及时覆盖 3. 受外力造成的裂缝	1. 调整水灰比，使其具有良好的和易性，控制好浇筑时间 2. 浇筑完的混凝土在规定的时间及时覆盖，保证混凝土表面处于湿润状态 3. 防止混凝土风干、烤干、晒干、温度低 4. 脱模、搬运过程注意产品保护
连接部位缺陷	构件连接处混凝土有缺陷及连接钢筋、连接件松动	1. 模具封堵不严 2. 钢筋定位松动或终凝前受外力造成 3. 连接件安放不牢固，终凝前受外力扰动 4. 构件制作浇筑混凝土时振捣不实	1. 检查、修改、调整模具 2. 制作工人和质检员要严格检查 3. 安放完成的连接件防止扰动 4. 浇筑混凝土时要振捣充足
外形缺陷	缺棱掉角、棱角不直、翘曲不平、飞边凸肋等	1. 模具组装有缺陷 2. 构件脱模强度不足，磕碰坏 3. 存放方式不正确	1. 制作时模具要组装牢固 2. 构件在脱模前要有试验室给出的强度报告，达到脱模强度后方可脱模 3. 按照图样及规范要求存放构件
	装饰面砖粘结不牢、表面不平、砖缝不顺直等	1. 铺设砖时背面有灰尘、脱模剂污染 2. 铺设砖时误差超标	1. 铺设完成后把灰尘、油污清理干净 2. 严格按照图样要求铺设
外表缺陷	构件表面麻面、掉皮、起砂、沾污等	1. 模具没有清理干净 2. 搅拌混凝土时水灰比过大 3. 混凝土级配不合理	1. 组装模具时要彻底清理干净 2. 要严格控制混凝土的水灰比 3. 调整混凝土级配

167. 外观缺陷如何评定？

关于外观缺陷根据国家标准《装标》第9.7.1条中的规定，分为一般缺陷和严重缺陷，参见表10-3。

1）预制构件出模后应及时对其外观质量进行全数目测检查。预制构件外观质量不应有缺陷，对已经出现的严重缺陷应制订技术处理方案进行处理并重新检验，对出现的一般缺陷应进行修整并达到合格。

2）预制构件的混凝土外观质量不应有严重缺陷，且不应有影响结构性能和安装、使用功能的尺寸偏差。

检查数量：全数检查。

检验方法：观察、尺量；检查处理记录。

3）预制构件外观质量不应有一般缺陷，对出现的一般缺陷应要求构件生产单位按技术处理方案进行处理，并重新检查验收。

检查数量：全数检查。

检验方法：观察，检查技术处理方案和处理记录。

168. 如何保证PC构件尺寸精度？

PC构件精度主要取决于模具的精度及制作过程的控制，主要包含以下要点：

1）模具的误差应控制在构件允许误差的一半。

2）模具制做好后进厂要进行全面、仔细的验收，超过误差要进行修改。

3）模具制做好后要进行首件验收。

4）每次组模时还要对模具尺寸进行检验。

5）对于较高、较复杂的模具要加支撑架，以防止胀模。

6）固定预埋件的装置要牢固、结实，防止变形。

7）脱模要避免不当用力导致模具变形。

8）模具存放时要保证完好。

9）制作过程边角处要振捣密实，防止缺料。

10）表面压光时发现棱角处缺料要及时补充。

169. PC构件尺寸的允许偏差是多少？如何检验？

国家标准《装标》第9.7.3条规定，预制构件不应有影响结构性能、安装和使用功能的尺寸偏差。对超过尺寸允许偏差且影响结构性能和安装、使用功能的部位应经原设计单位认可，制订技术处理方案进行处理，并重新检查验收。

PC 构件的尺寸偏差及预留孔、预留洞、预埋件、预留插筋、键槽的位置和检验方法应符合国家标准《装标》第 9.7.4 条规定，见表 10-5 ~ 表 10-8。

表 10-5　预制楼板类构件外形尺寸允许偏差及检验方法

项次	检查项目			允许偏差/mm	检验方法
1	规格尺寸	长度	<12m	±5	用尺量两端及中间部，取其中偏差绝对值较大值
			≥12m 且 <18m	±10	
			≥18m	±20	
2		宽度		±5	用尺量两端及中间部，取其中偏差绝对值较大值
3		厚度		±5	用尺量板四角和四边中部位置共 8 处，取其中偏差绝对值较大值
4	对角线差			6	在构件表面，用尺量测两对角线的长度，取其绝对值的差值
5	外形	表面平整度	内表面	4	用 2m 靠尺安放在构件表面上，用楔形塞尺量测靠尺与表面之间的最大缝隙
			外表面	3	
6		楼板侧向弯曲		$L/750$ 且≤20mm	拉线，钢尺量最大弯曲处
7		扭翘		$L/750$	四对角拉两条线，量测两线交点之间的距离，其值的 2 倍为扭翘值
8	预埋部件	预埋钢板	中心线位置偏移	5	用尺量测纵横两个方向的中心线位置，取其中较大值
			平面高差	0，-5	用尺紧靠在预埋件上，用楔形塞尺量测预埋件平面与混凝土面的最大缝隙
9		预埋螺栓	中心线位置偏移	2	用尺量测纵横两个方向的中心线位置，取其中较大值
			外露长度	+10，-5	用尺量
10		预埋线盒、电盒	在构件平面的水平方向中心位置偏差	10	用尺量
			与构件表面混凝土高差	0，-5	用尺量
11	预留孔	中心线位置偏移		5	用尺量测纵横两个方向的中心线位置，取其中较大值
		孔尺寸		±5	用尺量测纵横两个方向尺寸，取其最大值
12	预留洞	中心线位置偏移		5	用尺量测纵横两个方向的中心线位置，取其中较大值
		洞口尺寸、深度		±5	用尺量测纵横两个方向尺寸，取其最大值

（续）

项次	检 查 项 目		允许偏差/mm	检 验 方 法
13	预留插筋	中心线位置偏移	3	用尺量测纵横两个方向的中心线位置，取其中较大值
		外露长度	±5	用尺量
14	吊环、木砖	中心线位置偏移	10	用尺量测纵横两个方向的中心线位置，取其中较大值
		留出高度	0，-10	用尺量
15	桁架钢筋高度		+5，0	用尺量

表 10-6　预制墙板类构件外形尺寸允许偏差及检验方法

项次	检 查 项 目			允许偏差/mm	检 验 方 法
1	规格尺寸	高度		±4	用尺量两端及中间部，取其中偏差绝对值较大值
2		宽度		±4	用尺量两端及中间部，取其中偏差绝对值较大值
3		厚度		±3	用尺量板四角和四边中部位置共 8 处，取其中偏差绝对值较大值
4	对角线差			5	在构件表面，用尺量测两对角线的长度，取其绝对值的差值
5	外形	表面平整度	内表面	4	用 2m 靠尺安放在构件表面上，用楔形塞尺量测靠尺与表面之间的最大缝隙
			外表面	3	
6		侧向弯曲		$L/1000$ 且≤20mm	拉线，钢尺量最大弯曲处
7		扭翘		$L/1000$	四对角拉两条线，量测两线交点之间的距离，其值的 2 倍为扭翘值
8	预埋部件	预埋钢板	中心线位置偏移	5	用尺量测纵横两个方向的中心线位置，取其中较大值
			平面高差	0，-5	用尺紧靠在预埋件上，用楔形塞尺量测预埋件平面与混凝土面的最大缝隙
9		预埋螺栓	中心线位置偏移	2	用尺量测纵横两个方向的中心线位置，取其中较大值
			外露长度	+10，-5	用尺量
10		预埋套筒、螺母	中心线位置偏移	2	用尺量测纵横两个方向的中心线位置，取其中较大值
			平面高差	0，-5	用尺紧靠在预埋件上，用楔形塞尺量测预埋件平面与混凝土面的最大缝隙

（续）

项次	检查项目		允许偏差/mm	检验方法
11	预留孔	中心线位置偏移	5	用尺量测纵横两个方向的中心线位置，取其中较大值
		孔尺寸	±5	用尺量测纵横两个方向尺寸，取其最大值
12	预留洞	中心线位置偏移	5	用尺量测纵横两个方向的中心线位置，取其中较大值
		洞口尺寸、深度	±5	用尺量测纵横两个方向尺寸，取其最大值
13	预留插筋	中心线位置偏移	3	用尺量测纵横两个方向的中心线位置，取其中较大值
		外露长度	±5	用尺量
14	吊环、木砖	中心线位置偏移	10	用尺量测纵横两个方向的中心线位置，取其中较大值
		与构件表面混凝土高差	0，-10	用尺量
15	键槽	中心线位置偏移	5	用尺量测纵横两个方向的中心线位置，取其中较大值
		长度、宽度	±5	用尺量
		深度	±5	用尺量
16	灌浆套筒及连接钢筋	灌浆套筒中心线位置	2	用尺量测纵横两个方向的中心线位置，取其中较大值
		连接钢筋中心线位置	2	用尺量测纵横两个方向的中心线位置，取其中较大值
		连接钢筋外露长度	+10，0	用尺量

表 10-7　预制梁柱桁架类构件外形尺寸允许偏差及检验方法

项次	检查项目			允许偏差/mm	检验方法
1	规格尺寸	长度	<12m	±5	用尺量两端及中间部，取其中偏差绝对值较大值
			≥12m 且<18m	±10	
			≥18m	±20	
2		宽度		±5	用尺量两端及中间部，取其中偏差绝对值较大值
3		高度		±5	用尺量板四角和四边中部位置共 8 处，取其中偏差绝对值较大值
4	表面平整度			4	用 2m 靠尺安放在构件表面上，用楔形塞尺量测靠尺与表面之间的最大缝隙
5	侧向弯曲		梁柱	$L/750$ 且≤20mm	拉线，钢尺量最大弯曲处
			桁架	$L/1000$ 且≤20mm	

（续）

项次	检查项目			允许偏差/mm	检验方法
6	预埋部件	预埋钢板	中心线位置偏移	5	用尺量测纵横两个方向的中心线位置，取其中较大值
			平面高差	0，-5	用尺紧靠在预埋件上，用楔形塞尺量测预埋件平面与混凝土面的最大缝隙
7		预埋螺栓	中心线位置偏移	2	用尺量测纵横两个方向的中心线位置，取其中较大值
			外露长度	+10，-5	用尺量
8	预留孔	中心线位置偏移		5	用尺量测纵横两个方向的中心线位置，取其中较大值
		孔尺寸		±5	用尺量测纵横两个方向尺寸，取其最大值
9	预留洞	中心线位置偏移		5	用尺量测纵横两个方向的中心线位置，取其中较大值
		洞口尺寸、深度		±5	用尺量测纵横两个方向尺寸，取其最大值
10	预留插筋	中心线位置偏移		3	用尺量测纵横两个方向的中心线位置，取其中较大值
		外露长度		±5	用尺量
11	吊环	中心线位置偏移		10	用尺量测纵横两个方向的中心线位置，取其中较大值
		留出高度		0，-10	用尺量
12	键槽	中心线位置偏移		5	用尺量测纵横两个方向的中心线位置，取其中较大值
		长度、宽度		±5	用尺量
		深度		±5	用尺量
13	灌浆套筒及连接钢筋	灌浆套筒中心线位置		2	用尺量测纵横两个方向的中心线位置，取其中较大值
		连接钢筋中心线位置		2	用尺量测纵横两个方向的中心线位置，取其中较大值
		连接钢筋外露长度		+10，0	用尺量

表 10-8　装饰构件外观尺寸允许偏差及检验方法

项　次	装饰种类	检查项目	允许偏差/mm	检验方法
1	通用	表面平整度	2	2m 靠尺或塞尺检查
2	面砖、石材	阳角方正	2	用托线板检查
3		上口平直	2	拉通线用钢尺检查
4		接缝平直	3	用钢尺或塞尺检查
5		接缝深度	±5	用钢尺或塞尺检查
6		接缝宽度	±2	用钢尺检查

1）预制板类、墙板类、梁柱类构件外形尺寸偏差和检验方法应分别符合表 10-5 ~ 表 10-7 的规定。

检查数量：按照进场检验批，同一规格（品种）的构件每次抽检数量不应少于该规格（品种）数量的 5% 且不少于 3 件。（国家标准《装标》第 11. 2. 9 条规定）

2）装饰构件的装饰外观尺寸偏差和检验方法应符合设计要求；当设计无具体要求时，应符合表 10-8 的规定。

检查数量：按照进场检验批，同一规格（品种）的构件每次抽检数量不应少于该规格（品种）数量的 10% 且不少于 5 件。（国家标准《装标》第 11. 2. 10 条规定）

170. 如何检查伸出钢筋、套筒、预埋件、预留孔等？

国家标准《装标》第 11. 2. 8 条规定：预制构件上的预埋件、预留插筋、预留孔洞、预埋管线等规格型号、数量应符合设计要求。

检查数量：按批检查。

位置、允许偏差及检验方法详见表 10-5 ~ 表 10-8。

171. 如何检查粗糙面、键槽？

1）根据现行国家标准《混凝土结构设计规范》（GB 50010）要求，预制板的粗糙面凹凸深度不应小于 4mm，预制梁端，预制柱端，预制墙端粗糙面凹凸深度不应小于 6mm，粗糙面的面积不宜小于结合面的 80%。

2）国家标准《装标》第 11. 2. 6 条规定：预制构件粗糙面的外观质量、键槽的外观质量和数量应符合设计要求。

检查数量：全数检查。

检验方法：观察，量测。

172. 如何检查预制构件表面面砖和石材反打？

国家标准《装标》第 11. 2. 4 条规定：预制构件表面预贴饰面砖、石材等饰面与混凝土的粘结性能应符合设计和国家现行有关标准的规定。

检查数量：按批检查。

检验方法：检查拉拔强度检验报告。

国家标准《装标》第 11. 2. 7 条规定：预制构件表面预贴饰面砖、石材等饰面的外观质量应符合设计要求和国家现行有关标准的规定。

检查数量：按批检查。

检查方法：观察或轻击检查；与样板比对。

173. 如何检验混凝土强度?

按照国家标准《装标》第 9.7.11 条规定，混凝土强度应符合设计文件及国家现行有关标准的规定。

(1) 检查数量

按构件生产批次在混凝土浇筑地点随机抽取标准养护试件，取样频率应符合国家标准《装标》(GB/T 51231) 中 9.6.4 的规定：

1）混凝土检验试件应在浇筑地点取样制作。

2）每拌制 100 盘且不超过 $100m^3$的同一配合比混凝土，每工作班拌制的同一配合比的混凝土不足 100 盘为一批。

3）每批制作强度检验试块不少于 3 组、随机抽取 1 组进行同条件转标准养护后进行强度检验，其余可作为同条件试件在预制构件脱模和出厂时控制其混凝土强度；还可根据预制构件吊装、张拉和放张等要求，留置足够数量的同条件混凝土试块进行强度检验。

4）蒸汽养护的预制构件，其强度评定混凝土试块应随同构件蒸养后，再转入标准条件养护。构件脱模起吊、预应力张拉或放张的混凝土同条件试块，其养护条件应与构件生产中采用的养护条件相同。

5）除设计有要求外，预制构件出厂时的混凝土强度不宜低于设计混凝土强度等级值的 75%。

(2) 检验方法

检验方法应符合现行国家标准《混凝土强度检验评定标准》GB/T 50107 的有关规定：

1）取 3 个试件强度的算术平均值作为每组试件的强度代表值。

2）当一组试件中强度最大值或最小值与中间值之差超过中间值的 15% 时，取中间值作为该组试件的强度代表值。

3）当一组试件中强度最大值和最小值与中间值之差均超过中间值的 15% 时，该组试件的强度不应作为评定的依据。

4）当采用非标准尺寸试件时，应将其抗压强度乘以尺寸折算系数。

174. 如何检查夹芯保温板制作质量和拉结件埋置质量?

按照国家标准《装标》第 9.7.9 条规定，夹芯外墙板的内外叶墙板之间的拉结件类别、数量、使用位置及性能应符合设计要求。

检查数量：按同一工程、同一工艺的预制构件分批抽样检验。

检验方法：检查试验报告单、质量证明文件及隐蔽工程检查记录。

夹芯保温板的内外叶墙板之间连接是有可能发生安全问题的重要环节，因为一旦拉结不住脱落要造成重大的安全事故。在施工时容易出现锚固件锚不住。因此除了国家标准规定以外还要注意以下要点：

1）外叶板与内叶板宜分两次生产制作，在制作时先浇筑外叶板混凝，然后插放连接件，制作养护完成后，再铺保温材料，最后再浇筑内叶板。主要是防止连接件在振捣过程扰动。

2）如果是一次浇筑，一定要严格控制在外叶板初凝前完成其他所有工序。

3）保温材料应提前在设计的位置上打孔。

4）浇筑振捣内叶层时要防止振动棒触碰到连接件。

5）插放完连接件后要做隐蔽工程验收，并拍照存档。

175. 如何检查夹芯保温板的保温材料铺设质量？

按照国家标准《装标》第 9.7.10 条规定，夹芯保温外墙板用的保温材料类别、厚度、位置及性能应满足设计要求。

检查数量：按批检查。

检验方法：观察、量测，检查保温材料质量证明文件及检验报告。

除了国家标准规定以外还要注意以下要点：

1）拉结件的位置数量符合图样设计要求。

2）应保证保温材料间拼缝严密或使用粘结材料密封处理。

3）特别穿过拉结件的地方如出现钻孔大，要进行冷桥处理；可采用聚氨酯发泡材料填充冷桥处。

4）保温板铺设后要做隐蔽工程验收，并拍照存档。

5）铺设保温材料时严禁工人踩踏保温材料。

176. 如何检验 PC 构件的结构性能？

PC 构件的结构性能按照国家标准《装标》规定属于主控项目。

《装标》第 11.2.2 条规定，专业企业生产的预制构件进场时，预制构件结构性能检验应符合下列规定：

1）梁板类简支受弯预制构件进场时应进行结构性能检验，并应符合下列规定：

①结构性能检验应符合国家现行有关标准的有关规定及设计的要求，检验要求和试验方法应符合现行国家标准《混凝土结构工程施工质量验收规范》（GB 50204）的有关规定。

②钢筋混凝土构件和允许出现裂缝的预应力混凝土构件应进行承载力、挠度和裂缝宽度检验；不允许出现裂缝的预应力混凝土构件应进行承载力、挠度和抗裂检验。

③对大型构件及有可靠应用经验的构件，可只进行裂缝宽度、抗裂和挠度检验。

④对使用数量较少的构件，当能提供可靠依据时，可不进行结构性能检验。

⑤对多个工程共同使用的同类型预制构件，结构性能检验可共同委托，其结果对多个工程共同有效。

2）对于不可单独使用的叠合板预制底板，可不进行结构性能检验。对叠合梁构件，是否进行结构性能检验、结构性能检验的方式应根据设计要求确定。

3）对本条第1）、2）款之外的其他预制构件，除设计有专门要求外，进场时可不做结构性能检验。

4）本条第1）、2）、3）款规定中不做结构性能检验的预制构件，应采取下列措施：

①施工单位或监理单位代表应驻厂监督生产过程。

②当无驻厂监督时，预制构件进场时应对其主要受力钢筋数量、规格、间距、保护层厚度及混凝土强度等进行实体检验。

检验数量：同一类型预制构件不超过1000个为一批，每批随机抽取1个构件进行结构性能检验。

检验方法：检查结构性能检验报告或实体检验报告。

注："同类型"是指同一钢种、同一混凝土强度等级、同一生产工艺和同一结构形式。抽取预制构件时，宜从设计荷载最大、受力最不利或生产数量最多的预制构件中抽取。

177. 如何保证吊运、存放、运输环节的作业质量？

（1）吊运

1）事先要检查吊具。

2）要试吊，试吊时吊绳与构件水平边夹角是否符合要求。

3）看吊装作业周围空间有无障碍阻扰。

（2）存放

预制构件存放应符合下列规定：

1）事先制订存放方案，空间布置有序，要制作存放布置图。

2）事先准备好存放隔垫材料。

3）要把设计要求隔垫位置用图解作出标识。

（3）运输

1）事先要制订装车布置方案。

2）制订隔垫与封车方案。

3）准备好隔垫设施与封车设施。

178. 如何标识PC构件？

1）预制构件脱模后应在明显部位做构件标识。

2）经过检验合格的产品出货前应粘贴合格证。

3）产品标识内容应包含产品名称、编号（应当与施工图编号一致）、规格、设计强度、生产日期、合格状态等。

4）标识宜用电子笔喷绘，也可用记号笔手写，但必须清晰正确。

5）每种类别的构件标识位置统一，标识在容易识别的地方，又不影响表面美观。

6）预制构件表面预埋无线射频芯片的标识卡（RFID 卡）有利于实现装配式建筑质量全过程控制和追溯，芯片中应存入生产过程及质量控制全部相关信息。

179. PC 构件有哪些归档资料？如何形成与归档？

关于 PC 构件有哪些归档资料国家标准《装标》有明确要求，见本书第 3 章第 55 问。

如何形成归档：

1）归档时每个构件要有明细表，把细目列成总表交给档案管理人员，按照总表来确认归档是否齐全。

2）当天作业当天归。

3）与归档有关人员开工资时，要经过档案室确认档案是否完整，如归档完整，与归档有关人员工资可以正常发放，这样可以制约档案归档的及时性。

4）档案的真实性，不能随便填写，特别是影视档案，当天要拷到计算机里，要双份备份，以免丢失。

180. PC 构件质量证明文件包括什么？有哪些主要内容？

按照国家标准《装标》第 9.9.2 条规定，预制构件交付的产品质量证明文件应包括以下内容：

1）出厂合格证。

2）混凝土强度检验报告。

3）钢筋套筒等其他构件钢筋连接类型的工艺检验报告。

4）合同要求的其他质量证明文件。

5）交付时要装订，避免散落、遗漏。

6）文件交付要一式两份，交付一份，厂家留存一份。

当设计有要求或合同约定时，还要提供混凝土抗渗、抗冻等约定性能的试验报告。

181. PC 构件如何进行质量追溯？

1）工厂应对每个构件留存完整的质量资料表。

2）质量资料内容包括：构件名称、构件编号、生产日期、生产时间、生产型号、混凝土强度、生产班组负责人姓名、质检员姓名、隐蔽工程检查记录、拍摄的照片及影像等。

3）如构件质量出现问题，查看原始质量记录就可查出该构件的所有信息。

4）工厂对于生产构件的供货商也应留有记录。

5）BIM 体系运用和信息链条的运用，也可形成全链条信息管理，便于追溯。

质量追溯可分为原因追溯和责任追溯两方面。

182. PC构件发货后如何进行质量跟踪？

1）由工厂派出技术或质量负责人员到施工现场进行回访和观察，观察构件在安装过程中有无质量问题。

2）当施工现场出现问题需要配合时，应及时派出技术全面的人员到现场进行配合解决。

3）在开始运输前及运输过程中，要派人提前进行实际运输观察，避免出现突发情况，以保证运输通畅。

183. PC构件制作环节常见质量问题有哪些？如何预防和处理？

PC构件制作环节常见质量问题及预防处理办法见表10-9。

表10-9　PC构件制作环节常见质量问题及预防处理办法

环节	序号	项　目	造成结果	问题原因	责　任　人	预防处理办法
1. 材料与部件采购	1.1	套管、灌浆料选用了不可靠的产品	影响结构耐久性	或设计没有明确要求或没按照设计要求采购；不合理的降低成本	总包企业质量总监、工厂总工、驻厂监理	1. 设计应提出明确要求 2. 按设计要求采购 3. 套筒与灌浆料应采用一家的产品 4. 工厂进行试验验证
	1.2	夹芯保温板拉结件选用了不可靠产品	连接件损坏，保护层脱落造成安全事故。影响外墙板安全	或设计没有明确要求或没按照设计要求采购；不合理的降低成本	总包企业质量总监、工厂总工、驻厂监理	1. 设计应提出明确要求 2. 按设计要求采购 3. 采购经过试验及项目应用过的产品 4. 工厂进行试验验证
	1.3	预埋螺母、螺栓选用了不可靠产品	脱模、转运、安装等过程存在安全隐患，容易造成安全事故或构件损坏	为了图便宜没选用专业厂家产品	总包企业质量总监、工厂总工、驻厂监理	1. 总包和工厂技术部门选择厂家 2. 采购有经验的专业厂家的产品 3. 工厂做试验检验
	1.4	接缝橡胶条弹性不好	结构发生层间位移时，构件活动空间不够	设计没有给出弹性要求。或没按照设计要求选用。不合理的降低成本	设计负责人，总包企业质量总监、监理	1. 上级应提出明确要求 2. 按设计要求采购 3. 样品做弹性压缩量试验
	1.5	接缝用的建筑密封胶不适合用于混凝土构件接缝	接缝处年久容易漏水影响结构安全	没按照设计要求；不合理的降低成本	设计负责人，总包企业质量总监、工地监理	1. 按设计要求采购 2. 采购经过试验及项目应用过的产品

（续）

环节	序号	项目	造成结果	问题原因	责任人	预防处理办法
2. 构件制作	2.1	混凝土强度不足	形成结构安全隐患	搅拌混凝土时配合比出现错误或原材料使用出现错误	试验室负责人	混凝土搅拌前由试验室相关人员确认混凝土配合比和原材料使用是否正确，确认无误后，方可搅拌混凝土
	2.2	混凝土表面蜂窝、孔洞、夹渣、	构件耐久性差，影响结构使用寿命	漏振或振捣不实，浇筑方法不当、不分层或分层过厚，模板接缝不严、漏浆，模板表面污染未及时清除	质检检查员	浇筑前要清理模具，模具组装要牢固，混凝土要分层振捣，振捣时间要充足
	2.3	混凝土表面疏松	构件耐久性差，影响结构使用寿命	漏振或振捣不实	质检检查员	振捣时间要充足
	2.4	混凝土表面龟裂	构件耐久性差，影响结构使用寿命	搅拌混凝土时水灰比过大	质检检查员	要严格控制混凝土的水灰比
	2.5	混凝土表面裂缝	影响结构可靠性	构件养护不足，浇筑完成后混凝土静养时间不到就开始蒸汽养护或蒸汽养护脱模后温差较大造成	质检检查员	在蒸汽养护之前混凝土构件要静养2h后开始蒸汽养护，脱模后要放在厂房内保持温度，构件养护要及时
	2.6	混凝土预埋件附近裂缝	造成埋件握裹力不足，形成安全隐患	构件制作完成后，拧下模具上固定埋件的螺栓过早造成	质检检查员	固定预埋件的螺栓要在养护结束后拆卸
	2.7	混凝土表面起灰	构件抗冻性差，影响结构稳定性	搅拌混凝土时水灰比过大	质检检查员	要严格控制混凝土的水灰比
	2.8	露筋	钢筋没有保护层，钢筋生锈后膨胀，导致构件损坏	漏振或振捣不实；或保护层垫块间隔过大	质检检查员	制作时振捣不能形成漏振，振捣时间要充足，工艺设计给出保护层垫块间距

（续）

环节	序号	项　　目	造成结果	问题原因	责　任　人	预防处理办法
2. 构件制作	2.9	钢筋保护层厚度不足	钢筋保护层不足，容易造成漏筋现象，导致构件耐久性降低	构件制作时预先放置了错误的保护层垫块	质检检查员	制作时要严格按照图样上标注的保护层厚度来安装保护层垫块
	2.10	外伸钢筋数量或直径不对	构件无法安装，形成废品	钢筋加工错误，检查人员没有及时发现	质检检查员	钢筋制作要严格检查
	2.11	外伸钢筋位置误差过大	构件无法安装	钢筋加工错误，检查人员没有及时发现	质检检查员	钢筋制作要严格检查
	2.12	外伸钢筋伸出长度不足	连接或锚固长度不够，形成结构安全隐患	钢筋加工错误，检查人员没有及时发现	质检检查员	钢筋制作要严格检查
	2.13	套筒、浆锚孔、钢筋预留孔、预埋件位置误差	构件无法安装，形成废品	构件制作时检查人员和制作工人没能及时发现	质检检查员	制作工人和质检员要严格检查
	2.14	套筒、浆锚孔、钢筋预留孔不垂直	构件无法安装，形成废品	构件制作时检查人员和制作工人没能及时发现	质检检查员	制作工人和质检员要严格检查
	2.15	缺棱掉角、破损	外观质量不合格	构件脱模强度不足	质检检查员	构件在脱模前要有试验室给出的强度报告，达到脱模强度后方可脱模
	2.16	尺寸误差超过容许误差	构件无法安装，形成废品	模具组装错误	质检检查员	组装模具时制作工人和质检人员要严格按照图样尺寸组模
	2.17	夹芯保温板连接件处空隙太大	造成冷桥现象	安装保温板工人不细心	质检检查员	安装时安装工人和质检人员要严格检查

（续）

环节	序号	项　　目	造成结果	问题原因	责　任　人	预防处理办法
3. 堆放、运输	3. 1	支承点位置不对	构件断裂，成为废品	设计没有给出支承点的规定；或支承点没按设计要求布置；传递不平整；支垫高度不一	工厂质量总监	设计须给出堆放的技术要求；工厂和施工企业严格设计要求堆放
	3. 2	构件磕碰损坏	外观质量不合格	吊点设计不平衡；吊运过程中没有保护构件	质量检查员	1. 设计吊点考虑重心平衡 2. 吊运过程中要对构件进行保护，落吊时吊钩速度要降慢
	3. 3	构件被污染	外观质量不合格	堆放、运输和安装过程中没有做好构件保护	质量检查员	要对构件进行苫盖，工人不能带油手套去摸构件

第 11 章　PC 构件制作成本控制

184. PC 构件有哪些成本构成？

(1) 构件制作成本的构成

构件制作成本构成包括：直接成本、间接成本、营销费用、财务费用、管理费用、税费和利润。

1）直接成本。直接成本包括原材料费、辅助材料费、预埋件费、模具费分摊、制造费用。

①原材料费。包括水泥、石子、砂子、水、外加剂、钢筋、套筒、饰面材、保温材、连接件、窗等材料的费用。材料费计算要包括运到工厂的运费，还要考虑材料损耗。

②辅助材料费。包括脱模剂、保护层垫块、修补料、产品标识材料等。辅助材料费计算要包括运到工厂的运费，还要考虑材料损耗。

③预埋件费。包括脱模预埋件、翻转预埋件、吊装预埋件、支撑防护预埋件、安装预埋件等。预埋件费计算要包括运到工厂的运费。

④直接人工费。包括各生产环节的直接人工费，如工资、劳动保险、公积金、其他福利费等。

⑤模具费分摊。模具费是将制作侧模的全部费用，包括全部人工费、材料费、机具使用费、外委加工费及模具部件购置费等，按周转次数分摊到每个构件上。固定或流动模台的分摊费用计入间接成本。

⑥制造费用。包括水电蒸汽等能源费、工具费分摊、低值易耗品费分摊。

2）间接成本。间接成本包括工厂管理人员、试验室人员及工厂辅助人员全部工资性项目、劳动保险、公积金、工会经费的分摊、土地购置费的分摊、厂房、设备等固定资产折旧的分摊、模台的分摊、专用吊具和支架的分摊、修理费的分摊、工厂取暖费的分摊、直接人工的劳动保护费、工会经费、产品保护和包装费用等。

3）营销费用。包括营销人员全部工资性费用、劳动保险、公积金、营销人员的差旅费、招待费、办公费、工会经费、交通费、通信费及广告费、会务费、样本制作费、售后服务费等的分摊。

4）财务费用。包括融资成本和存贷款利息差等费用的分摊。

5）管理费用。包括公司行政管理人员、技术人员、财务人员后勤服务人员全部工资性费用、劳动保险、公积金、差旅费、招待费、办公费、工会经费、交通费、通信费及办公设施、设备折旧、维修费等费用的分摊。

6）税金。包括土地使用税、房产税的分摊和项目自身的增值税、城建教育附加等。

（2）预制构件制作成本与现浇成本比较

1）模具。如果构件造型简单，模具周转次数多，可能与现场模具费用相当或减少；如果模具周转次数少，成本增加。

2）养护。养护成本增加，但是混凝土质量大幅度提高。

3）工厂厂房与设备摊销。由于前期厂房建设以及采购设备费用大，因此这一项是增加的。

4）混凝土费用。工厂自备混凝土成本比购买商品混凝土降低；同时减少了落地灰、混凝土罐车 2% 的挂壁量；混凝土用量精确。

5）养护用水。构件早期用蒸汽养护，因此减少了养护用水。

6）劳动力。PC 构件工厂化生产，尤其是钢筋采用自动化机械设备加工，从而减少了劳动力。

7）现场存放设施。构件在工厂加工，从而减少了现场场地和存放设施。

8）包装防护费用。因 PC 构件需要运输，包装和防护费增加。

185. PC 工厂如何进行成本控制?

世界各国范围内从大规模的装配式混凝土建筑兴起到现在有半个多世纪，都不存在建造成本比现浇高。装配式建筑的发展本身就是为了降低成本、提高质量的。

但是目前国内确实存在高于现浇成本的现象，其中最主要的原因，并不是工厂生产成本高多少，很多时候是工厂以外的因素，主要有三方面的原因：一是社会因素，市场规模小生产摊销费用高；二是由于结构体系不成熟或者是规范相对审慎所造成的成本高；三是没能形成专业化生产，好多工厂生产的产品品种多。但是从工厂本身也有降低成本的空间主要有以下几个方面：

（1）降低建厂费用

1）节约土地资源，合理规划。

2）选择合适的生产工艺、设备等从而减少固定费用的投入，避免建厂初期不适宜的“高大上”，减少固定费用的折旧摊销，根据市场及产品建设合适的工厂。

（2）优化设计

优化设计对工厂降低成本非常重要。

1）在设计阶段有经验的 PC 构件生产企业技术团队应参与其中，要考虑构件拆分和制作的合理性。构件拆得太大，增加了对起重能力的要求。构件拆分太小了，生产作业数量增加成本也高。

2）构件拆分时，尽可能减少规格型号，注重考虑模具的通用性和可修改替换性。

（3）降低模具成本

模具费在预制构件中所占比例较大，一般占构件制作费用的 5% ~10%。根据构件复杂程度及构件数量，选择不同材质和不同规格的材料来降低模具造价，如水泥基替代性模具的使用。同时增加模具周转次数和合理改装模具，对降低 PC 构件成本都很必要。

（4）合理的制作工期

合理的工期可以保证项目的均衡生产，可以降低人工成本、设备设施费用、模具数量以及各项成本费用的分摊额，从而达到降低预制构件成本的目的。与施工单位做好合理的生产计划，避免加班加点以及为了追赶工期增加模具、人力等所造成的成本。

(5) 通过有效管理

1）减少出错，建立健全工厂管理制度，并严格按照制度执行确保生产效率最高。

2）制订成本管理目标，通过改善现场管理从而消除浪费。

3）提高质量。执行全面质量管理体系，降低不合格品率，减少因质量管理不当造成废品的浪费。

4）合理安排劳动力计划，减少人工成本。

186. 如何减少工厂不必要的投资以降低固定成本？

为降低生产企业的固定成本，企业在建厂初期应做合理的规划。选择合适的生产工艺、设备等从而减少固定费用的投入。

1）根据市场的需求和发展趋势进行产品定位，可以做多样化的产品生产，也可以选择专业化生产一种产品。

2）确定适宜的生产规模，不宜一下子铺得太大，可以根据市场规模逐步扩大。

3）选择合适的生产工艺，不盲目地以作秀为目的选择生产工艺。要根据实际生产需求来确定生产工艺，要从经济效益和生产能力等多方面考虑。目前世界范围内自动化的生产线适合生产的构件品种非常少，能适合国内结构体系的构件更少。流动线也是，并不是一个必选的项目。

4）合理规划工厂布局，节约用地。借鉴有成功经验的工厂，多调研咨询。

5）制订合理的生产流程及转运路线，减少产品的转运工作。

6）选购合适的生产设备。

根据需要选购合适的设备。比如没必要所有的车间起重机都选择10～20t的，应根据工艺需要，钢筋加工区5t起重机就能满足生产需要。

在早期可以利用社会现有资源就能启动，租厂房、购买商品混凝土、采购钢筋成品等。如图11-1、图11-2为日本临时加工工厂及紧凑的生产车间。用量较少的特殊构件不应当作为建设工厂的依据，如果有需要完全可以利用室外场地加上临时活动厂棚方式来进行生产，投资也不大。

图11-1　日本临时建设的塑料棚车间

图11-2　日本窄小紧凑的生产车间

187. 如何优化模具，降低模具成本？

模具对装配式混凝土结构构件质量、生产周期和成本影响很大，是预制构件生产中非常重要的环节。模具费在预制构件中所占比例较大，一般占构件制作费用的5%～10%，甚至更高。因此必须把优化模具作为降低成本的重要内容。优化模具有以下途径：

1）在设计阶段与设计、甲方协调，尽可能减少构件种类。

2）通过标准化设计，提高模具重复利用率和改用率。

3）根据每种产品的数量选用不同材质的模具。

4）合并同类项，使模具具有通用性。

5）设计具有可变性的模具，通过简单修改即可制作其他产品。例如生产墙板的边模通过修改，可以生产出不同规格的墙板；柱子模具通过增加挡板可以生产高度不一样的柱子。

6）生产数量少的构件可以采用木模或者混凝土模等低成本模具。定型成品以及数量多的产品采用钢模。

7）模具应具有组装便利性，例如楼梯的边模可以用轨道拉出来，省去了组装模具时对起重机的依赖，从而降低设备和人员的成本。

188. 如何控制劳动力成本？

装配式混凝土构件生产中劳动力成本占到总成本的15%～20%，控制好劳动力成本是降低生产成本的重要环节。劳动力的节约要靠技术的成熟或者选择合适的结构体系。否则工地也不能降低劳动力成本，工厂也很难降低劳动力成本。从工厂降低劳动力成本方面主要体现在以下几个方面：

1）钢筋加工部分环节采用机械化及自动化生产。

2）合理的制造工期，减少工人加班加点，均衡生产。

3）稳定的劳动队伍，减少培训。

4）用工方式多采用计件或者劳务外包形式，专业的事情由专业的人员来做。

5）装配式建筑对计划性要求比较高，一旦有窝工或者生产线某个环节有问题就会影响全局，因此周密的计划、周密的准备，会降低劳动力成本。或者以劳务外包或计件的方式来提高生产效率。

189. 如何降低材料消耗？

装配式建筑 PC 工厂在材料降低消耗方面可降低的空间不大，搅拌混凝土是自动计量，浇筑混凝土是专用的布料机，钢筋加工是机械化自动化的设备。所以在降低材料消耗空间方面不大，但是还是有所作为有点空间的，主要有以下方面：

1）建立健全原材料采购、保管、领用制度。避免采购错误、保管不当等造成的浪费。

对常用的工具、隔垫等材料建立好管理制度，避免损失浪费。

2）根据图样定量计算出所需原材料。

3）通过严格的质量控制、质量管理制度降低废次品率。

4）减少材料随意堆放造成的材料浪费。

5）减少搬运过程对材料的损坏。

6）正确使用材料，避免用错材料。

7）在设计单位设计预埋件阶段，与设计单位沟通互动，不同功能共用一个预埋件，例如有些墙板的斜支撑预埋件与脱模预埋件共用。

8）带饰面、保温材料的预制构件要绘制排版图，工厂根据排版图加工各种饰面材料。

9）建立混凝土搅拌站，减少罐车运输混凝土挂壁的损耗。

190. 如何节约能源消耗？

1）在工厂设计，布置能源管线时尽可能减少能源运输距离，做好运输管道的保温。

2）在固定模台工艺或者立模工艺就地养护，做好构件养护覆盖保温措施。覆盖要有防水膜保水养护，有保温层及时覆盖，覆盖要严密不漏气。

3）构件集中养护，例如异形构件阳台板、空调板等小型构件浇筑完成后集中在一个地方养护减少能源消耗。

4）建立灵活的养护制度通过自动化养护系统控制温度，减少蒸汽用量。

5）夏季根据温度的变化缩短养护时间。

6）利用太阳能养护小型构件，特别是被动式太阳能的利用。最简单的方式就是在太阳能养护房朝阳面设置玻璃棚加蓄热墙。

7）蒸汽也可以采用太阳能热水加热。

8）养护窑保温要好，养护窑要分仓，养护温度应根据气温灵活调整，合适为好。固定模台养护要覆盖好。

191. 如何避免构件破损？

1）设计阶段。在设计阶段工厂应当与设计师协同设计，关于构件协同设计要求如下：

①构件在设计阶段减少尖锐角、大尺寸悬挑等环节造成的破损。

②模具设计阶段分缝应选在不影响脱模的地方，减少脱模环节对构件的损坏。

2）充分振捣，提高混凝土密实度。

3）充分养护，经过试验后达到脱模强度后脱模。

4）按要求拆卸模具，避免螺栓没有松开而野蛮脱模造成的破损。

5）在运输环节和堆放环节对产品做好保护。

①运输路线上易碰到的地方做好软包或者警示。

②减少运输路线交叉作业。

③构件堆放按照工艺设计做好隔垫。

6）合理布置厂内构件物流路线，减少搬运次数。

7）敞口构件在厂内运输加上连接，见第 3 章图 3-44 和图 3-45。

192. 如何避免混凝土剩余料、落地灰、钢筋头浪费？

1）有自动计量系统的布料机和搅拌站能够自动计量构件所需要的混凝土；没有自动计量系统的，宜连续性浇筑，避免浪费混凝土。

2）下班前或者浇筑结束时布料机、布料斗剩余或挂边的混凝土可以做一些小型构件，例如路缘石、车挡球等，如图 11-3 所示。

图 11-3　用混凝土剩料制作的车挡球

3）使用合理的工器具。

4）定量的浇筑混凝土。

5）使用自动化设备加工钢筋，采用盘圆钢筋减少线材不合理的尺寸。

6）充分利用钢筋下脚料，例如预埋件加强筋。

7）在采用人工方式加工钢筋时，技术人员和操作工人要读懂钢筋图样减少出错。

8）按照生产计划数量下料、成型，减少浪费。

9）及时清理散放的钢筋头，无法回收利用的可以卖掉。

193. 如何制订和执行定额管理和预算管理？

劳动定额应根据企业特点、生产技术条件和生产产品的类型制订。做到简明、准确、全面。常用制订定额方法有以下三种：

（1）经验估算法

由经验丰富的管理人员和技术人员，通过对图样、工艺、规程和产品实物的分析，并考虑工具、设备、模具等生产条件估算劳动定额。

（2）统计分析法

根据过去生产同类型产品的实际工时消耗记录，并考虑到目前生产条件以及其他相关因素制订。

（3）技术测定法

根据对生产技术条件和组织条件的分析研究，通过技术测定和分析计算出来合适的定额。

常见固定模台工艺构件生产用工情况请参见表 11-1，工作时间按每天 8h 考虑。

表 11-1　常见固定模台工艺构件生产用工情况

序号	产品名称	规格型号	钢筋组装	组模、浇筑、振捣	备　注
1	预制柱	700×700×4180	1个工	1个工	
2	预制大梁	300×700×11000	1个工	1.5个工	
3	叠合楼板	60×2400×4200	0.2个工	0.3个工	
4	剪力墙板	4500×2800×300	1个工	1.5个工	三明治
5	预制楼梯	2800×1200×200	0.5个工	0.7个工	

194. 如何进行工序整合与优化？

工序的均衡能避免窝工、避免设备及能源浪费，是降低成本的一个重要方面。这就需要工序整合与优化，进行资源的合理配置。工序整合与优化要找到关键路线或关键因素，以这个为核心来优化工序安排，优化劳动组织，实现均衡性生产，具体方法包括：

1）固定模台工艺中，当满负荷生产时，起重机作业可能是个瓶颈。合理调度模具作业顺序，定量计算出每个作业的顺序和时间，进行有效的现场调度，充分发挥起重机的作用。例如，小型构件可以采用叉车或者汽车式起重机调运。

2）流水线生产时，分流出生产工艺复杂的构件，转到固定模台或独立模具生产，使生产线均衡地生产节拍大致一样的产品。

3）当某一个环节起决定因素，控制生产节奏的时候，其他环节配置的人员要均衡。例如生产线上一天浇筑环节只能浇筑 100m^3 混凝土，这个时候其他环节要按照这个产量来配置人员。

4）培养一些技术多面手，当其他环节需要时可以随时调度，例如钢筋工也会组装模具，浇筑工人也会绑扎钢筋，也会修补构件。

195. 如何建立健全设备保养制度？

装配式建筑 PC 构件生产对设备依赖度很大。固定模台工艺对起重机、运输设备、搅拌站设备等依赖度比较大；而流水线及自动化生产线设备对布料机设备、振捣设备、码垛机设备、倾斜设备以及钢筋加工设备和搅拌站设备依赖度很大。

因此，设备的完好运行是保证生产的重要环节，也是减少窝工降低成本的关键环节。常用设备日常检查保养应注意以下几点：

（1）起重机

1）主要部件检查包括钢丝绳、吊钩、制动器、控制器、限位器、电器原件及各安全开关是否灵敏。

2）对电动机、减速箱、轴承支座等润滑油的检查，及时添加润滑油。

3）设备保养和检修尽可能选择不影响生产的时候。

4）大车、小车运行轨道磨损情况。

（2）搅拌站

1）检查搅拌站主机设备的运转是否正常，检查机身是否平稳，各连接螺栓是否牢固。

2）检查各电器控制装置是否安全可靠、是否灵活。

3）检查空气压缩机运行是否正常。

4）检查润滑油泵罐内油脂是否充分。

5）搅拌站清理搅拌机时一定要切断电源。

6）检查上料系统是否精确，及时校正计量系统。

（3）布料机

1）检查螺旋轴运行是否正常。

2）检查各电器部件是否老化。

3）检查液压开始门是否灵活。

4）检查轴承润滑油是否充足及时添加。

5）运行轨道磨损情况。

（4）振捣设备

1）检查气动元器件、电器原件、电线等是否老化。

2）及时添加液压油及润滑油。

3）振动电动机工作有无异常现象。

4）检查固定螺栓（紧固件）有无松动。

（5）码垛机

1）检查整体运行情况，有没有异常声音。

2）检查钢丝绳有没有破损。

3）检查固定螺栓（紧固件）有无松动。

4）检查轴承润滑油是否充足及时添加。

5）运行轨道磨损情况。

6）检查气动元器件、电器原件、电线等是否老化。

（6）倾斜设备

1）检查整体运行情况，有没有异常声音。

2）检查气动元器件、电器原件、电线等是否老化。

3）检查轴承润滑油是否充足及时添加。

4）检查固定螺栓（紧固件）有无松动。

为保证生产线及其设备完好运行，企业应建立健全生产设备的全生命周期的系统管理制度，包括设备选型、采购、安装、调试、使用、维护、检修、直至报废的全过程管控。

第 12 章　PC 工厂安全、环保与文明生产

 196. 如何进行 PC 工厂安全管理？

（1）安全管理

1）首先要建立安全生产责任制，明确每个岗位人员要负哪些责任。

2）制订各个生产环节的操作规程。

3）制订每个作业岗位的操作规程。

4）制订各种机具设备的操作规程。

5）针对不同班组、不同工种制订劳保护具的配置发放规定。

（2）安全设施

1）车间内外的行车道路、人行道路要做好分区。

2）立着存放的构件要有专用的存放架，存放架要结实牢固。

3）模具的放置、拆模后模具的临时存放需要支撑架，支撑架要结实牢固。

（3）起重作业安全

1）起吊重物时，系扣应牢固、安全，系扣的绳索应完整，不得有损伤。有损伤的吊绳和扣具应及时更换。

2）作业过程中，要随时对起重设备进行检查维护，做到问题的及时发现及时处理，绝不留安全隐患。起吊作业时，作业范围内严禁站人。

（4）机械操作安全

1）操作设备或机械，起吊模板等物件时，应提醒周边人员注意安全，及时避让，以防意外发生。

2）使用机械或设备，应注意安全。机械或设备使用前应先目测有无明显外观损伤，电源线及插头、开关等有无破损。然后试开片刻，确认无异常方可使用。试开或使用中若有异响或感觉异样，应立即停止使用，请维修人员修理后方可使用，防止发生危险。

3）工具及小的零配件不得丢来甩去，模板等物件搬移或挪位后应放置平稳，防止伤人。

（5）电气使用安全

1）机械或设备的用电，必须按要求从指定的配电箱取用，不得私拉乱接。使用过程中如发生意外，不要惊慌，应立即切断电源，然后通知维修人员修理。严格禁止使用破损的插头、开关、电线。

2）电气设备和带电设备需要维护、维修时，一定要先切断电源再行处理，切忌带电冒险作业。

3）操作人员在当天工作全部完成后，一定要及时彻底地切断设备电源。

（6）蒸汽安全

1）蒸汽管道附近工作时，应小心勿被烫伤。严格禁止坐到蒸汽管道上休息。

2）打开或关闭蒸汽阀门时，必须带上厚实的手套以防被烫伤。

（7）消防安全

1）厂房内严禁吸烟。

2）生产组长要经常性地对消防器材进行检查，发现有破损或数量不足时，要及时上报，以便及时维修和补充。

3）消防器材要放在易取用的明显位置，周围不得堆放物品，任何消防器材不可挪作他用。

4）驻厂员工禁止使用电热棒、电褥子，更不得使用电炉子进行取暖。

5）职工宿舍禁止私接电线和使用电气设备，必须使用时要报厂长批准后方可使用。

（8）执行

1）当生产和安全发生矛盾时，生产要绝对服从安全。

2）生产工人、生产组长是安全生产的直接执行人和监管人，厂长是安全生产的第一责任人。

（9）安全生产要点

1）必须进行深入细致具体定量的安全培训。

2）对新工人或调换工种的工人经考核合格，方准上岗。

3）必须设置安全设施和备齐必要的工具。

4）生产人员必须佩戴安全帽、防砸鞋、皮质手套等。

5）必须确保起重机的完好，起重机工必须持证上岗。

6）吊运前要认真检查索具和被吊点是否牢靠。

7）在吊运构件时，吊钩下方禁止站人或有人行走。

8）班组长每天要对班组工人进行作业环境的安全交底。

（10）安全隐患点控制

1）高模具、立式模具的稳定。

2）立式存放构件的稳定。

3）存放架的固定。

4）外伸钢筋醒目提示。

5）物品堆放防止磕绊的提示。

6）装车吊运安全。

7）电动工具使用安全。

8）修补打磨时必须戴眼镜防尘护具。

197. PC工厂需要设置哪些安全设施？

1）作业区域的划分，行车区域的划分，划分后要安装区域围栏。

2）用电箱非电工人员禁止使用，防止其他工人私接电线。

3）工厂内外要摆放灭火器，灭火器要放在明显位置。

4）大型构件模具的堆放，要有专用的堆放架，防止模具倒塌。

5）制作高大型构件模具的支撑设施、浇筑混凝土临时用的脚手架必须坚固，以防止倒塌。

6）车辆行驶要走专用行车道，并配有专人进行保养及维护。

198. PC制作过程哪些环节容易发生事故？如何预防？

1）起吊构件时要检查好吊具或吊索是否完好，如发现异常要立刻更换。

2）起重机吊装构件运输时，要注意构件吊起高度，避免碰到人。吊运时起重机警报器要一直开启。

3）摆放构件时一定要摆放稳，防止构件倒塌。

4）大型构件脱模后，钢模板尽量平放，若出现立着时，应有临时模具存放架，避免出现钢模板大面积倒塌，以保证操作人员安全。

5）使用角磨机必须要佩戴防护眼镜，避免磨出的颗粒蹦到眼睛里，使用后必须把角磨机上的开关关掉，不要直接拔电源，因为再次使用时插上电源角磨机就会转动，这样很容易伤害到操作人员。

6）清理搅拌机内部时必须关闭电源。

199. 节能减排要点是什么？

PC装配式建筑一个重要优势是节能环保，工地建筑垃圾减少。PC工厂是实现进一步节能环保的重要环节。

1）降低养护能源消耗、自动控制温度、夏季及时调整养护方案。

2）混凝土剩余料可制作一些路沿石、车挡等小型构件。

3）模具可改用。

4）全自动机械化加工钢筋，减少钢筋浪费。

5）钢筋头利用。

6）保温材料合理剪裁。

7）粉尘防护。

200. 文明生产要点是什么？

1）对于装配式建筑及构件生产厂来说，需要有足够的场地进行存放、养护、修整等，若场地小存货多，容易出现磕碰等问题，从而造成工作效率低下和损失。

2）PC 构件在生产过程中，应根据构件的安装计划提前制订好生产计划，并要求在生产过程中严格按此计划有序生产，以保证按时出货，避免延误工期。

3）为避免产品损坏，产品应做到有序摆放，并在摆放时按产品类别存放，在摆放过程中应留有运输车道，以方便出货。

4）整理，对生产、生活、办公现场现实摆放和停滞的各种物品按需要和不需要进行分类，再把不需要的物品清理出现场。工作及生产场所应保持清洁，做到地面无污垢、痰迹、烟蒂等杂物，物品摆放整齐有序。个人用品放在固定的抽屉或柜子里。

5）整顿，是指对生产、生活、办公现场需要留下的东西进行科学合理布置和摆放，以便最快地取得所要的物品。整顿要点如下：

①物品摆放要有固定的地点和区域。车辆按规定的区域和位置停放，严禁乱停汽车、摩托车、自行车等车辆。

②物品摆放地点要科学合理。要按照定置管理要求，落实做好生产、办公、生活等各区域的物品摆放，确保整齐、统一和谐。

6）清扫，是指生产、生活、办公现场打扫干净，设备异常时马上修理。清扫的要点如下：

①自己使用的物品，如设备、工具等，要自己清扫。

②对设备的清扫，要坚持与设备的日常养护有机统一。

7）清洁，是指整理、整顿、清理之后要认真维护，保持最佳状态。

8）素养，是指养成良好的工作习惯，遵守现场作业的各项规章制度及操作流程等。